高等教育应用型本科人才培养系列教材

# 计算机网络维护技术

主　编　侯　燕　张洁卉

副主编　武俊丽

U0292981

哈尔滨工程大学出版社
Harbin Engineering University Press

## 内 容 简 介

本书内容安排合理,逻辑性强,文字简明,循序渐进,通俗易懂。本书在编写过程中,对网络技术的理论知识和工作原理介绍得相对较浅,注重理论联系实际,以基础计算机知识为主,致力于培养学生的实践能力,更多涉及实际工作中具体操作方面的教学内容。

本书适合应用型本科人才培养教学使用,同时也适合普通职业院校计算机基础教学选用。

**图书在版编目(CIP)数据**

计算机网络维护技术/侯燕,张洁卉主编. —哈尔滨:
哈尔滨工程大学出版社,2018.12
ISBN 978 - 7 - 5661 - 2137 - 0

Ⅰ.①计…　Ⅱ.①侯…②张…　Ⅲ.①计算机网络 -
维护　Ⅳ.①TP393.06

中国版本图书馆 CIP 数据核字(2018)第 284299 号

选题策划　夏飞洋
责任编辑　夏飞洋
封面设计　刘长友

出版发行　哈尔滨工程大学出版社
社　　址　哈尔滨市南岗区南通大街 145 号
邮政编码　150001
发行电话　0451 - 82519328
传　　真　0451 - 82519699
经　　销　新华书店
印　　刷　哈尔滨市石桥印务有限公司
开　　本　787 mm×1 092 mm　1/16
印　　张　15.25
字　　数　400 千字
版　　次　2018 年 12 月第 1 版
印　　次　2018 年 12 月第 1 次印刷
定　　价　45.00 元
http://www.hrbeupress.com
E-mail:heupress@hrbeu.edu.cn

# 前　　言

　　计算机网络技术是 20 世纪对人类社会产生最深远影响的科学技术之一。随着 Internet 技术的发展和信息基础设施的完善，计算机网络技术不断地改变着人们的生活、学习和工作方式，推动着社会文明的进步。

　　计算机网络是计算机技术与通信技术密切结合的产物，是计算机应用中空前活跃的一个领域。进入 21 世纪，面对信息化社会对海量信息快速存储和处理能力的迫切需要，我国计算机网络技术的发展也非常迅速，应用也更加普遍。计算机与通信技术的不断进步推动着计算机网络技术的发展，新概念、新思想、新技术、新型信息服务也不断涌现。因此，要想在网络技术飞速发展的今天有所作为，必须学习、理解、掌握计算机网络技术的基本知识，了解网络技术发展的最新动态。计算机网络技术不仅是从事计算机专业的人员必须掌握的知识，也是广大读者特别是在校大学生必须了解和掌握的知识。

　　本书内容安排合理，逻辑性强，文字简明，循序渐进，通俗易懂。本书在编写过程中，对网络技术的理论知识和工作原理介绍得相对较浅，注重理论联系实际，致力于培养学生的实践能力，更多涉及实际工作中具体操作方面的教学内容。

　　本书由齐鲁师范学院侯燕、华中科技大学张洁卉担任主编，佳木斯大学武俊丽担任副主编。其中侯燕编写了 20 万字，张洁卉编写了 12 万字，武俊丽老师编写了 8 万字。在编写的过程中得到了相关专家、老师的指导帮助，在此一并表示衷心的感谢。

　　由于时间仓促和作者水平有限，书中难免存在不足之处，恳请各位学者、专家、老师和同学提出宝贵意见。

编　者

2018 年 6 月

# 目　　录

# 第1章　计算机网络概述

自 20 世纪 40 年代电子计算机问世以来,计算机学科一直处于高速发展过程中。20 世纪 90 年代后,以 Internet 为代表的计算机网络技术及应用的发展和普及速度是任何其他技术无法比拟的。近年来,因特网(Internet)日益深入到千家万户,网络已经成为我们工作和生活中不可缺少的一部分,网络技术的发展对未来的信息产业乃至整个社会都将产生深远的影响。

**本章提要**

·计算机网络的定义;
·计算机网络的形成和发展;
·计算机网络的组成;
·计算机网络的功能;
·计算机网络的分类;
·计算机网络的拓扑结构;
·国际标准化组织。

## 1.1　计算机网络的定义

计算机网络是计算机技术与通信技术相结合的产物,是利用通信设备和线路,将分布在不同地理位置、功能独立的计算机连接起来,通过完善的网络软件实现网络中资源共享和信息传递的系统。

## 1.2　计算机网络的形成和发展

计算机网络从 20 世纪 60 年代开始发展,已形成从小型的办公室局域网到全球性的大型广域网的规模,对现代人类的生产、生活、经济等各个方面都产生了巨大的影响。仅仅在过去的 20 多年里,计算机和计算机网络技术就取得了惊人的发展,处理和传输信息的计算机网络构成了信息社会的基础,不论是企业、机关、团体或个人,他们的生产率和工作效率都由于使用这些革命性的工具而有了实质性的提高。在当今的信息社会中,人们不断地依靠计算机网络来处理个人和工作上的事务,并且这种趋势正在加剧,显示出计算机和计算机网络的强大功能。计算机网络的形成大致分为以下几个阶段。

### 1.2.1　以单计算机为中心的联机系统

20 世纪 60 年代中期以前,计算机主机昂贵,而通信线路和通信设备的价格相对低廉,为了共享主机资源和进行信息的采集及综合处理,联机终端网络是一种主要的系统结构形式。这种以单计算机为中心的联机系统如图 1-1 所示。

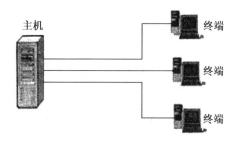

图 1-1　单计算机联机系统

在单处理机联机网络中,已涉及多种通信技术、多种数据传输终端设备和数据交换设备等。从计算机技术上来看,这是由单用户独占一个系统发展到分时多用户系统,即多个终端用户分时占用主机上的资源,这种结构称为第一代网络。在单处理机联机网络中,主机既要承担通信工作,又要承担数据处理,因此主机的负荷较重,且效率低。另外,每一个分散的终端都要单独占用一条通信线路,线端路利用率低,且随着终端用户的增多,系统费用也在增加。因此,为了提高通信线路的利用率,并减轻主机的负担,使用了多点通信线路、集中器及通信控制处理机。

多点通信线路就是在一条通信线路上连接多个终端,如图 1-2 所示,多个终端可以共享同一条通信线路与主机进行通信。因为主机与终端间的通信具有突发性和高带宽的特点,所以各个终端与主机间的通信可以分时地使用同一高速通信线路。相对于每个终端与主机之间都设立专用通信线路的配置方式,这种多点线路能极大地提高信道的利用率。

图 1-2　多点通信线路

通信控制处理机(Communication Control Processor, CCP)的作用就是完成全部的通信任务,让主机专门进行数据处理,以提高数据处理的效率,如图 1-3 所示。

集中器主要负责从终端到主机的数据集中,以及从主机到终端的数据分发,它可以放置于终端相对集中的位置,其一端用多条低速线路与各终端相连,收集终端的数据;另一端用一条较高速率的线路与主机相连,实现高速通信,以提高通信效率。

联机终端网络典型的范例是美国航空公司与 IBM 公司在 20 世纪 50 年代初开始联合研发、20 世纪 60 年代初投入使用的飞机订票系统(SABRE-I)。这个系统由一台中央计算机与全美范围内的 2 000 个终端组成,这些终端采用多点线路与中央计算机相连。美国通用电气公司的信息服务系统(GE Information Service System)是世界上最大的商用数据处理网络,其地理范围从美国本土延伸到欧洲、大洋洲和日本。该系统于 1968 年投入运行,具有交互式处理和批处理能力。网络配置为分层星型结构,各终端设备连接到分布于世界上 23 个地点的 75 个远程集中器;远程集中器再分别连接到 16 个中央集中器,各主计算机也连接到中央集中器;中央集中器经过 50 kbit/s 线路连接到交换机。

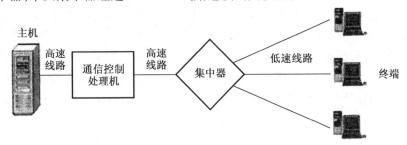

图 1 – 3　使用通信控制处理机和集中器的通信系统

### 1.2.2　计算机 – 计算机网络

从 20 世纪 60 年代中期到 70 年代中期,随着计算机技术和通信技术的进步,已经形成了将多个终端互相连接起来、以多处理机为中心的网络,并利用通信线路将多台主机连接起来,为用户提供服务。连接形式有两种:一是通过通信线路将主机直接连接起来,主机既承担数据处理,又承担通信工作,如图 1 – 4(a)所示;二是把通信任务从主机分离出来,设置 CCP,主机间的通信通过 CCP 的中继功能间接进行,如图 1 – 4(b)所示。

CCP 负责网上各主机间的通信控制和通信处理,由它们组成了带有通信功能的内层网络,也称为通信子网,是网络的重要组成部分。主机负责数据处理,是计算机网络资源的拥有者,而网络中所有的主机构成了网络的资源子网。通信子网为资源子网提供信息传输服务,而资源子网上用户间的通信是建立在通信子网的基础上的。没有通信子网,网络就不能工作;而没有资源子网,通信子网的传输也失去了意义,两者的融合组成了统一的资源共享网络。

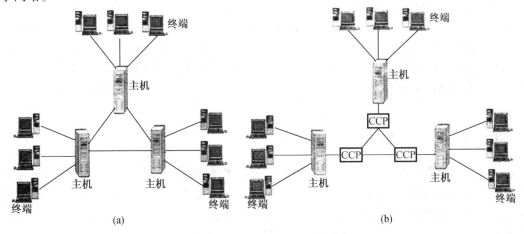

图 1 – 4　计算机 – 计算机网络

### 1.2.3 分组交换技术的诞生

随着计算机－计算机网络技术的不断发展,网络用户不仅可以通过计算机使用本地计算机的软件、硬件与数据资源,也可以通过网络使用其他计算机的软件、硬件与数据资源,以达到计算机资源共享的目的。这一阶段研究的典型代表是美国国防部高级研究计划局(ARPA)的 ARPANET,其核心技术是分组交换技术。

在早期的通信系统中,最重要且应用最广泛的是线路交换(Circuit Switching)。但实际上,利用电话线路传送计算机或终端的数据会出现新的问题,这是因为在计算机通信时,线路上真正用来传送数据的时间往往不到 10%,有时甚至低于 1%。用户在阅读屏幕信息或用键盘输入与编辑一份报文时,通信线路实际上是空闲的,通信线路资源被浪费了,而用户的通信费用却很高。同时,在线路交换中,用于建立通路的呼叫过程对计算机通信来说也太长。线路交换是为语音通信而设计的,打电话的平均时间为几分钟,因此呼叫过程(10 ~ 20 s)不算太长。但是 1 000 bit 的数据在 2 400 bit/s 的线路上传输时,需要的时间还不到 0.5 s。相比之下,呼叫过程占用的时间就太多了。

由于计算机与各种终端的传送速率不同,在采用线路交换时,不同类型、不同规格和速率的终端很难相互进行通信,必须采用一些措施来解决这个问题。同时,计算机通信应采取有效的差错控制技术,可靠并准确无误地传送每一个比特,因此,需要研究开发出适用于计算机通信的交换技术。

20 世纪 60 年代中期美国国防部开始着手进行分组变换网的研究工作。ARPA 的早期研究项目包括分组交换基本概念与理论的研究课题。1967 年初,ARPA 着手于计算机联网的课题;1967 年 6 月正式公布了研究计划,打算租用线路来连接分组交换装置,分组交换装置采用小型机,这个分组交换网就是 ARPANET。从 1962 年至 1965 年,ARPA 与英国国家物理实验室(NPL)都在对新型的计算机通信网进行研究。分组交换的概念最初是在 1964 年提出来的。1969 年 12 月,美国第一个使用分组交换技术的 ARPANET 投入运行,虽然当时仅有 4 个节点,但它对分组交换技术的研究起了重要作用。到 20 世纪 70 年代后期,ARPA 网络节点超过 60 个,主机 100 多台,地域范围跨越了美洲大陆,连通了美国东部和西部的许多大学和研究机构,而且通过通信卫星与夏威夷、欧洲等地区的计算机网络相互联通。采用分组交换技术的网络试验成功,使计算机网络的概念发生了巨大的变化。早期的联机终端系统是以单个主机为中心,各终端通过通信线路共享主机的硬件和软件资源。而分组交换网以通信子网为中心,主机和终端构成用户资源子网。用户不仅可共享通信子网的资源,而且还可共享用户资源子网的许多硬件和软件资源。这种以通信子网为中心的计算机网络称为第二代计算机网络,其功能较面向终端的第一代计算机网络的功能有很大的增强。

### 1.2.4 计算机网络体系结构的形成

经过 20 世纪 60 年代和 70 年代前期的发展,人们对网络的技术、方法和理论的研究日趋成熟。为了促进网络产品的开发,各大计算机公司纷纷制定了自己的网络技术标准,最终促成了国际标准的制定。遵循网络体系结构标准建成的网络称为第三代计算机网络。计算机网络体系结构依据标准化的发展过程可分为两个阶段。

1.各计算机制造厂商网络结构标准化

IBM 公司在 SNA(系统网络体系结构)形成之前已建立了许多网络,为了使自己公司制造的计算机易于联网且有标准可依,使网络的系统软件、网络硬件具有通用性,于 1974 年在世界上首先提出了完整的计算机网络体系标准化的概念,宣布了 SNA 标准。IBM 公司以 SNA 标准建立起来的网络称为 SNA 网,这大大方便了用户用 IBM 各机型建造网络。为了增强计算机产品在世界市场上的竞争能力,DEC 公司公布了 DNA(数字网络系统结构);UNIVAC 公司公布了 DCA(数据通信体系结构);Burroughs 公司公布了 BNA(宝来网络体系结构)等。这些网络技术标准只是在一个公司范围内有效,也就是说,遵从某种标准的、能够互联的网络通信产品,也只限于同一个公司生产的同构型设备。

2.国际网络体系结构标准化

1977 年,国际标准化组织(ISO)为适应网络向标准化发展的需要,成立了计算机与信息处理标准化委员会(TC97)下属的开放系统互联分技术委员会(SC16),在研究、吸收各计算机制造厂家的网络体系结构标准化经验的基础上,开始着手制定开放系统互联的一系列标准,旨在方便异种计算机互联。该委员会制定了"开放系统互联参考模型"(OSI/RM),简称 OSI。作为国际标准,OSI 规定了可以互联的计算机系统之间的通信协议,遵从 OSI 协议的网络通信产品都是所谓的开放系统,而符合 OSI 标准的网络也称为第三代计算机网络。

20 世纪 80 年代,个人计算机(PC)有了极大的发展。这种更适合办公环境和家庭使用的计算机对社会生活的各个方面都产生了深远的影响。在一个单位内部的微机和智能设备的互联网络不同于以往的远程公用数据网,因而局域网技术也得到了相应的发展。1980年 2 月 IEEE 802 局域网标准出台。局域网的发展道路不同于广域网,局域网厂商从一开始就按照标准化、互相兼容的方式展开竞争,他们大多进入了专业化的成熟时期。今天,在一个用户的局域网中,工作站可能是 IBM 的,服务器可能是肿的,网卡可能是 Intel 的,交换机可能是 CISCO 的,而网络上运行的软件则可能是 Microsoft 的 Windows N－T/2000/2003。

## 1.2.5 Internet 的快速发展

进入 20 世纪 80 年代中期,在计算机网络领域中发展速度最快的莫过于 Internet,而且随着 Internet 的发展,目前它已成为世界上最大的国际性计算机互联网。

1969 年 12 月,ARPANET 投入运行。到 1983 年,ARPANET 已连接了 300 多台计算机,供美国各研究机构和政府部门使用。在 1984 年,ARPANET 被分解为两个网络:一个是民用科研网(ARPANET),另一个是军用计算机网络(MILNET)。由于这两个网络都是由许多网络互联而成的,因此它们都称为 Internet,ARPANET 就是 Internet 的前身。

美国国家科学基金会(NSF)认识到计算机网络对科学研究的重要性,因此从 1985 年起,NSF 就围绕其 6 个大型计算机中心建设计算机网络。1986 年,NSF 建立了国家科学基金网(NSFNET)。它是一个三级计算机网络,分为主干网、地区网和校园网,覆盖了美国主要的大学和研究所。NSFNET 也和 ARPANET 相连。最初,NSFNET 的主干网的速率不高,仅为 56 kbit/s。在 1989 年至 1990 年,NSFNET 主干网的速率提高到 1.544 Mbit/s,并且成为 Internet 中的主要部分。到了 1990 年,鉴于 ARPANET 的实验任务已经完成,在历史上起过重要作用的 ARPANET 就正式宣布关闭。

1991 年,NSF 和美国的其他政府机构开始认识到 Internet 必将扩大其使用范围,而不会仅限于大学和研究机构。世界上的许多公司纷纷接入 Internet,使网络上的通信量急剧增大,于是美国政府决定将 Internet 的主干网转交给私人公司来经营,并开始对接入 Internet 的单位收费。1992 年,Internet 上的主机超过 100 万台。1993 年,Internet 主干网的速率提高到 45 Mbit/s。1996 年,速率为 155 Mbit/s 的主干网建成。1999 年,MCI 公司和 WorldCorn 公司将美国的 Internet 主干网速率提高到 2.5 Gbit/s。Internet 上注册的主机已超过 1 000 万台。2000 年,Internet 主干网速率达到 5 Gbit/s。

Internet 已经成为世界上规模最大和增长速率最快的计算机网络。没有人能够准确说出 Internet 究竟有多大。Internet 的迅猛发展始于 20 世纪 90 年代。由欧洲原子核研究组织(CERN)开发的万维网(WWW)被广泛应用于 Internet 上,大大方便了广大非网络专业人员对网络的使用,成为 Internet 发展呈指数级增长的主要驱动力。WWW 的站点数目也急剧增长,1993 年底只有 627 个,1994 年年底就超过 1 万个,1996 年年底超过 60 万个,1997 年年底超过 160 万个,而 1999 年年底则超过了 950 万个,上网用户数则超过 2 亿。Internet 上的数据通信量每月约增加 10%。

### 1.2.6 中国 Internet 的发展

中国与 Internet 发生联系是在 20 世纪 80 年代中期,正式加入 Internet 是在 1994 年,由中国国家计算机和网络设施 NCFC 代表中国正式向 InterNIC 的注册服务中心注册。注册标志着中国从此在 Internet 建立了代表中国的域名 CN,有了自己正式的行政代表与技术代表,意味着中国用户从此能全功能地访问 Internet 资源,并且能直接使用 Internet 的主干网 NSFNET。

在 NCFC 的基础上,我国很快建成了国家承认的对内具有互联网络服务功能、对外具有独立国际信息出口(连接国际 Internet 信息线路)的中国四大主干网。

1. 中国科技网(CSTNET)

随着国内网络事业的飞速发展,NCFC 中的一部分主要是中科院网络系统的一部分与其他一些网络一起演化为中国科技网——CSTNET。CSTNET 现有多条国际出口信道联接 Internet。中国科技网为非营利、公益性网络,主要为科技界、科技管理部门、政府部门和高新技术企业服务。目前,中国科技网已接入农业、林业、医学、地震、气象、电子、航空航天、环境保护及中国科学院分布在包括北京的全国各地 45 个城市共 1 000 多家科研院所和高新技术企业,上网用户达 40 万人。中国科技网的服务主要包括网络通信、域名注册、信息资源和超级计算等项目。

2. 中国教育和科研计算机网(CERNET)

CERNET 是由政府资助的全国范围的教育与学术网络,1994 年由国家教委主持,北京大学、清华大学等十几所重点大学筹建,于 1995 年底投入使用。目前已有 800 多所大学和中学的局域网连入中国教育和科研计算机网。中国教育和科研计算机网的最终目标是要把全国所有的大学、中学和小学通过网络连接起来。

3. 中国金桥信息网(CHINAGBN)

CHINAGBN 简称金桥网是面向企业的网络基础设施,是中国可商业运营的公用互联网。CHINAGBN 实行天地一网,即天上卫星网和地面光纤网互联互通,互为备用,可覆盖全国各省市和自治区。目前有数百家政府部门、企事业单位接入金桥网,上网拨号用户达几十万。金桥网在北京、上海、广州等 20 多个大城市建立了骨干网节点,并在各城市建设了一定规模的区域网,可为用户提供高速、便捷的服务。金桥网目前有 12 条国际出口信道同国际互联网络相连。金桥网还提供多种增值服务,如国际、国内的漫游服务,IP 电话服务等。金桥工程的发展目标是覆盖全国 30 个省级行政建制、500 多个大城市,联接国内数万个企业,同时对社会提供开放的 Internet 接入服务。

4. 中国公用计算机互联网(CHINANET)

CHINANET 是邮电部门主建及经营管理的中国公用 Internet 主干网,于 1995 年 4 月开通,并向社会提供服务。到 1998 年,CHINANET 已经发展成一个采用先进网络技术,覆盖国内所有省份和几百个城市,拥有数百万用户的大规模商业网络。CHINANET 主要以电话拨号为主,省、市及大部分县一级地域铺设了电话拨号用户接入设备。

随着入网用户的迅速增加,CHINANET 骨干网节点和省网内部通信线路的带宽也在快速增加,从而有效地改善了国内用户使用 CHINANET 访问国外的 Internet 和国外用户访问中国的 Internet 的业务质量。

CHINANET 建立了灵活的访问方式和遍布全国各城市的访问站点,用户可以方便地访问国际 Internet,享用 Internet 上的丰富资源和各种服务,也可以利用 CHINANET 平台和网上的用户群组建其他系统的应用网络。

我国四大主干网发展速度惊人。截至 2008 年 6 月底,中国网民数量达到 2.53 亿,网民规模跃居世界第一位。中国网民中接入宽带比例为 84.7%,宽带网民数已达到 2.14 亿人,截至 2008 年 6 月底,中国网民中的 28.9% 在过去半年曾经使用手机上过网,手机网民规模达到 7 305 万人。手机上网成为网络接入的一个重要发展方向。

信息网络的飞速发展极大地推动了中国教育科研及国民经济建设的发展,对促进社会进步、提高全民族整体素质、缩小与发达国家差距等方面都将起到不可限量的作用。

# 1.3　计算机网络的组成

## 1.3.1　计算机网络的系统组成

计算机网络要完成数据处理与数据通信两大基本功能。那么,它在结构上必然也可以分成两个部分:负责数据处理的计算机与终端;负责数据通信的通信控制处理机与通信线路。从计算机网络系统组成的角度看,典型的计算机网络从逻辑功能上可以分为资源子网和通信子网两部分,其结构如图 1-5 所示。

1. 资源子网

资源子网由主机、终端、终端控制器、联网外设、各种软件资源与信息资源组成。资源子网负责全网的数据处理业务,并向网络用户提供各种网络资源与网络服务。

网络中主机可以是大型机、中型机、小型机、工作站或微机。主机是资源子网的主要组成单元,它通过高速通信线路与通信子网的通信控制处理机相连接。普通用户终端通过主机连入网内。主机要为本地用户访问网络其他主机设备与资源提供服务,同时要为网中远程用户共享本地资源提供服务。随着微机的广泛应用,连入计算机网络的微机数量日益增多,它可以作为主机的一种类型直接通过通信控制处理机连入网内,也可以通过联网的大、中、小型计算机系统间接联入网内。

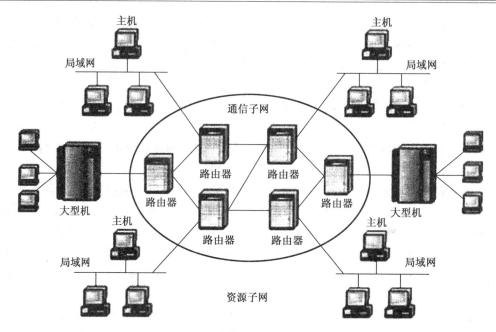

图 1-5　计算机网络系统的组成

终端控制器连接一组终端,负责这些终端和主机的信息通信,或直接作为网络节点。终端是直接面向用户的交互设备,可以是由键盘和显示器组成的简单的终端,也可以是微机系统。计算机外设主要是网络中的一些共享设备,如大型的硬盘机、高速打印机和大型绘图仪等。

2.通信子网

通信子网由通信控制处理机、通信线路与其他通信设备组成,完成网络数据传输、转发等通信处理任务。

通信控制处理机在通信子网中又被称为网络节点。它一方面作为与资源子网的主机、终端连接的接口,将主机和终端连入网内;另一方面它又作为通信子网中的分组存储转发节点,完成分组的接收、校验、存储和转发等功能,实现将源主机报文准确发送到目的主机的作用。

通信线路为通信控制处理机之间、通信控制处理机与主机之间提供通信信道。计算机网络采用了多种通信线路,如电话线、双绞线、同轴电缆、光纤、无线通信信道、微波与卫星通信信道等。一般在大型网络和相距较远的两节点之间的通信链路都利用现有的公共数据通信线路。

信号变换设备的功能是对信号进行变换以适应不同传输介质的要求。这些设备一般有将计算机输出的数字信号变换为电话线上传送的模拟信号的调制解调器、无线通信接收和发送器、用于光纤通信的编码解码器等。

## 1.3.2　计算机网络的软件

在网络系统中,各种网络硬件设备必须依靠网络软件的支持才能正常工作。因为在网络上,每一个用户都可以共享系统中的各种资源,系统该如何控制和分配资源、网络中各种设备以何种规则实现彼此间的通信、网络中的各种设备该如何被管理等,都离不开网络的软件系统。因此,网络软件是实现网络功能必不可少的软环境。通常网络软件包括以下几种。

**网络协议软件**　实现网络协议功能,如 TCP/IP、IPX/SPX 等。

**网络通信软件**　用于实现网络中各种设备之间进行通信的软件。

**网络操作系统**　实现系统资源共享,管理用户的应用程序对不同资源的访问。典型的操作系统有 WindowsNT/2000/2003、NetWare、Unix、Linux 等。

**网络管理软件和网络应用软件**　网络管理软件是用来对网络资源进行管理及对网络进行维护的软件,而网络应用软件是为网络用户提供服务的,是网络用户在网络上解决实际问题的软件。

网络软件最重要的特征是,它研究的重点不是网络中各个独立的计算机本身的功能,而是如何实现网络特有的功能。

# 1.4　计算机网络的功能

1. 数据交换和通信

计算机网络中的计算机之间或计算机与终端之间,可以快速、可靠地相互传递数据、程序或文件。例如,电子邮件(E‑mail)可以使相隔万里的异地用户快速、准确地相互通信;电子数据交换(EDI)可以在商业部门(如海关、银行等)或公司之间进行订单、发票、单据等商业文件安全、准确的交换;文件传输协议(FTP)可以实现文件的实时传递,为用户复制和查找文件提供了有力的工具。

2. 资源共享

充分利用计算机网络中提供的资源(包括硬件、软件和数据)是计算机网络组网的主要目标之一。计算机的许多资源是十分昂贵的,不可能为每个用户单独拥有。例如,进行复杂运算的巨型计算机、海量存储器、高速激光打印机、大型绘图仪、一些特殊的外设等。另外,还有大型数据库等。这些昂贵的资源都可以为计算机网络上的用户所共享。资源共享既可以使用户减少投资,又可以提高这些计算机资源的利用率。

3. 提高系统的可靠性

在一些用于计算机实时控制和要求高可靠性的场合,通过计算机网络实现的备份技术可以提高计算机系统的可靠性。当某一台计算机出现故障时,可以立即由计算机网络中的另一台计算机来代替其完成所承担的任务。例如,空中交通处理、工业自动化生产线、军事防御系统、电力供应系统等都可以通过计算机网络设置备用或替换的计算机系统,以保证实时性管理和不间断运行系统的安全性和可靠性。

4. 分布式网络处理和负载均衡

对于大型的任务或当网络中某台计算机的任务负荷太重时,可将任务分散到网络中的其他计算机上进行,这样既可以处理大型的任务,使得一台计算机不会负担过重,又提高了计算机的可用性,起到了分布式处理和均衡负荷的作用。

# 1.5　计算机网络的分类

由于计算机网络自身的特点,对其划分也有多种形式。例如,可以按网络的作用范围、网络的传输技术方式、网络的使用范围、通信介质等分类;此外,还可以按信息交换方式、拓扑结构等进行分类。下面就常见的几种分类来作介绍。

## 1.5.1　按网络的作用范围划分

1. 局域网(Local Area Network,LAN)

通常我们常见的"LAN"就是指局域网,这是我们最常见、应用最广的一种网络。现在局域网随着整个计算机网络技术的发展和提高得到了充分的应用和普及,几乎每个单位都有自己的局域网,甚至有的家庭中都有自己的小型局域网。很明显,所谓局域网,就是在局部地区范围内的网络,它所覆盖的地区范围较小。局域网在计算机数量上没有太多的限制,少的可以只有两台,多的可达几百台。一般来说在企业局域网中,工作站的数量在几十到两百台次。在网络所涉及的地理距离上,一般来说可以是几米至10 km。局域网一般位于一个建筑物或一个单位内,不存在寻径问题,不包括网络层的应用。

这种网络的特点是连接范围窄,用户数少,配置容易,连接速率高。目前局域网最快的速率要算现今的10 G以太网了。IEEE的802标准委员会定义了多种主要的LALN网:以太网(Ethernet)、令牌环网(Token Ring)、光纤分布式接口网络(FDDI)及最新的无线局域网(WLUN)。这些知识将在第5章作详细介绍。

2. 城域网(Metropolitan Area Network,MAN)

这种网络一般来说是在一个城市,但不在同一地理小区范围内的计算机互联。这种网络的连接距离可以在10~100 km,它采用的是IEEE 802.6标准。MAN与LAN相比扩展的距离更长,连接的计算机数量更多,在地理范围上可以说是LAN的延伸。在一个大型城市或都市地区,一个MAN通常连接着多个LAN。如连接政府机构的LAN、医院的LAN、电信的LAN、公司企业的LAN,等等。光纤连接的引入,使MAN中高速的LAN互联成为可能。

城域网多采用ATM技术做骨干网。ATM是一个用于数据、语音、视频及多媒体应用程序的高速网络传输方法。ATM包括一个接口和一个协议,该协议能够在一个常规的传输信道上,在比特率不变及变化的通信量之间进行切换。ATM也包括硬件、软件及与ATM协议标准一致的介质。ATM提供一个可伸缩的主干基础设施,以便能够适应不同规模、速度及寻址技术的网络。ATM的最大缺点就是成本太高,所以一般在政府城域网中应用,如邮政、银行、医院等。

3. 广域网(Wide Area Network,WAN)

这种网络也称为远程网,所覆盖的范围比MAN更广,它一般是在不同城市之间的LAN或者MAN互联,地理范围可从几百千米到几千千米。因为距离较远,信息衰减比较严重,所以这种网络一般要租用专线,通过IMP(接口信息处理)协议和线路连接起来,构成网状结构,如图1-6所示。广域网使用的主要技术为存储转发技术,世界上最大的广域网是Internet。

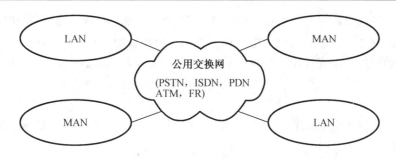

图 1-6 广域网

### 1.5.2 按网络的传输技术划分

**1. 广播式网络**

广播式网络(Broadcast Network)的特点是仅有一条通信信道,网络上的所有计算机都共享这个信道。当一台计算机在信道上发送分组或数据包时,网络中的每台计算机都会接收到这个分组,并且将自己的地址与分组中的目的地址进行比较:如果相同,则处理该分组;否则将它丢弃。

在广播式网络中,若某个分组发出以后,网络上的每一台计算机都接收并处理它,则称为广播(Broadcast);若分组是发送给网络中的某些计算机,则称为多点播送或组播(Multicast);若分组只发送给网络中的某一台计算机,则称为单播(Unicast)。

**2. 点到点网络**

点到点网络(Point-to-Point Network)的特点是两台计算机之间通过一条物理线路连接。若两台计算机之间没有直接连接的线路,分组可能要通过一个或多个中间节点的接收、存储和转发才能到达目的地。由于连接多台计算机之间的线路结构可能非常复杂,存在着多条路径,因此在点到点的网络中如何选择最佳路径显得特别重要。

### 1.5.3 按网络的使用范围划分

**1. 公用网**

公用网由电信部门组建,一般由政府电信部门管理和控制,网络内的传输和交换装置可提供(如租用)给任何部门和单位使用。公用网分为公共电话交换网(PSTN)、数字数据网(DDN)、综合业务数字网(ISDN)、帧中继(FR)等。

**2. 专用网**

专用网是由某个单位或部门组建的,不允许其他部门或单位使用,例如金融、石油、铁路等行业都有自己的专用网。专用网可以租用电信部门的线路,但成本非常高。

### 1.5.4 按传输介质划分

**1. 有线网**

有线网是指采用双绞线、同轴电缆及光纤作为传输介质的计算机网络。

**双绞线** 双绞线网是目前最常见的联网方式,通过专用的各类双绞线来组网。比较经济,且安装方便,传输率和抗干扰能力一般,广泛应用于局域网中。还可以通过电话线上网,通过现有电力网电缆建网。

**同轴电缆** 可以通过专用的中同轴电缆(俗称粗缆)或小同轴电缆(俗称细缆)来组网;此外,还可通过有线电视电缆,使用电缆调制解调器(Cable Modem)上网。

**光纤** 光纤网采用光纤作为传输介质,光纤传输距离长,传输率高,可达数 Gbit/s,且抗干扰性强,不会受到电子监听设备的监听,是高安全性网络的理想选择。

2. 无线网

无线网是指使用电磁波作为传输介质的计算机网络,它可以传送无线电波和卫星信号。无线网包括如下几种。

**无线电话网** 通过手机上网已成为新的热点,目前这种联网方式费用较高、速率不高,但由于联网方式灵活方便,它仍是一种很有发展前途的联网方式。

**语音广播网** 价格低廉、使用方便,但保密性和安全性差。

**无线电视网** 普及率高,但无法在一个频道上与用户进行实时交互。

**微波通信网** 通信保密性和安全性均较好。

**卫星通信网** 能进行远距离通信,但价格较高。

### 1.5.5 按企业和公司管理划分

1. 内联网(Intranet)

内联网一般是指企业的内部网,是由企业内部原有的各种网络环境和软件平台组成的,例如,传统的客户机/服务器模式经过逐步改造、过渡、统一到像使用 Internet 那样方便,即在 Internet 上应用的浏览器/服务器模式。在内部网络上采用通用的 TCP/IP 作为通信协议,利用 Internet 的 WWW 技术,并以 Web 模型作为标准平台。它一般具备自己的 Intranet Web 服务器和安全防护系统为企业内部服务。

2. 外联网(Extranet)

相对于企业内部网,外联网泛指企业之外需要扩展连接到与自己相关的其他企业网。它是采用 Internet 技术,同时又有自己的 WWW 服务器,但不一定与 Internet 直接进行连接的网络。同时必须建立防火墙把 Internet 与 Internet 隔离开,以确保企业内部信息的安全。

3. 互联网(Internet)

互联网因其英文单词"Internet"的谐音,又称为"英特网"。在互联网应用高速发展的今天,它已是我们每天都要打交道的一种网络。无论从地理范围,还是从网络规模来讲,它都是最大的一种网络,就是我们常说的"Web""WWW"和"万维网"等多种叫法。Internet 的相关知识在第 9 章有详细的介绍。

# 1.6 计算机网络的拓扑结构

计算机网络拓扑结构就是网络中通信线路和站点(计算机或设备)的几何排列形式。在计算机网络中,将主机和终端抽象为点,将通信介质抽象为线,形成点和线组成的图形,使人们对网络整体有明确的全貌印象。常见的几种计算机网络拓扑结构如图 1-7 所示。

1. 总线型拓扑结构

总线型拓扑结构是一种共享通路的物理结构。这种结构中总线具有信息的双向传输功能,普遍用于局域网的连接,总线一般采用双绞线或光纤。

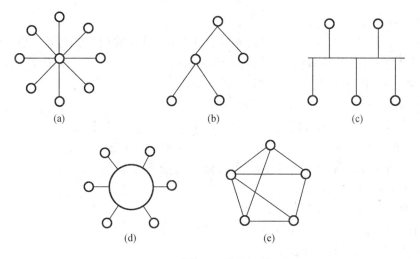

**图1-7　计算机网络的拓扑结构**

(a)星型拓扑;(b)树型拓扑;(c)总线型拓扑;(d)环型拓扑;(e)网状型拓扑

总线型拓扑结构的优点是安装容易,扩充或删除一个节点很容易,无须停止网络的正常工作,节点的故障不会殃及系统;由于各个节点共用一个总线作为数据通路,信道的利用率高。但总线结构也有其缺点:由于信道共享,连接的节点不宜过多,并且总线自身的故障可以导致系统的崩溃。

**2. 星型拓扑结构**

星型拓扑结构是一种以中央节点为中心,把若干外围节点连接起来的辐射式互联结构。这种结构适用于局域网,特别是近年来连接的局域网大都采用这种连接方式。这种连接方式以双绞线作为连接线。

星型拓扑结构的特点是安装容易、结构简单、费用低,通常以交换机(Switch)作为中央节点,便于维护和管理。中央节点的正常运行对网络系统来说是至关重要的。

**3. 环型拓扑结构**

环型拓扑结构是将网络节点连接成闭合环路。信号顺着一个方向从一台设备传到另一台设备,每一台设备都配有一个收发器,信息在每台设备上的延时时间是固定的。这种结构特别适用于实时控制的局域网系统。

环型拓扑结构的特点是安装容易,费用较低,电缆故障容易查找和排除。有些网络系统为了提高通信效率和可靠性,采用了双环结构,即在原有的单环上再套一个环,使每个节点都具有两个接收通道。环型网络的弱点是,当一个节点发生故障时,整个网络就不能正常工作。

**4. 树型拓扑结构**

树型拓扑结构就像一棵"根"朝上的树。与总线型拓扑结构相比,其主要区别在于总线型拓扑结构中没有"根"。这种拓扑结构的网络一般采用光纤,用于军事单位、政府部门等上下界限相当严格和层次分明的部门。

树型拓扑结构的优点是容易扩展,故障也容易分离处理;缺点是整个网络对根的依赖性很大,一旦网络的"根"发生故障,整个系统就不能正常工作。

#### 5. 网状型拓扑结构

这种拓扑结构主要指各节点通过传输线互联起来,并且每一个节点至少与其他两个节点相连。网状拓扑结构具有较高的可靠性,但其结构复杂,实现起来费用较高,不易管理和维护,一般不应用于局域网。

网状型拓扑结构具有以下优点:

(1)网络可靠性高,一般通信子网中任意两个节点交换机之间,存在着两条或两条以上的通信路径,这样当一条路径发生故障时,还可以通过另一条路径把信息送至节点交换机;

(2)网络可组建成各种形状,采用多种通信信道,多种传输速率;

(3)网内节点共享资源容易;

(4)可改善线路的信息流量分配;

(5)可选择最佳路径,传输延迟小。

网状型拓扑结构具有以下缺点:

(1)控制复杂,软件复杂;

(2)线路费用高,不易扩充。

网状型拓扑结构一般用于 Internet 骨干网上,使用路由算法来计算发送数据的最佳路径。

# 1.7 国际标准化组织

#### 1. ISO

国际标准化组织(International Organization for Standardization,ISO)是一个全球性的标准化组织,是国际标准化领域中一个十分重要的组织。ISO 的任务是促进全球范围内的标准化及有关活动的开展,以利于国际间产品与服务的交流,以及在知识、科学、技术和经济活动中发展国际间的相互合作。它显示了强大的生命力,吸引了越来越多的国家参与其活动。ISO 制定了网络通信的标准,即开放系统互联(OSI)。

#### 2. ITU

国际电信联盟(International Telecommunications Union,ITU)是世界各国政府的电信主管部门之间协调电信事务方面的一个国际组织。

ITU 的宗旨是维持和扩大国际合作,以改进和合理地使用电信资源;促进技术设施的发展及其有效运用,以提高电信业务的效率,扩大技术设施的用途,并尽量使公众普遍利用;协调各国行动,以达到上述目的。

在通信领域,最著名的国际电信联盟电信标准化部门(ITU-T)标准有 V 系列标准,例如 V.32、V.33 和 V.42 标准对使用电话线传输数据做了明确的说明;还有 X 系列标准,例如 X.25、X.400 和 X.500 作为公用数字网上传输数据的标准;ITU-T 的标准还包括电子邮件、目录服务、综合业务数字网(ISDN)等方面的内容。

#### 3. ANSI

美国国家标准学会(American National Standards Institute,ANSI)致力于国际标准化事业和实现消费品方面的标准化。

### 4. TIA

美国通信工业协会（American Assosiation of Communications Industries, TIA）是一个全方位的服务性国家贸易组织。其成员包括为美国和世界各地提供通信和信息技术产品、系统和专业技术服务的 900 余家大小公司,该协会成员有能力制造供应现代通信网中应用的所有产品。此外,TIA 还有一个分支机构——多媒体通信协会（MMTA）。TIA 还与美国电子工业协会（EIA）有着广泛而密切的联系。

### 5. IEEE

电气和电子工程师协会（Institute of Electrical and Electronics Engineers, IEEE）是 1963 年美国电气工程师学会（AIEE）和美国无线电工程师学会（IRE）合并而成的,是美国规模最大的专业学会。

IEEE 最大的成就是制定了局域网和城域网的标准,这个标准称为 802 项目或 802 系列标准。

### 6. EIA

美国电子工业协会（Electronic Industry Association, EIA）广泛代表了设计生产电子元件、部件、通信系统和设备的制造商,以及工业界、政府和用户的利益,在提高美国制造商的竞争力方面起到了重要的作用。在信息领域,EIA 在定义数据通信设备的物理接口和电气特性等方面做出了巨大的贡献,尤其是数字设备之间串行通信的接口标准,例如 EIARS - 232,EIARS - 449 和 EIARS - 530。

### 7. IEC

国际电工委员会（International Electrotechnical Commission, IEC）的宗旨是促进电工、电子领域中标准化及有关方面的国际合作,以增进相互了解。为实现这一目的,已出版了包括国际标准在内的多种出版物,并希望各国家委员会在其本国条件许可的情况下使用这些国际标准。IEC 的工作领域包括电力、电子、电信和原子能方面的电工技术,现已制定国际电工标准约 3 000 个。

### 8. ETSI

欧洲电信标准化协会（European Telecommunications Seandards Institute, ETSI）是由欧洲共同体于 1985 年批准建立的一个非营利性的电信标准化组织,总部设在法国南部的尼斯。该协会的宗旨是为实现统一的欧洲电信大市场,及时制定高质量的电信标准,以促进电信基础结构的综合,确保网络和业务的协调,确保适应未来电信业务的接口,以达到终端设备的统一,为开放和建立新的电信业务提供技术基础,并为世界电信标准的制定做出贡献。

ETSI 作为一个被欧洲标准化协会（CEN）和欧洲邮电主管部门会议（CEPF）认可的电信标准协会,其制定的推荐性标准常被欧洲共同体作为欧洲法规的技术基础而采用,并被要求执行。ETSI 的标准化领域主要是电信业,但还涉及与其他组织合作的信息及广播技术领域。

# 第 2 章　数据通信技术基础

计算机网络是计算机技术与通信技术相结合的产物,是信息传输的重要手段之一。目前,数据通信技术已在人类社会生活中得到广泛应用。而通信技术本身的发展也与计算机技术的应用有着密切的关系。数据通信就是以信息处理技术和计算机技术为基础的通信方式,它为计算机网络的应用和发展提供了技术支持和可靠的通信环境。

**本章提要**

·数据通信的基础知识;
·数字数据的调制和编码技术;
·数据交换技术;
·数据传输技术;
·信道复用技术;
·差错控制技术;
·传输介质的类型、主要特性和应用。

## 2.1　数据通信的基础知识

### 2.1.1　信息、数据、信号

1. 信息的概念

信息是物质、事物、现象的属性、状态、关系标记的集合。

通信的目的是交换信息。信息的载体可以是数值、文字、图形、声音、图像及动画等多种媒体。任何事物的存在都伴随着相应信息的存在。信息不仅能反映事物的特征、运动和行为,而且能够借助媒体(如空气、光波、电磁波等)传播和扩散。

2. 数据的概念

数据是指把事件的某些属性规范化后得到的表现形式,它可以被识别,也可以被描述。简单地说,数据是有用的信息,是信息的表现形式。数据可以分为模拟数据与数字数据两种。数据通过信号的形式传输,故信号通常有两种形式:模拟信号和数字信号。模拟数据在时间上和幅度取值上都是连续的,其电平随时间连续变化。例如,语音是典型的模拟数据;其他由模拟传感器接收到的数据,如温度、压力、流量等也是模拟数据。数字数据在时间上是离散的,在幅值上是经过量化的,它一般是由二进制代码所组成的数字序列。

3. 信号的概念

信号是数据的具体物理表现形式,它是信息(数据)的一种电磁编码,具有确定的物理描述。信号中包含了所要传递的信息,例如电压、磁场强度等。信号一般以时间为自变量,以表示信息(数据)的某个参量(振幅、频率或相位)为因变量。在数据通信系统中,传输模拟信号的系统称为模拟通信系统,而传输数字信号的系统称为数字通信系统。

信息、数据和信号三者的关系:信息一般用数据来表示,而表示信息的数据通常要被转变为信号才能进行传递。

### 2.1.2　模拟信号和数字信号

模拟信号是指幅度和时间(每秒的波数)连续变化的信号(如图 2-1 所示),如电视图像信号、语音信号、温度压力传感器的输出信号等。模拟信号在模拟线路上传输。在模拟线路上,模拟信号(如电话中的声音)是通过电流和电压的变化进行传输的。

数字信号是指时间和幅度都用离散数字表示的信号(如图 2-2 所示),如计算机使用的由"0"和"1"组成的信号。数字信号在通信线路上传输时要借助电信号的状态来表示二进制代码的值,电信号可呈现两种状态,分别表示为"0"和"1"。

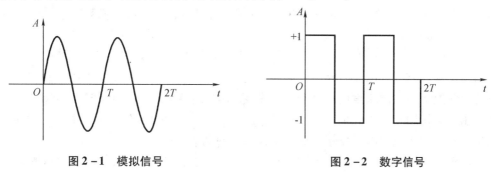

図 2-1　模拟信号　　　　　　図 2-2　数字信号

关于数字信号和模拟信号的区别,我们可以打这样一个比方:数字信号只包括"开"和"关"两种离散的状态;而模拟信号则包括从"开"到"关"之间的所有状态。虽然模拟信号与数字信号有着明显的差别,但在一定条件下它们是可以相互转化的。模拟信号可以通过采样、编码等步骤变成数字信号,而数字信号也可以通过解码、平滑等步骤恢复为模拟信号。线路上传输的电信号按其因变量的取值是否连续可分为模拟信号和数字信号。

### 2.1.3　基带信号与宽带信号

信号的第二种分类方法是将信号分为基带信号(Baseband Signal)和宽带信号(Broadband Signal)。基带信号就是将计算机发送的数字信号"0"或"1"用两种不同的电压表示后,直接送到线路上传输的信号。而宽带信号是基带信号经过调制后形成的频分复用模拟信号。

### 2.1.4　信道

传输信息的必经之路称为信道,在计算机中有物理信道和逻辑信道之分。物理信道是指用来传送信号或数据的物理通路。网络中两个节点之间的物理通路称为通信链路。物理信道由传输介质及有关设备组成。逻辑信道也是一种通路,但在信号收、发点之间并不存在一条物理上的传输介质,而是在物理信道基础上,由节点内部来实现。通常把逻辑信道称为"连接"。数字信道用来传输数字信号,模拟信道用来传输模拟信号。信道可以按不同的方法分类。

1. 有线信道与无线信道

信道按所使用的传输介质可以分为有线信道与无线信道两类。

**有线信道** 使用有形的介质作为传输介质的信道称为有线信道,它包括电话线、双绞线、同轴电缆和光缆等。

**无线信道** 以电磁波在空间传播的方式传送信息的信道称为无线信道,它包括无线电、微波、红外线和卫星通信信道。

2. 模拟信道与数字信道

信道按传输信号的类型可以分为模拟信道与数字信道两类。

**模拟信道** 能传输模拟信号的信道称为模拟信道。模拟信号的电平随时间连续变化,语音信号是典型的模拟信号。如果利用模拟信道传送数字信号,则必须经过数字与模拟信号之间的变换。调制解调器就是用于完成这种变换的。

**数字信道** 能传输离散数字信号的信道称为数字信道。离散的数字信号在计算机中是指由"0"和"1"的二进制代码组成的数字序列。当利用数字信道传输数字信号时不需要进行变换,而通常需要进行数字编码。

3. 专用信道与公用信道

信道按使用方式可以分为专用信道与公用信道两类。

**专用信道** 专用信道是用户设备之间连接的固定电路,它可以由用户自己架设或向电信部门租用。采用专用电路时有两种连接方式:一种是点对点连接;另一种是多点连接。专用信道一般用于短距离或数据传输量比较大的网络需求情况。

**公用信道** 也称公共交换信道,它是一种通过交换机转接、为大量用户提供服务的信道。用户与用户之间的通信需要通过交换机到交换机之间的电路转接,其路径不是固定的。例如,公共电话交换网就属于公用信道。

对于不同信道,其特性和使用方法有所不同。数据传送从本质上说都属于两台计算机通过一条通信信道相互通信的问题。数据在计算机中是以离散的二进制数字信号来表示的,但在数据通信过程中,是传输数字信号还是传输模拟信号,则主要取决于选用的通信信道所允许的传输信号类型。

## 2.1.5 数据通信的技术指标

1. 传输速率

传输速率是指通信线路上传输信息的速度,它是描述数据传输系统性能的重要技术指标之一。传输速率一般有信号速率和调制速率两种表示方法。

信号速率指单位时间内传送二进制位代码的有效位数,以每秒多少比特计数,单位为比特/秒,即 bit/s。数字信号的速率通常用"比特"来表示。

调制速率是指每秒传送的脉冲数,单位为波特每秒(B/s),是指信号在调制过程中,调制状态每秒钟转换的次数。每一"波特",即模拟信号的一个状态不仅仅表示一位数据,而是代表了多位数据。所以"波特"与"比特"的意义是不同的,模拟信号的速率通常用"波特"来表示。

在电子通信领域,波特率即调制速率,指的是信号被调制以后在单位时间内的波特数,即单位时间内载波参数变化的次数。它是对符号传输速率的一种度量,通常以"波特每秒"

(B/s)为单位,1 B/s 即指每秒传输 1 个符号。波特率有时候会与比特率混淆,实际上后者是对信息传输速率的度量。波特率可以被理解为单位时间内传输符号的个数(传符号率),通过不同的调制方法可以在一个符号上负载多个比特信息。

2. 误码率

误码率是指码元在传输过程中,错误码元占总传输码元的比例。在二进制传输中,误码率也称为误比特率。

在理解误码率定义时,应注意对于一个实际的数据传输系统,不能笼统地要求误码率越低越好,要根据实际传输要求提出误码率指标;在数据传输速率确定后,误码率越低,数据传输系统设备越复杂,造价越高。

在实际的数据传输系统中,电话线路传输速率为 300 ~ 2 400 bit/s 时,平均误码率为 $10^{-2}$ ~ $10^{-6}$;传输速率为 4 800 ~ 9 600 bit/s 时,平均误码率为 $10^{-2}$ ~ $10^{-4}$。而计算机通信的平均误码率要求低于 $10^{-9}$。因此,普通通信信道如不采取差错控制技术,是不能满足计算机通信要求的。

3. 信道带宽与信道容量

**信道带宽**  指信道中传输的信号在不失真的情况下所占用的频率范围,通常称为信道的通频带,单位用赫兹(Hz)表示。信道的带宽是由信道的物理特性所决定的。例如,电话线路的频率范围是 300 ~ 3 400 Hz,则它的带宽范围也是 300 ~ 3 400 Hz。

**信道容量**  是衡量一个信道传输数字信号的重要参数。信道容量是指单位时间内信道上所能传输的最大比特数,通常称为最大传输率,用比特每秒(bit/s)表示。当传输速率超过信道的最大信号速率时就会导致失真。

通常,信道容量与信道带宽具有正比的关系,带宽越大,容量越高,所以要提高信号的传输率,信道就要有足够的带宽。从理论上看,增加信道带宽是可以增加信道容量的;但实际上,信道带宽的无限增加并不能使信道容量无限增加。其原因是在一些实际情况下,信道中存在噪声(干扰),制约了带宽的增加。

在现代网络技术中,人们总是以"带宽"来表示信道的数据传输速率,"带宽"与"速率"几乎成了同义词。信道带宽与数据传输速率的关系可以用奈奎斯特(Nyquist)准则与香农(Shanon)定律描述。

奈奎斯特准则指出,如果间隔为 $\pi/\omega(\omega = 2\pi f)$,通过理想通信信道传输窄脉冲信号,则前后码元之间不产生相互窜扰。因此,对于二进制数据信号的最大数据传输速率 $R_{max}$ 与通信信道带宽 $B(B = f$,单位 Hz$)$的关系可以写为

$$R_{max} = 2f$$

对于二进制数据,若信道带宽 $B = f = 3\ 000$ Hz,则最大数据传输速率为 6 000 bit/s。

奈奎斯特定律描述了有限带宽、无噪声信道的最大数据传输速率与信道带宽的关系。

香农定律则描述了有限带宽、有随机热噪声信道的最大传输速率与信道带宽、信噪比之间的关系。香农定理指出,在有随机热噪声的信道上传输数据信号时,数据传输速率 $R_{max}$ 与信道带宽 $B$、信噪比 $S/N$ 的关系为

$$R_{max} = B\log_2(1 + S/N)$$

式中,$R_{max}$ 单位为 bit/s;带宽 $B$ 单位为 Hz;信噪比 $S/N$ 通常以 dB(分贝数)表示。若 $S/N = 30$ (dB),那么信噪比根据公式为

$$S/N = 10\lg(S/N)$$

可得，$S/N = 1\,000(\text{dB})$。若带宽 $B = 3\,000$ Hz，则 $R_{max} \approx 30$ kbit/s。香农定律给出了一个有限带宽、有热噪声信道的最大数据传输速率的极限值。它表示对于带宽只有 3 000 Hz 的通信信道，信噪比在 30 dB 时，无论数据采用二进制还是更多的离散电平值表示，都不能用越过 30 kbit/s 的速率传输数据。

因此通信信道最大传输速率与信道带宽之间存在着明确的关系，人们可以用"带宽"取代"速率"。例如，人们常把网络的"高数据传输速率"用网络的"高带宽"去表述，所以"带宽"与"速率"在网络技术的讨论中几乎成了同义词。

简单地讲，信道带宽是信号传输频率的最大值和最小值之差（Hz）；信道容量是单位时间内传输的最大码元数（Baud），或单位时间内传输的最大二进制数（bit/s）；数据传输速率是每秒钟传输的二进制数（bit/s）。

### 2.1.6 数据通信系统的基本结构

数据通信系统的基本结构可以用一个简单的通信模型来表示。产生和发送信息的一端叫信源，接收信息的一端叫信宿。信源与信宿通过通信线路进行通信。在数据通信系统中，也将通信线路称为信道。数据通信系统的简单模型如图 2 - 3 所示。

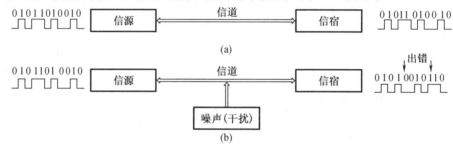

**图 2 - 3 数据通信系统的简单模型**

（a）理想状态；（b）实际环境下

在理想状态下，数据从信源发出到信宿接收不会出现问题，但实际情况并非如此。对于实际的数据通信系统，由于信道中有噪声（干扰），传送到信道上的信号在到达信宿之前可能会受干扰而出错。因此，为了保证信源和信宿之间能够实现正确的信息传输与交换，除了使用一些克服干扰及差错的检测和控制方法外，还要借助于其他各种通信技术来解决这个问题，如调制、编码、复用等；而对于不同的通信系统，所涉及的技术也有所不同。在数据通信系统中，传输模拟信号的系统称为模拟通信系统，而传输数字信号的系统称为数字通信系统。

## 2.2 数据的调制和编码技术

在计算机中，数据是以离散的二进制"0""1"比特序列方式来表示的。计算机数据在传输过程中的数据编码类型主要取决于它采用的通信信道所支持的数据通信类型。网络中的通信信道分为模拟信道和数字信道，而依赖于信道传输的数据也分为模拟数据和数字数据。因此，数据的编码调制方法包括数字数据的编码与调制和模拟数据的编码与调制。

数据的编码与调制有一定联系,但更主要的是区别。编码是用数字信号承载数字或模拟数据,而调制是用模拟信号承载数字或模拟数据。看起来两者有点像是相反过程,其实不完全是这样,它们只是两种满足不同应用需求的数据处理技术。调制与解调才是完全相反的两个过程。

模拟通信中可采用调幅、调频和调相等多种调制方式来调制信号;在数字通信中,数字数据通常采用幅移键控(Amplitude Shift Keying, ASK)、频移键控(Frequency Shift Keying, FSK)和相移键控(Phase Shift Keying, PSK)这三种调制方式。

## 2.2.1　数字调制方式

数字调制就是将数字符号变成适合于信道传输的波形。所用载波一般是余弦信号,调制信号是数字基带信号。利用基带信号去控制载波的某个参数就完成了调制。调制的方法主要是通过改变余弦波的幅度、相位或频率来传送信息。其基本原理是把数据信号寄生在载波的上述三个参数中的一个上面,即用数据信号来进行幅度调制、频率调制或相位调制。数字信号只有几个离散值,因此调制后的载波参数也只有有限个值,类似于用数字信息控制开关,从几个具有不同参量的独立振荡源中选择参量,为此把数字信号的调制方式称为键控。数字调制分为调幅、调相和调频三类,分别对应幅移键控(ASK)、相移键控(PSK)和频移键控(FSK)三种数字调制方式。其中 ASK 调制方式是用载波的两个不同振幅表示“0”和“1”;FSK 调制方式是用载波的两个不同频率表示“0”和“1”;而 PSK 调制方式是用载波起始相位的变化表示“0”和“1”。数字数据不同调制方法的波形如图 2 - 4 所示。

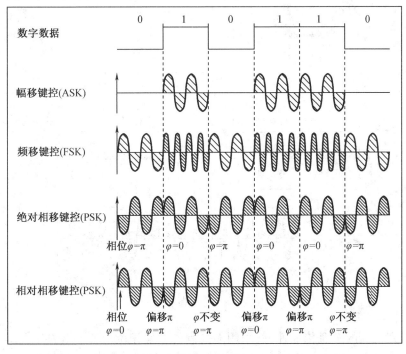

图 2 - 4　数字数据不同调制方法的波形

1. 幅移键控(ASK)

ASK 是通过改变载波信号的幅度值表示数字信号“1”“0”,以幅度 A1 表示数字信号的

"1",用载波幅度 $A2$ 表示数字信号的"0"(通常 $A1$ 取 1,$A2$ 取 0),而载波信号的参数厂和9恒定。

### 2. 频移键控(FSK)

FSK 是通过改变载波信号频率的方法表示数字信号"1""0",用 $f1$ 表示数字信号"1",用 $f2$ 表示数字信号"0",而载波信号的 $A$ 和 $\varphi$ 不变。

### 3. 相移键控(PSK)

PSK 是通过改变载波信号的相位值表示数字信号"1""0",而载波信号的 $A$ 和 $\varphi$ 不变。PSK 包括以下两种类型。

(1)绝对调相

绝对调相使用相位的绝对值,$\varphi$ 为 0 表示数字信号"1",$\varphi$ 为 $\pi$ 表示数字信号"0"。

(2)相对调相

相对调相使用相位的相对偏移值,当数字数据为 0 时,相位不变化;而数字数据为 1 时,相位要偏移 $\pi$。

### 4. 多相调制和混合调制

ASK、FSK 和 PSK 都是最基本的调制技术,实现容易、技术简单、抗干扰能力差、调制速率不高。为了提高数据传输速率,也可以采用多相调制的方法。

例如,将待发送的数字信号按 2 个比特一组的方式组织,因为 2 个比特可以有 4 种组合方式,即 00,01,10,11 这 4 个码元,所以用 4 个不同的相位值就可以表示出这 4 种组合。在调相信号传输过程中,相位每改变一次,传送 2 个二进制比特,这种调制方法就称为四相相移键控,如图 2 - 5 所示。

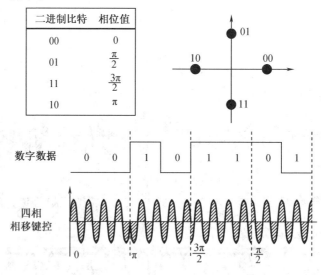

图 2 - 5　四相相移键控

为了达到更高的信息传输速率,采用多元制的振幅相位混合调制技术,比如正交振幅调制(Quadrature Amplitude Modulation,QAM),它不但使用相位,而且还使用幅度。8 - QAM 使用了幅度与相位的 8 种组合,由于使用 3 个比特可以表示 8 种组合,因此,每一种组合代表一个码元,每个码元 3 个比特。16 - QAM 的幅度和相位有 16 种组合,每个组合代表一个码元,每个码元 4 个比特。多元调制方式如图 2 - 6 所示。

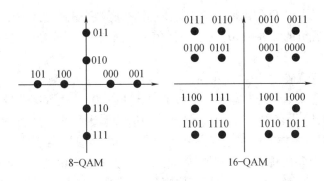

图 2-6　多元调制方式

### 2.2.2　数据信号的编码方式

数字基带传输中数据信号的编码方式主要有三种,分别是不归零编码、曼彻斯特编码和差分曼彻斯特编码。三种编码的波形如图 2-7 所示。

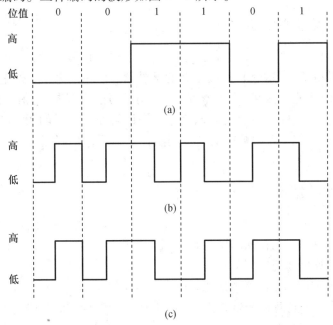

图 2-7　数据信号的编码方法

（a）不归零编码；（b）曼彻斯特编码；（c）差分曼彻斯特编码

1. 不归零编码

不归零编码( Non-return to Zero，NRZ)可以用负电平表示逻辑"0",用正电平表示逻辑"1",反之亦然。NRZ 编码的缺点是发送和接收方不能保持同步,需采用其他方法保持收发同步。

2. 曼彻斯特( Manchester)编码

在曼彻斯特编码中,每个二进制位(码元)的中间都有电压跳变。用电压的正跳变表示"0",电压的负跳变表示"1"。由于跳变都发生在每一个码元的中间位置(半个周期),接收端可以方便地利用它作为同步时钟,因此这种曼彻斯特编码又称为自同步曼彻斯特编码。

目前应用最广泛的以太局网在数据传输时就采用这种数字编码方式。曼彻斯特编码是以半个符号宽的先正后负的脉冲(1,0)代表数字信号1,而以半个符号的先负后正的脉冲(0,1)代表数字信号0。

3. 差分曼彻斯特编码

曼彻斯特编码是以半个符号宽的先正后负的脉冲(1,0)代表数字信号1,以半个符号的先负后正的脉冲(0,1)代表数字信号0。差分曼彻斯特编码是曼彻斯特编码的一种修改形式,其不同之处是用每一位的起始处有无跳变来表示"0"和"1",若有跳变则为"0",无跳变则为"1";而每一位中间的跳变只用来作为同步的时钟信号,所以它也是一种自同步编码。曼彻斯特编码和差分曼彻斯特编码的每一位都是用不同电平的两个半位来表示的,因此始终保持直流的平衡,不会造成直流的累积。

曼彻斯特编码的规律是每位中间有一个电平跳变,从高到低的跳变表示"1",从低到高的跳变表示"0"。差分曼彻斯特编码的规律是每位的中间也有一个电平跳变,但不用这个跳变来表示数据,而是利用每个码元开始时有无跳变来表示"0"或"1",有跳变表示"0",无跳变表示"1"。

## 2.2.3　模拟数据的调制方式

在模拟数据通信系统中,信源的信息经过转换形成电信号。例如,人说话的声音经过电话转变为模拟的电信号,这也是模拟数据的基带信号。一般来说,模拟数据的基带信号具有比较低的频率,不宜直接在信道中传输,需要对信号进行调制,将信号搬移到适合信道传输的频率范围内,接收端将接收的已调信号再搬回到原来信号的频率范围内,恢复成原来的信息,如无线电广播。模拟数据的基本调制技术主要包括调幅(AM)、调频(FM)和调相(PM)。

## 2.2.4　模拟数据的编码方式

脉冲编码调制(Pulse Code Modulation,PCM)是模拟数据数字化的主要方法。由于误码率低、数据传输速率高,因此在网络中除计算机直接产生的数字信号外,语音、图像信息必须数字化才能经计算机处理。

PCM技术的典型应用是语音数字化。语音可以用模拟信号的形式通过电话线路传输,但是在网络中将语音与计算机产生的数字、文字、图形和图像同时传输,就必须首先将语音信号数字化。在发送端通过PCM编码器变换为数字化语音数据,通过通信信道传送到接收方,接收方再通过PCM解码器还原成模拟语音信号。数字化语音数据传输速率高、失真小,可以存储在计算机中进行必要的处理。因此,在网络与通信的发展中语音数字化成为重要的部分。

脉冲编码调制的工作过程包括抽样、量化和编码三部分。脉冲编码调制的三个过程及相对应的波形信号如图2-8所示。

1. 抽样

模拟信号是电平连续变化的信号。每隔一定的时间间隔,采集模拟信号的瞬时电平值作为样本表示模拟信号在某一区间随时间变化的值。抽样频率以奈奎斯特抽样定理为依据,如果以等于或高于通信信道带宽两倍的速率定时对信号进行抽样,就可以恢复原模拟信号的所有信息。

对于电话通信系统,因为电话线路的传输带宽不超过 4 000 Hz,所以抽样频率为 8 000 次/秒。

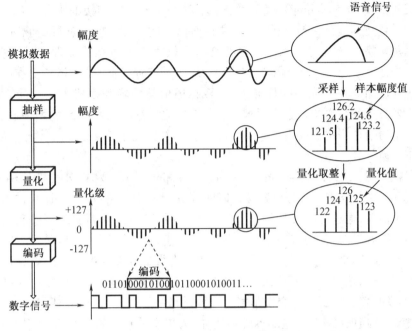

图 2-8  脉冲编码调制的三个过程及相对应的波形信号

**2. 量化**

量化是将取样样本幅度按量化级决定取值的过程。经过量化后的样本幅度为离散的量化级值,根据量化之前规定好的量化级,将抽样所得样本的幅值与量化级的幅值比较,取整定级。量化级可以分为 8 级、16 级或者更多的量化级,这取决于系统的精确度要求。

**3. 编码**

编码是用相应位数的二进制代码表示量化后的采样样本的量级。如果有 16 个量化级,就需要使用 4 个比特进行编码。经过编码后,每个样本都用相应的编码脉冲表示。PCM 用于数字化语音系统,它将声音分为 128 个量化级,采用 7 位二进制编码表示,再使用 1 个比特进行差错控制,抽样速率为 8 000 次/秒,因此,一路话音的数据传输速率为 8 × 8 000 bit/s = 64 kbit/s。

# 2.3  数据交换技术

通信子网是由若干网络节点和链路按照一定的拓扑结构互联起来的网络。有时又称中间的这些交换节点为交换设备,这些交换设备并不处理流经它们的数据,而只是简单地把数据从一个交换设备传送到另一个交换设备,直至到达目的地。子网是为所有进入它们的数据提供一条完整传输路径的通路,而实现这种数据通路的技术就称为数据交换技术。

一般我们按照通信子网中的网络节点对进入子网的数据所实施的转发方式的不同来对数据交换方式进行分类,可分为电路交换和存储/转发式交换两大类。

### 2.3.1　电路交换

电路交换(Circuit Switching)又称为线路交换,是一种面向连接的服务。两台计算机通过通信子网进行数据电路交换之前,首先要在通信子网中建立一个实际的物理线路连接。最普通的电路交换例子是电话系统。电路交换是根据交换机结构原理实现数据交换的。其主要任务是把要求通信的输入端与被呼叫的输出端接通,即由交换机负责在两者之间建立起一条物理通路。在完成接线任务之后,双方通信的内容和格式等均不受交换机的制约。电路交换方式的主要特点就是要求在通信双方之间建立一条实际的物理通路,并且这条通路在整个通信过程中被独占。

1. 电路交换的分类

电路交换又分为时分交换(Time Division Switching, TDS)和空分交换(Space Division Switching, SDS)两种方式。时分交换是把时间划分为若干互不重叠的时隙,在不同的时隙建立不同的子信道,通过时隙交换网络完成语音的时隙搬移,从而实现入线和出线间语音交换的一种交换方式。时分交换的关键在于时隙位置的交换,而此交换是由主叫拨号所控制的。为了实现时隙交换,必须设置语音存储器。在抽样周期内有 $n$ 个时隙分别存入 $n$ 个存储器单元中,输入按时隙顺序存入。若输出端是按特定的次序读出的,这就可以改变时隙的次序,实现时隙交换。空分交换是指在交换过程中的入线通过在空间的位置来选择出线,并建立接线。通信结束后,随即拆除。比如,人工交换机上塞绳的一端连着入线塞孔,由话务员按主叫要求把塞绳的另一端连接被叫的出线塞孔,这就是最形象的空分交换方式。此外,机电式(电磁机械或继电器式)、步进制、纵横制、半电子、程控模拟用户交换机及宽带交换机都可以利用空分交换原理实现交换的要求。

2. 电路交换的三个阶段

整个电路交换的过程包括建立线路、占用线路并进行数据传输和释放线路三个阶段。下面分别予以介绍。

(1)电路建立

如同打电话先要通过拨号在通话双方间建立起一条通路一样,数据通信的电路交换方式在传输数据之前也要先经过呼叫过程建立一条端到端的电路。它的具体过程如下。

①发起方向某个终端站点(响应方站点)发送一个请求,该请求通过中间节点传输至终点。

②如果中间节点有空闲的物理线路可以使用,则接收请求,分配线路,并将请求传输给下一中间节点。则整个过程持续进行,直至终点。如果中间节点没有空闲的物理线路可以使用,整个线路的连接将无法实现。仅当通信的两个站点之间建立起物理线路之后,才允许进入数据传输阶段。

③线路一旦被分配,在未释放之前,即使某一时刻线路上并没有数据传输,其他站点也无法使用。

(2)数据传输

电路交换连接建立以后,数据就可以从源节点发送到中间节点,再由中间节点交换到终端节点。当然终端节点也可以经中间节点向源节点发送数据。这种数据传输有最短的传播延迟,并且没有阻塞的问题,除非有意外的线路或节点故障而使电路中断。但要求在整个数据传输过程中,建立的电路必须始终保持连接状态,通信双方的信息传输延迟仅取决于电磁信号沿媒体传输的延迟。

（3）电路拆除

当站点之间的数据传输完毕时，执行释放电路的动作。该动作可以由任一站点发起，释放线路请求通过途经的中间节点送往对方，释放线路资源。被拆除的信道空闲后，就可被其他通信使用。

3. 电路交换的特点

（1）呼叫建立时间长且存在呼损。电路建立阶段，在两节点之间建立一条专用通路需要花费一段时间，这段时间称为呼叫建立时间。在电路建立过程中，交换网繁忙等原因会使建立失败，对于交换网则要拆除已建立的部分电路，用户需要挂断重拨，这称为呼损。

（2）电路连通后提供给用户的是"透明通路"，即交换网对用户信息的编码方法、信息格式及传输控制程序等都不加以限制，但对通信双方而言，必须做到双方的收发速度、编码方法、信息格式和传输控制等一致才能完成通信。

（3）一旦电路建立，数据将以固定的速率传输，除通过传输链路时的传输延迟以外，没有别的延迟，且在每个节点的延迟是可以忽略的，适用于实时大批量连续的数据传输。

（4）电路信道利用率低。电路建立，进行数据传输，直至通信链路拆除为止，信道是专用的，再加上通信建立时间、拆除时间和呼损，其利用率较低。

## 2.3.2　存储转发交换

存储转发交换（Store and Forward Switching）是指网络节点（交换设备）先将途经的数据按传输单元接收并存储下来，然后选择一条适当的链路转发出去。根据转发数据单元的不同，存储/转发式交换又分为报文交换和分组交换。

1. 报文交换

报文交换的基本思想是先将用户的报文存储在交换机的存储器中，当所需要的输出电路空闲时，再将该报文发向接收交换机或用户终端，所以报文交换系统又称存储－转发系统。报文交换适合公众电报等。

（1）报文交换的原理

实现报文交换的过程如下。

①若某用户有发送报文需求，则需要先把拟发送的信息加上报文头，包括目标地址和源地址等信息，并将形成的报文发送给交换机。当交换机中的通信控制器检测到某用户线路有报文输入时，则向中央处理机发送中断请求，并逐字把报文送入内存储器。

②中央处理机在接到报文后可以对报文进行处理，如分析报文头，判别和确定路由等，然后将报文转存到外部大容量存储器，等待一条空闲的输出线路。

③一旦线路空闲，就再把报文从外存储器调入内存储器，经通信控制器向线路发送出去。

（2）报文交换的特点

存储－转发报文交换方式首先是由交换机存储整个报文，然后在有线路空闲时才进行必要的处理。报文交换不独占线路，多个用户的数据可以通过存储和排队共享一条线路。无线路建立的过程，提高了线路的利用率。支持多点传输（一个报文传输给多个用户，只需在报文中增加地址字段，中间节点根据地址字段进行复制和转发）。中间节点可进行数据格式的转换，方便接收站点的收取。增加了差错检测功能，避免出错数据的无谓传输等。

（3）报文交换方式的优缺点

报文交换的优点有如下几个方面：

①线路利用率高，信道可为多个报文共享；

②不需要同时起动发送器和接收器来传输数据，网络可暂存；

③通信量大时仍可接收报文，但传输延迟会增加；

④一份报文可发往多个目的地；

⑤交换网络可对报文进行速度和代码等的转换；

⑥能够实现报文的差错控制和纠错处理等功能。

报文交换的缺点有如下几个方面：

①中间节点必须具备很大的存储空间；

②存储－转发和排队，增加了数据传输的延迟；

③报文长度未作规定，报文只能暂存在磁盘上，磁盘读取占用了额外的时间；

④任何报文都必须排队等待，即使非常短小的报文（例如，交互式通信中的会话信息），不同长度的报文要求不同长度的处理和传输时间；

⑤当信道误码率高时，频繁重发，会使报文交换难以支持实时通信和交互式通信。

由于报文交换采用了对完整报文的存储/转发，而节点存储/转发的时延较大，因此不适用于交互式通信，如电话通信。由于每个节点都要把报文完整地接收、存储、检错、纠错和转发，产生了节点延迟，并且报文交换对报文长度没有限制，报文可以很长，这样就有可能使报文长时间占用某两节点之间的链路，不利于实时交互通信。分组交换即所谓的包交换，这正是针对报文交换的缺点而提出的一种改进方式。

2. 分组交换

分组交换（Packet Switching）与报文交换技术类似，但规定了交换机处理和传输的数据长度（称为分组），不同用户的数据分组可以交织地在网络中的物理链路上传输。它是目前应用最广的交换技术，它结合了线路交换和报文交换的优点，使其性能达到最优。为了理解分组交换的优越性，先了解一下报文与报文分组的区别。

数据通过通信子网传输时可以有报文（Message）与报文分组（Packet）两种方式。报文传输不管发送数据的长度是多少，都把它当作一个逻辑单元发送；而报文分组传输方式则限制一次传输数据的最大长度，如果传输数据超过规定的最大长度，发送节点就将它分成多个报文分组发送。由于分组长度较短，在传输出错时，检错容易并且重发花费的时间较少；限定分组最大数据长度后，有利于提高存储转发节点的存储空间利用率与传输效率。公用数据网采用的是分组交换技术。

（1）分组交换的原理

分组交换原理与报文交换原理类似，但它规定了交换设备处理和传输的数据长度（称为分组）。它可将长报文分成若干个小分组进行传输，且不同站点的数据分组可以交织在同一线路上传输，提高了线路的利用率。可以固定分组的长度，系统可以采用高速缓存技术来暂存分组，提高了转发的速度。分组交换方式在 X. 25 分组交换网和以太网中都是典型应用。在 X. 25 分组交换网中分组长度为 131 字节，包括 128 字节的用户数据和 3 字节的控制信息；而在以太网中，分组长度为 1 500 字节左右（较好的线路质量和较高的传输速率，分组的长度可以略有增加）。分组交换实现的关键是分组长度的选择。分组越小，冗余量（分组中的控制信息等）在整个分组中所占的比例越大，最终将影响用户数据传输的效率；

分组越大,数据传输出错的概率也越大,增加重传的次数,也影响用户数据传输的效率。

(2)分组交换的方式

根据网络中传输控制协议和传输路径的不同,分组交换可分为数据报(Datagram)分组交换和虚电路(Virtual Circuit)分组交换两种方式。

①数据报分组交换

在数据报方式中,每个报文分组又称为数据报。每个数据报在传输的过程中,都要进行路径选择,各个数据报可以按照不同的路径到达目的地,这样,在发送方,每个数据报的分组顺序与每个数据报到达目的地的顺序是不同的。在接收端,再按分组的顺序将这些数据报组合成一个完整的报文。

数据报的特点如下:

· 同一报文的不同分组可以由不同的传输路径通过通信子网;

· 同一报文的不同分组到达目的节点时可能出现乱序、重复或丢失现象;

· 每一个报文在传输过程中都必须带有源节点地址和目的节点地址;

· 使用数据报方式时,数据报文传输延迟较大,适用于突发性通信,但不适用于长报文、会话式通信。

②虚电路分组交换

虚电路方式试图将数据报方式与线路交换方式结合起来,发挥两种方法的优点,达到最佳的数据交换效果。数据报在分组发送之前,发送方和接收方之间不需要预先建立连接,而在虚电路方式中,发送分组之前,首先必须在发送方和接收方建立一条通路。在这一点上,虚电路方式和线路交换方式相同。整个通信过程分为虚电路的建立、数据传输和虚电路的释放三个阶段。但跟线路交换不同的是,虚电路建立阶段建立的通路不是一条专用的物理线路,而只是一条路径,每个分组在沿此路径转发的过程中,经过每个节点时,仍然需要存储,并且等待队列输出。通路建立后,每个分组都由此路径到达目的地。因此在虚电路交换中,各个分组是按照发送方的分组顺序依次到达目的地的,这一点又与数据报分组交换不同。

虚电路的特点如下:

· 类似于电路交换,虚电路在每次报文分组发送之前必须在源节点与目的节点之间建立一条逻辑连接通路,也包括虚电路建立、数据传输和虚电路拆除三个阶段。但与电路交换相比,虚电路并不意味着通信节点间存在像电路交换方式那样的专用电路,而是选定了特定路径进行传输,报文分组所途经的所有节点都对这些分组进行存储/转发,而电路交换无此功能。

· 一次通信的所有报文分组都从这条逻辑连接的虚电路上通过,因此,报文分组不必带目的地址、源地址等辅助信息,只需要携带虚电路标识号。报文分组到达目的节点不会出现丢失、重复与乱序的现象。

· 报文分组通过每个虚电路上的节点时,节点只需要做差错检测,而不需要作路径选择。

· 通信子网中的每个节点可以与任何节点建立多条虚电路连接。

由于虚电路方式具有分组交换与线路交换两种方式的优点,因此在计算机网络中得到了广泛的应用。

（3）分组交换的特点

报文交换的缺点是由报文太长引起的,因此分组交换的思想是限制发送和转发的信息长度,将一个大报文分割成一定长度的信息单位,称为分组,并以分组为单位存储转发,在接收端再将各分组重新组装成一个完整的报文。分组交换试图兼有报文交换和线路交换的优点,而使两者的缺点最少。分组交换与报文交换的工作方式基本相同,形式上的主要差别在于,分组交换网中要限制所传输的数据单位的长度。

### 2.3.3　数据交换技术总结

**电路交换**　在数据传送之前需建立一条物理通路,在线路被释放之前,该通路将一直被一对用户完全占有。

**报文交换**　报文从发送方传送到接收方采用存储/转发的方式。

**分组交换**　此方式与报文交换类似,但报文被分成组传送,并规定了分组的最大长度,到达目的地后需重新将分组组装成报文。

### 2.3.4　高速交换技术

传统的交换技术不能满足多媒体业务的应用。目前,提高交换速度的方案有帧中继和ATM(异步传输模式)等,较有发展前途的 ATM 是电路交换与分组交换技术的结合,它能最大限度地发挥电路交换与分组交换技术的优点,具有从实时的语音信号到高清晰度电视图像信号等各种综合业务的传输能力。

# 2.4　数据传输技术

## 2.4.1　串/并行通信

在数据通信中,如果从同时传输的数据位来划分则可分为串行传输方式和并行传输方式。串行传输方式是指将传送的每个字符的二进制代码按由低位到高位的顺序依次发送,每次只能传输其中的一位;而并行传输方式是将表示字符的多位二进制代码同时通过多条并行通信信道传送。

串行传输原理示例和并行传输原理示例分别如图2-9和图2-10所示(同时传送8位的情况)。

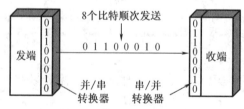

图 2-9　串行数据传输原理示例

在数据通信中,串行/并行传输方式最典型的代表就是计算机和网络设备中所见的串口(COM 口)、并口(LPT 口)了。串行通常用于进行拨号、双机互联通信;并口则常用于打印、游戏通信。

从表面上来看,并行传输方式的传输效率要高于串行传输方式,但这也是有条件的,那就是在数据发送、传播和处理速率相当时。事实上,由于在并行传输方式中,同时进行的数据位传输可能存在相互干扰,特别是在传输速率达到一定程度之后。并行传输在速率上受到诸多限制,而串行传输方式却没有这方面的限制,现在许多串行传输方式的传输效率要高于并行传输方式的。如现在诸多的总线技术中,有许多向着串行方式转变,如新兴的高效率总线接口——PCI - E 就是串行传输方式,用来取代原来并行的 PCI;新兴的磁盘 SATA 接口也是串行传输方式,它比并行的 IDE 接口传输效率还高。这类例子还有很多(如 USB 接口也是串行方式),在此不一一例举。

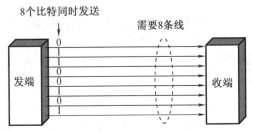

图 2 - 10 并行数据传输原理示例

## 2.4.2 信道的通信方式

数据传输按信息的同一时刻数据传送方向可分为单工、半双工和全双工三种传输方式。

单工数据传输指通信信道是单向信道,数据信号仅沿一个方向传输,发送方只能发送,不能接收;接收方只能接收,而不能发送,任何时候都不能改变信号传送方向。无线电广播和电视都属于单工通信。计算机中的主机和显示器之间的单工通信如图 2 - 11 所示。

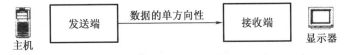

图 2 - 11 单工通信

半双工数据传输是两个数据之间可以在两个方向上进行数据传输,但不能同时进行。该方式要求发送端和接收端都有发送装置和接收装置。若想改变信息的传输方向,需要由开关进行切换。问讯、检索和科学计算等数据通信系统都是运用半双工数据传输。对讲机之间的半双工通信如图 2 - 12 所示。

图 2 - 12 半双工通信

全双工数据传输是在两个数据站之间进行数据传输,可以在两个方向同时进行。全双工通信效率高,但组成系统的造价高,适用于计算机之间高速数据通信系统。图 2 – 13 所示为电话之间的全双工通信。

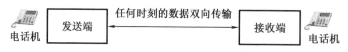

**图 2 – 13    电话之间的全双工通信**

### 2.4.3    信号的传输方式

1. 基带传输

就数字信号而言,它是一个离散的矩形波,“0”代表低电平,“1”代表高电平。这种矩形波固有的频带称为基带,矩形波信号称为基带信号。因此,基带实际上就是数字信号所占用的基本频带。基带传输是在信道中直接传输数字信号,且传输介质的整个带宽都被基带信号占用,双向地传输信息。

一般来说,要将信源的数字信号经过编码,变换为可以传输的数字基带信号。在发送端,编码器对信号进行编码,接收端由译码器进行解码,恢复发送端发送的信号。基带传输是一种最简单、最基本的传输方式。

基带传输系统安装简单、成本低,主要用于总线型拓扑结构的局域网,在 2.5 km 的范围内,可以达到 10 Mbit/s 的传输速率。

2. 频带传输

所谓频带传输是指将数字信号调制成音频信号后再发送和传输,到达接收端时再把音频信号解调成原来的数字信号。可见,在采用频带传输方式时,要求发送端和接收端都要安装调制器和解调器。

在实现远距离通信时,经常借助于电话线路,此时就需要利用频带传输方式。利用频带传输,不仅解决了利用电话系统传输数字信号的问题,而且可以实现多路复用,以提高传输信道的利用率。

3. 宽带传输

宽带传输采用 75 Ω 的 CATV 电视同轴电缆或光纤作为传输媒体,带宽为 300 MHz。使用时通常将整个带宽划分为若干个子频带,分别用这些子频带来传送音频信号、视频信号及数字信号。

可利用宽带传输系统来实现声音、文字和图像的一体化传输,这也是通常所说的“三网合一”,即语音网、数据网和电视网合一。另外,使用 Cable Modem 上网就是基于宽带传输系统实现的。

### 2.4.4    数据传输的同步技术

在数据通信系统中,当发送端与接收端采用串行通信时,通信双方要交换数据,彼此间传输数据的速率、每个比特的持续时间和间隔都必须相同,这就是同步问题。同步就是要接收方按照发送方发送的每个码元/比特起止时刻和速率来接收数据。实现收发之间的同步技术是数据传输中的关键技术之一,通常使用的同步技术有异步方式和同步方式两种。

### 1. 异步方式

在异步传输方式中,每传送 1 个字符(7 位或 8 位)都要在每个字符码前加 1 个起始位,以表示字符代码的开始;在字符代码和校验码后面加 1 或 2 个停止位,以表示字符代码的结束。接收方根据起始位和停止位来判断一个新字符的开始,从而起到通信双方的同步作用。异步方式实现比较容易,但每传输一个字符都需要多使用 2~3 位,所以适合于低速通信。异步通信方式如图 2-14 所示。

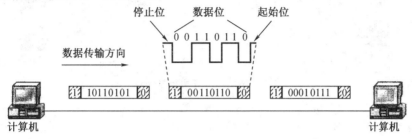

图 2-14　异步通信方式

### 2. 同步方式

同步传输方式的信息格式是一组字符或一个二进制位组成的数据块(帧)。对这些数据,不需要附加起始位和停止位,而是在发送一组字符或数据块之前先发送一个同步字符 SYN(以 01101000 表示)或一个同步字节(01111110),用于接收方进行同步检测,从而使收发双方进入同步状态。在同步字符或字节之后,可以连续发送任意多个字符或数据块,发送数据完毕后,再使用同步字符或字节来标识整个发送过程的结束。

在同步传送时,由于发送方和接收方将整个字符组作为一个单位传送,且附加位又非常少,从而提高了数据传输的效率。这种方法一般用在高速传输数据的系统中,比如计算机之间的数据通信。在同步通信中,要求收发双方之间的时钟严格同步,而使用同步字符或同步字节,只是用于同步接收数据帧,只有保证了接收端接收的每一个比特都与发送端保持一致,接收方才能正确地接收数据,这就要使用位同步的方法。对于位同步,可以使用一个额外的专用信道发送同步时钟来保持双方同步,也可以使用编码技术将时钟编码到数据中,接收端接收数据的同时就获取到同步时钟。两种方法相比,后者的效率高,使用得最为广泛。同步通信方式如图 2-15 所示。

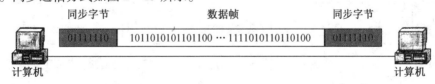

图 2-15　同步通信方式

# 2.5　信道复用技术

为了提高信道的利用率,在数据的传输中组合多个低速的数据终端共同使用一条高速的信道,这种方法称为多路复用,常用的复用技术有频分复用、时分复用、波分复用和码分复用四种。信道复用技术原理如图 2 - 16 所示。

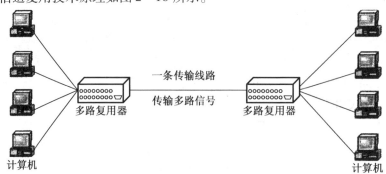

图 2 - 16　信道复用技术原理

### 2.5.1　频分复用

频分复用(Frequency Division Multiplexing,FDM)是指载波带宽被划分为多种不同频带的子信道,每个子信道可以并行传送一路信号的一种技术。FDM 常用于模拟信号传输的宽带网络中。

在通信系统中,信道所能提供的带宽通常比传送一路信号所需的带宽宽得多。如果一个信道只传送一路信号是非常浪费的,为了能够充分利用信道的带宽,就可以采用频分复用的方法。在频分复用系统中,信道的可用频带被分成若干个互不交叠的频段,每路信号用其中一个频段传输,因而可以用滤波器将它们分别滤出来,然后分别解调接收。

在物理信道的可用带宽超过单个原始信号所需带宽情况下,可将该物理信道的总带宽分割成若干个与传输单个信号带宽相同(或略宽)的子信道;在每个子信道上传输一路信号,以实现在同一信道中同时传输多路信号。多路原始信号在频分复用前,先要通过频谱搬移技术将各路信号的频谱搬移到物理信道频谱的不同段上,使各信号的带宽不重叠;用不同的频率调制每一个信号,每个信号都在以它的载波频率为中心,一定带宽的通道上进行传输。为了防止互相干扰,需要使用抗干扰保护措施来隔离每一个通道。频分复用原理如图 2 - 17 所示。

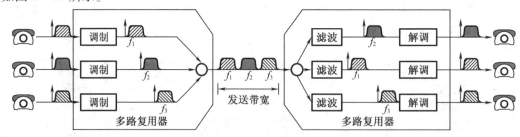

图 2 - 17　频分复用原理

频分多路复用系统的优点是信道复用率高,分路方便。频分多路复用是目前模拟通信中常采用的一种复用方式,特别是在有线和微波通信系统中应用十分广泛。

### 2.5.2　时分复用

时分复用(Time Division Multiplexing,TDM)是指一种通过不同信道或时隙中的交叉位脉冲,同时在同一个通信媒体上传输多个数字化数据、语音和视频信号等的技术。其中,可以确定每个信道何时使用线路的时分复用方式称为同步时分多路通信(STDM);反之则称为异步时分多路通信(ATDM)。时分多路复用常用于基带网络中。

**1. 时分复用的原理**

时分多路复用建立在抽样定理基础上,因为抽样定理使连续的基带信号变成在时间上离散的抽样脉冲,这样,当抽样脉冲占据较短时间时,在抽样脉冲之间就留出了时间空隙。利用这种空隙便可以传输其他信号的抽样值,因此,就有可能在一条信道同时传送若干个基带信号。时分多路复用以时间作为信号分割的参量,故必须使各路信号在时间轴上互不重叠。由于每路数据总是使用每个时间片的固定时隙,所以这种时分复用也称为同步时分复用。

若介质能达到的传输速率超过传输数据所需的数据传输速率,可采用时分多路复用(TDM)技术将一条物理信道按时间分成若干个时间片,然后轮流分配给多个信号使用,每一时间片由复用的一个信号占用。这样,利用每个信号在时间上的交叉,就可以在一条物理信道上传输多个数字信号。时分多路复用不仅局限于传输数字信号,也可同时交叉传输模拟信号。

**2. 时分复用的方式**

TDM 又分为同步时分复用(Synchronous Time Division Multiplexing,STDM)和异步时分复用(Asynchronous Time Division Multiplexing,ATDM)。

STDM 采用固定时间片分配方式,将传输信号的时间按特定长度连续地划分成特定时间段(一个周期),再将每一时间段划分成等长度的多个时隙,每个时隙以固定的方式分配给各路数字信号,各路数字信号在每一时间段都顺序分配到一个时隙。

由于在同步时分复用方式中,时隙预先分配且固定不变,无论时隙拥有者是否传输数据都占有一定时隙,形成了时隙浪费,其时隙的利用率很低。同步时分复用原理如图 2 – 18 所示。

异步时分复用技术又称为统计时分复用,它能动态地按需分配时隙,避免每个时间段中出现空闲时隙。

ATDM 就是只有当某一路用户有数据要发送时才把时隙分配给它;当用户暂停发送数据时,则不给它分配时隙。电路的空闲时隙可用于其他用户的数据传输。在所有的数据帧中,除最后一个帧外,其他所有帧均不会出现空闲的时隙,从而提高了资源的利用率,也提高了传输速率。异步时分复用原理如图 2 – 19 所示。

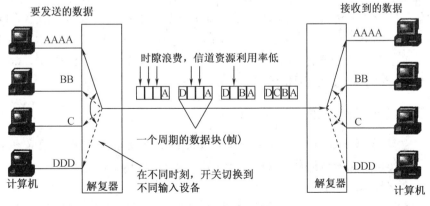

**图 2 – 18　同步时分复用原理**

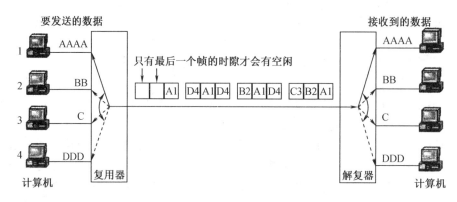

图 2-19　异步时分复用原理

### 3. 时分复用的应用

当使用频分复用时,占有不同频带的多路信号合在一起在同一信道中传输,各路频带间要有防护频带;而时分复用则使占有不同时隙的多路信号合在一起在同一信道中传输,各路时隙间要有防护时隙。时分复用的典型例子:脉码调制(Pulse Code Modulation,PCM)信号的传输,把多个话路的 PCM 话音数据用 TDM 的方法装成帧(帧中还包括帧同步信息和信令信息),每帧在一个时间片内发送,每个时隙承载一路 PCM 信号。

时分复用器是一种利用 TDM 技术的设备,主要用于将多个低速率数据流整合为单个高速率数据流。来自多个不同源的数据被分解为各个部分(位或位组),并且这些部分以规定的次序进行传输。这样每个输入数据流即成为输出数据流中的一个"时间片段"。必须维持好传输顺序,输入数据流才可以在目的端进行重组。特别值得注意的是,相同设备通过相同 TDM 技术原理可以执行相反过程,即将高速率数据流分解为多个低速率数据流,该过程称为解除复用技术。因此,在同一个箱子中同时存在时分复用器和解复用器(Demultiplexer)是常见的。

电信中基本采用的信道带宽为 DSO,其信道宽为 64 kbit/s。电话网络(PSTN)基于 TDM 技术,通常又称为 TDM 访问网络。电话交换通过一些格式支持 TDM、DSO、T1 TDM/E1 TDM(两种接入线路类型)TDM 及 BRITDM。E1 TDM 支持 2.048 Mbit/s 通信链路,将它划分为 32 个时隙,每间隔为 64 kbit/s。T1 TDM 支持 1.544 Mbit/s 通信链路,将它划分为 24 个时隙,每间隔为 64 kbit/s,其中 8 kbit/s 信道用于同步操作和维护过程。E1 TDM/T1 TDM 最初应用于电话公司的数字化语音传输,与后来出现的其他类型数据没有什么不同。E1 TDI/T1 TDM 目前也应用于广域网链路。BR1 TDM 通过交换机基本速率接口(BRI,支持基本速率 ISDN,并可用做一个或多个静态 PPP 链路的数据信道)提供。基本速率接口具有 2 个 64 kbit/s 时隙。TDMA 也应用于移动无线通信的信元网络。

## 2.5.3　波分多路复用

波分多路复用(Wavelength Division Multiplexing,WDM)是指一种在一根光纤上使用不同的波长同时传送多路光波信号的技术。WDM 应用于光纤信道。

### 1. 波分多路复用的原理

WDM 和 FDM 基本上都基于相同原理,所不同的是 WDM 应用于光纤信道上的光波传输过程,而 FDM 应用于电模拟传输。包含衍射光栅(Diffraction Grating)的 WDM 光纤系统完全不活跃,这一点与电 FDM 不同,因此它具有高度可靠性能,而且每个 WDM 光纤信道的载波频率是 FDM 载波频率的百万倍。

波分多路复用一般应用波分割复用器和解复用器(也称合波/分波器),分别置于光纤两端,实现不同光波的耦合与分离,这两个器件的原理是相同的。波分复用器是一种将终端设备上的多路不同单波长光纤信号连接到单光纤信道的技术。波分复用器支持在每个光纤信道上传送 2~4 种波长。最初的 WDM 系统采用双信道 1 310/1 550 nm 系统。要注意的是,相同设备通过相同 WDM 技术原理可以执行相反过程,即将多波长数据流分解为多个单波长数据流,该过程称为解除复用技术。因此,在同一个箱子中同时存在波分复用器和解复用器也是常见的。波分复用器的主要类型有熔融拉锥型、介质膜型、光栅型和平面型四种。波分多路复用的原理如图 2-20 所示。

图 2-20　波分多路复用的原理

2. 波分多路复用的技术特点和主要优势

(1)可灵活增加光纤传输容量

波分复用技术可充分利用光纤的低损耗波段,增加光纤的传输容量,使一根光纤传送信息的物理限度增加一倍至数倍。对已建光纤系统,尤其是早期铺设的芯数不多的光缆,只要原系统有功率余量,可进一步增容,实现多个单向信号或双向信号的传送而不用对原系统作大改动,具有较强的灵活性。

(2)同时传输多路信号

波分复用技术使得在同一根光纤中传送 2 个或多个非同步信号成为可能,有利于数字信号和模拟信号的兼容;而且与数据速率和调制方式无关,在线路中间可以灵活取出或加入信道。

(3)成本低,维护方便

大量减少了光纤的使用量,使建设成本大大降低。由于光纤数量少,当出现故障时,恢复起来也迅速方便。

(4)可靠性高,应用广泛

系统中有源设备大幅减少,提高了系统的可靠性。目前由于多路载波的波分复用对光发射机、光接收机等设备要求较高,技术实施有一定难度。但是随着有线电视综合业务的开展,对网络带宽的需求日益增长,考虑各类选择性服务的实施、网络升级改造的经济费用等,光波复用的特点和优势在 CATV 传输系统中就逐渐显现出来,表现出广阔的应用前景,甚至将影响 CATV 网络的发展格局。

### 2.5.4　码分多路复用

CDMA 是码分多址(Code Division Multiple Access,CDMA)的英文缩写,它是在数字技术的分支——扩频通信技术上发展起来的一种崭新而成熟的无线通信技术。CDMA 技术的原理是基于扩频技术,即将需传送的具有一定信号带宽的信息数据,用一个带宽远大于信号带宽的高速伪随机码进行调制,使原数据信号的带宽被扩展,再经载波调制并发送出去。接收端使用完全相同的伪随机码,与接收的带宽信号做相关处理,把宽带信号换成原信息数据的窄带信号,即解扩,以实现信息通信。

**1. CDMA 的技术背景**

CDMA 技术的出现源自人类对更高质量无线通信的需求。第二次世界大战期间因战争的需要而研究开发出 CDMA 技术,其初衷是防止敌方对己方通信的干扰,在战争期间广泛应用于军事抗干扰通信,后来由美国高通公司更新成为商用蜂窝电信技术。1995 年,第一个 CDMA 商用系统运行之后,CDMA 技术理论上的诸多优势在实践中得到了检验,从而在北美、南美和亚洲等地得到了迅速推广和应用。全球许多国家和地区,包括中国香港、韩国、日本、美国都已建有 CDMA 商用网络。在美国和日本,CDMA 成为主要移动通信技术。在美国,10 个移动通信运营公司中有 7 家选用 CDMA。

**2. CDMA 的技术标准**

CDMA 技术的标准化经历了几个阶段。IS – 95 是 CDMA ONE 系列标准中最先发布的标准,真正在全球得到广泛应用的第一个 CDMA 标准是 IS – 95A,这一标准支持 8K 编码话音服务。其后又分别出版了 13 K 话音编码器的 TSB 74 标准,支持 1.9 GHz 的 CDMAPCS 系统的 STD – 008 标准,其中 13 K 编码话音服务质量已非常接近有线电话的话音质量。随着移动通信对数据业务需求的增长,1998 年 2 月,美国高通公司宣布将 IS – 95B 标准用于 CDMA 基础平台上。IS – 95B 可提供 CDMA 系统性能,并增加用户移动通信设备的数据流量,提供对 64 kbit/s 数据业务的支持。其后,CDMA2000 成为窄带 CDMA 系统向第三代系统过渡的标准。CDMA2000 在标准研究的前期,提出了 1X 和 3X 的发展策略,但随后的研究表明,1X 和 1X 增强型技术代表了未来发展方向。

**3. CDMA 的优势**

(1)系统容量大

理论上,在使用相同频率资源的情况下,CDMA 移动网比模拟网容量大 20 倍,实际使用中比模拟网大 10 倍,比 GSM 要大 4~5 倍。

(2)系统容量的配置灵活

在 CDMA 系统中,用户数的增加相当于背景噪声的增加,造成话音质量的下降。但对用户数并无限制,操作者可在容量和话音质量之间折中考虑。另外,多小区之间可根据话务量和干扰情况自动均衡。

这一特点与 CDMA 的机理有关。CDMA 是一个自扰系统,所有移动用户都占用相同带宽和频率。打个比方,将带宽想象成一个大房子,所有人将进入唯一的大房子,如果他们使用完全不同的语言,就可以清楚地听到同伴的声音,而只受到一些来自别人谈话的干扰。在这里,屋里的空气可以被想象成宽带的载波,而不同的语言即被当作编码,我们可以不断地增加用户直到整个背景噪音限制住我们。如果能控制住用户的信号强度,在保持高质量通话的同时,我们就可以容纳更多的用户。

(3)通话质量更佳

TDMA 的信道结构最多只能支持 4 Kb 的语音编码器,它不能支持 8 Kb 以上的语音编码器。而 CDMA 的结构可以支持 13 Kb 的语音编码器。因此可以提供更好的通话质量。CDMA 系统的声码器可以动态地调整数据传输速率,并根据适当的门限值选择不同的电平级发射。同时,门限值根据背景噪声的改变而变,这样即使在背景噪声较大的情况下,也可以得到较好的通话质量。另外,TDMA 采用一种硬移交的方式,用户可以明显地感觉到通话的间断,在用户密集、基站密集的城市中,这种间断尤为明显,因为在这样的地区每分钟会发生 2~4 次移交的情形。而 CDMA 系统"掉话"的现象明显减少,CDMA 系统采用软切换技术,先连接再断开,这样完全克服了硬切换容易"掉话"的缺点。

(4)频率规划简单

用户按不同的序列码区分,所以不相同的 CDMA 载波可在相邻的小区内使用,网络规划灵活,扩展简单。

(5)建网成本低

CDMA 技术通过在各个蜂窝的各个部分使用相同的频率,简化了整个系统的规划,在不降低话务量的情况下减少所需站点的数量,从而降低部署和操作成本。CDMA 网络覆盖范围大,系统容量高,所需基站少,降低了建网成本。

CDMA 数字移动技术与现在众所周知的 GSM 数字移动系统不同。模拟技术被称为第一代移动电话技术,GSM 是第二代,CDMA 是属于移动通信第二代半技术,比 GSM 更先进。

4. CDMA 的技术特点

CDMA 是扩频通信的一种,它具有扩频通信的特点。

(1)抗干扰能力强。这是扩频通信的基本特点,是所有通信方式无法比拟的。

(2)宽带传输,抗衰落能力强。

(3)由于采用宽带传输,在信道中传输的有用信号的功率比干扰信号的功率低得多,因此信号好像隐蔽在噪声中,即功率话密度比较低,有利于信号隐蔽。

(4)利用扩频码的相关性来获取用户的信息,抗截获能力强。

(5)多个用户同时接收,同时发送。

在扩频 CDMA 通信系统中,由于采用了新的关键技术而具有一些新的特点。

(1)采用了多种分集方式。除了传统的空间分集外。由于是宽带传输起到了频率分集的作用,同时在基站和移动台采用了 RAKE 接收机技术,相当于时间分集的作用。

(2)采用了话音激活技术和扇区化技术。因为 CDMA 系统的容量直接与所受的干扰有关,采用话音激活和扇区化技术可以减少干扰,使整个系统的容量增大。

(3)采用了移动台辅助的软切换。通过它可以实现无缝切换,保证了通话的连续性,减少了"掉话"的可能性。处于切换区域的移动台通过分集接收多个基站的信号,可以降低自身的发射功率,从而减少了对周围基站的干扰,这样有利于提高系统的容量和覆盖范围。

(4)采用了功率控制技术,这样降低了平均发射功率。

(5)具有软容量特性。可以在话务量高峰期通过提高误帧率来增加可以用的信道数。当相邻小区的负荷一轻一重时,负荷重的小区可以通过减少导频的发射功率,使本小区的边缘用户由于导频强度的不足而切换到相邻小区,以分担负担。

(6)兼容性好。由于 CDMA 的带宽很大,功率分布在广阔的频谱上,功率话密度低,对窄带模拟系统的干扰小,因此两者可以共存,即兼容性好。

(7)CDMA 的频率利用率高,无须频率规划,这也是 CDMA 的特点之一。

# 2.6 差错控制技术

## 2.6.1 差错产生的原因

我们通常将发送的数据与通过通信信道后接收到的数据不一致的现象称为传输差错,简称差错。

差错的产生是无法避免的。信号在物理信道中传输时,线路本身电器特性造成的随机噪声、信号幅度的衰减、频率和相位的畸变、电器信号在线路上产生反射造成的回音效应、相邻线路间的串扰及各种外界因素(如大气中的闪电、开关的跳火、外界强电流磁场的变化和电源的波动等)都会造成信号的失真。在数据通信中,将会使接收端收到的二进制数位和发送端实际发送的二进制数位不一致,从而造成由"0"变成"1"或由"1"变成"0"的差错。差错产生的过程如图 2-21 所示。

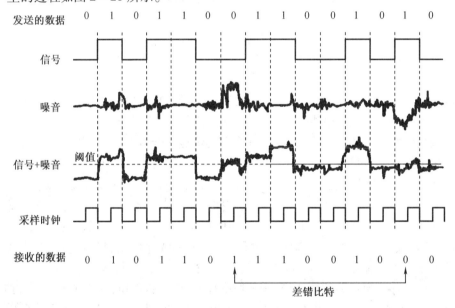

图 2-21 差错产生的过程

差错控制的目的和任务就是面对现实承认传输线路中的出错情况,分析差错产生的原因和差错类型,采取有效的措施来发现和纠正差错,即差错控制方法,以提高信息的传输质量。

## 2.6.2 差错产生的类型

传输中的差错都是由噪声引起的。噪声有两大类:一类是信道固有的、持续存在的随机热噪声;另一类是由外界特定的短暂原因所造成的冲击噪声。

热噪声由传输介质的电子热运动产生。它是一种随机噪声,所引起的传输差错为随机差错,这种差错的特点是所引起的某位码元(二进制数字中每一位的通称)的差错是孤立的,与前后码元没有关系,它导致的随机错误通常较少。

冲击噪声是由外界电磁干扰引起的,与热噪声相比,冲击噪声幅度较大,是引起传输差错的主要原因。冲击噪声所引起的传输差错为突发差错,这种差错的特点是前面的码元出现了错误,往往会使后面的码元也出现错误,即错误之间有相关性。

### 2.6.3 差错的控制

提高数据传输质量的方法有两种:其一,改善通信线路的性能,使错码出现的概率降低到满足系统要求的程度,但这种方法受经济上和技术上的限制,达不到理想的效果;其二,虽然传输中不可避免地会出现某些错码,但可以将其检测出来,并用某种方法纠正检出的错码,以达到提高实际传输质量的目的。

差错控制功能是数据链路层另一个非常重要的基本功能,也是确保数据通信正常进行的基本前提。数据通信系统必须具备发现并纠正差错的能力,使差错控制在所能允许的尽可能小的范围内,这就是数据链路层重要的差错控制功能。

在数据通信中,原发送信息不具备抗干扰性能,如果引入冗余度,就可以使新的码组具有一定的抗干扰能力。例如,两个码元构成四种码组 00,01,10,11,无法检错;而使用三个码元,有用码组为 000,011,101 和 110。目前差错控制常采用冗余编码方案,检测和纠正信息传输中产生的错误。冗余编码思想就是把要发送的有效数据在发送时按照所使用的某种差错编码规则加上控制码(冗余码),当信息到达接收端后,再按照相应的校验规则检验收到的信息是否正确。常见的差错编码有奇偶校验码、CRC 循环冗余码等。

1. 奇偶校验码

采用奇偶校验法,在每个字符的数据位传输之前,先检测并计算奇偶校验位,然后将其附加在后;根据采用的奇偶校验位是奇数还是偶数,推出一个字符包含"1"的数目,接收机重新计算收到字符的奇偶校验位,并确定该字符是否出现传输差错;若每个字符只采用一个奇偶校验位时,只能发现单个比特差错;如果有偶数个比特出错,奇偶校验位无效。

异步传输和面向字符的同步传输均采用奇偶校验技术。使用奇偶校验码的工作过程如图 2 - 22 所示。

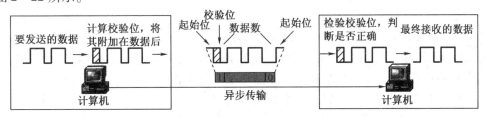

**图 2 - 22 使用奇偶校验码的工作过程**

2. CRC 循环冗余码

CRC 是一种较为复杂的校验方法,它先将要发送的信息数据与一个通信双方共同约定的数据进行除法运算,并根据余数得出一个校验码,然后将这个校验码附加在信息数据帧之后发送出去。接收端接收数据后,将包括校验码在内的数据帧再与约定的数据进行除法运算,若余数为"0",就表示接收的数据正确;若余数不为"0",则表明数据在传输的过程中出错。使用 CRC 循环冗余码的工作过程如图 2 - 23 所示。

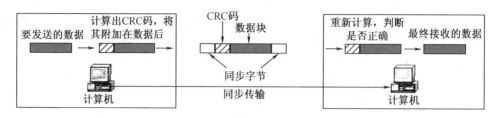

图 2 - 23　使用 CRC 循环冗余码的工作过程

## 2.7　传输介质的类型、主要特性和应用

为了使网络中的计算机能够互相传送信息,必须使用传输媒体。目前常用的计算机网络传输介质可以分为有线和无线两类。

常用的有线介质有双绞线、同轴电缆、光纤等。

如果不使用有线介质,则可以利用空间电磁波直接发送和接收信号,利用无线电波、微波或红外线作为无线介质。

### 2.7.1　双绞线

1. 双绞线的物理特性

双绞线由一对或多对绝缘铜导线组成,为了减少信号传输中串扰及电磁干扰的影响,通常将这些绝缘铜导线按一定的密度互相缠绕在一起,并且每根铜线加绝缘层用不同颜色来标记。双绞线是模拟和数字数据通信最普通的传输介质,它的主要应用范围是电话系统中的模拟话音传输,最适合于较短距离的信息传输。当超过几千米时信号因衰减可能会产生畸变,这时就要使用中继器(Repeater)来放大信号和对信号进行整形和再生。双绞线的价格在传输介质中是最低的,并且安装简单,所以得到了广泛的使用。在局域网中,一般也采用双绞线作为传输介质。

双绞线可分为非屏蔽双绞线(Unshielded Twisted Pair, UTP)和屏蔽双绞线(Shielded Twisted Pair, STP)。因此,双绞线既可以用于音频传输,也可以用于数据传输。两者的差异在于屏蔽双绞线(STP)在双绞线和外皮之间增加了一个铝箔屏蔽层,目的是提高双绞线的抗干扰性能,但其价格是非屏蔽双绞线(UTP)的两倍以上。屏蔽双绞线主要用于安全性要求较高的网络环境中,如军事网络和股票网络等,而且使用屏蔽双绞线的网络为了达到屏蔽的效果,要求所有的插口和配套设施均需使用屏蔽的设备,否则就达不到真正的屏蔽效果,所以整个网络的造价会比使用非屏蔽双绞线的网络高出很多,因此至今一直未被广泛使用。双绞线结构示意图如图 2 - 24 所示。

2. 双绞线类型

按双绞线的性能,目前广泛应用的有 6 个不同的等级,级别越高,性能越好。另外,由于 UTP 的成本低于 STP,所以 UTP 得到了更为广泛的使用。下面仅对 UTP 做一些简要介绍。UTP 可以分为以下 6 类。

1 类 UTP 主要用于电话连接,通常不用于数据传输。

2 类 UTP 通常用在程控交换机和告警系统。ISDN 和 T1/E1 线路数据传输也可以采用

2 类 UTP,2 类 UTP 的最高带宽为 1 MHz。

　　3 类 UTP 又称为声音级电缆,最高带宽为 16 MHz,适合于 10 Mbit/s 的双绞线以太网和 4 Mbit/s 的令牌环网。

　　4 类 UTP 最大带宽为 20 MHz,其特性与 3 类 UTP 完全一样,更能稳定地运行 16 Mbit/s 的令牌环网。

　　5 类 UTP 又称为数据级电缆,质量最好。它的带宽为 100 MHz,能运行 100 Mbit/s 的以太网和 FDDI,此类 UTP 的阻抗为 100 Ω,目前已经被广泛使用在计算机局域网中。

　　6 类 UTP 是一种新型的电缆,最大带宽可以达到 1 000 MHz,适用于低成本的高速以太网的骨干线路。

屏蔽双绞线　　　　　　　　　　　　　　非屏蔽双绞线

图 2 - 24　双绞线结构示意图

## 2.7.2　同轴电缆

1. 同轴电缆的物理特性

　　同轴电缆(Coaxial Cable)是由绕同一轴线的两个导体所组成的,即内导体(铜芯导线)和外导体(屏蔽层)。外导体的作用是屏蔽电磁干扰和辐射,两导体之间用绝缘材料隔离,如图 2 - 25 所示。同轴电缆具有较高的带宽和极好的抗干扰特性。

　　同轴电缆的规格是指电缆粗细程度的度量,按射频级测量单位(RG)来度量。RG 越高,铜芯导线越细;而 RG 越低,铜芯导线越粗。同轴电缆的品种很多,从较低质量的廉价电缆到高质量的同轴电缆,它们的质量差别很大。常用的同轴电缆的型号和应用如下。

　　·特性阻抗为 50 Ω 的粗缆 RG - 8 或 RG - 11,用于粗缆以太网。

　　·特性阻抗为 50 Ω 的细缆 RG - 58A/U 或 C/U,用于细缆以太网。

　　·特性阻抗为 75 Ω 的电缆 RG - 59,用于有线电视 CATV。

　　·特性阻抗为 50 Ω 的同轴电缆主要用于传输数字信号,此种同轴电缆叫作基带同轴电缆,其数据传输率一般为 10 Mbit/s。其中,粗缆的抗干扰性能最好,可作为网络的干线,但它的价格高,安装比较复杂;而细缆比粗缆柔软,并且价格低,安装比较容易,在局域网中使用较为广泛。

　　特性阻抗为 75 Ω 的 CATV 同轴电缆主要用于传输模拟信号,此种同轴电缆又称为宽带同轴电缆。在局域网中可通过电缆 Modem 将数字信号变换成模拟信号在 CATV 同轴电缆中传输。对于带宽为 400 MHz 的 CATV 同轴电缆,典型的数据传输率为 100 ~ 150 Mbit/s。在宽带同轴电缆中使用 FDM 可以实现数字、声音和视频信号的多媒体传输业务。

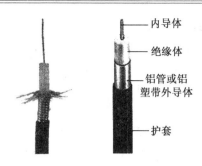

图 2 - 25    同轴电缆结构

**2. 同轴电缆的分类**

同轴电缆可分为粗缆和细缆两类。经常提到的 10Base - 2 和 10Base - 5 以太网就是分别使用细缆和粗缆组网的。使用同轴电缆组网,需要在两端连接 50 Ω 的反射电阻,即终端匹配器。同轴电缆组网的其他连接设备,随细缆与粗缆的差别而不尽相同,即使名称一样,其规格、大小也是有区别的。

**3. 细缆连接设备及技术参数**

采用细缆组网,除需要电缆外,还需要 BNC 头、T 型头和终端匹配器等,其连接设备如图 2 - 26 所示。同轴电缆组网的网卡必须带有细缆连接接口(通常在网卡上标有"BNC"字样)。

下面是细缆组网的技术参数。

· 最大的网段长度:185 m。

· 网络的最大长度:925 m。

· 每个网段支持的最大节点数:30 个。

· BNC、T 型连接器之间的最小距离:0.5 m。

图 2 - 26    细缆连接设备示意图

**4. 粗缆连接设备及技术参数**

粗缆连接的设备包括转换器(粗缆上的接线盒)、DIX 连接器及电缆、N 系列插头和 N 系列匹配器,连接设备如图 2 - 27 所示。粗缆组网,其网卡必须有 DIX 接口(一般标有 DIX 字样)。

下面是采用粗缆组网的技术参数。

· 最大的网段长度:500 m。

· 网络的最大长度:2 500 m。

· 每个网段支持的最大节点数:100 个。

· 收发器之间的最小距离：2.5 m。

· 收发器电缆的最大长度：50 m。

图 2 - 27　粗缆连接设备示意图

### 2.7.3　光纤

1. 光纤的物理特性

光纤(Fiber Optics)是一种由石英玻璃纤维制成的直径很小且能传导光信号的介质。光纤由纤芯和包层组成。包层包在纤芯外面，是一层折射率较低的石英玻璃纤维，由于包层的作用，在纤芯中传输的光信号几乎不会从包层中折射出去。这样，当光束进入光纤中的纤芯后，可以减少光通过光纤时的损耗，并且在纤芯边缘产生全反射，使光束曲折前进。每根光纤只能单向传送信号，要实现双向通信，光缆中至少应包括两条独立的光纤：一条发送，另一条接收。光纤两端的端头都是通过电烧烤或化学环氯工艺与光学接口连接在一起的。一根光缆可以包括两根至数百根光纤，并用加强芯和填充物来提高机械强度。光束在光纤内传输，防磁防电，传输稳定，质量高。由于可见光的频率大约是 $10^{14}$ Hz，从而光传输系统可使用的带宽范围极大，因此光纤多适用于高速网络和骨干网。光纤结构如图 2 - 28 所示。

光纤通信系统中的光源可以是发光二极管(LED)或注入式激光二极管(ILD)，当光通过这些器件时发出光脉冲，光脉冲再通过纤芯，从而传递信息。在光纤的两端都要有一个装置来完成光信号和电信号的转换。

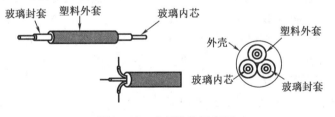

图 2 - 28　光纤结构示意图

2. 光纤的分类

根据使用的光源和传输模式的不同，光纤分为单模和多模两种。如果光纤做得极细，纤芯的直径细到只有光的一个波长，这样光纤就成了一种波导管。这种情况下光线不必经多次反射式的传播，而是一直向前传播，这种光纤称为单模光纤。单模光纤采用注入式激光二极管作为光源，激光的定向性较强。多模光纤的纤芯比单模的粗，一旦光线到达光纤内发生全反射后,光信号就由多条入射角度不同的光线同时在一条光纤中传播,这种光纤称为多模光纤。单模光纤性能很好,传输速率较高,在几十千米内能以几吉比特每秒的速率传输数据,但其制作工艺比多模更难,成本较高;多模光纤成本较低,但性能比单模光纤差一些。光纤的传输原理如图2-29所示。

3. 光纤的特点

光纤的很多优点使得它在远距离通信中起着重要作用,它与同轴电缆相比有如下优点:

(1)光纤有大的带宽,通信容量大;

(2)光纤的传输速率高,能超过千兆比特/秒;

(3)光纤的传输衰减小,连接的距离更长;

(4)光纤不受外界电磁波的干扰,适宜在电气干扰严重的环境中使用;

(5)光纤无串音干扰,不易被窃听和截取数据,因而保密性好。

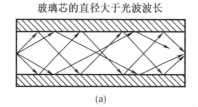 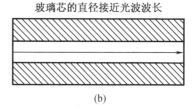

玻璃芯的直径大于光波波长　　　　　玻璃芯的直径接近光波波长

(a)　　　　　　　　　　　　　　　(b)

**图2-29　光纤的传输原理**

(a)多模光纤;(b)单模光纤

## 2.7.4　无线通信

根据距离的远近和对通信速率的要求,可以选用不同的有线介质,但是若通信线路要通过一些高山、岛屿或河流时,铺设线路就非常困难,而且成本非常高,这时候就可以考虑使用无线电波在自由空间的传播来实现多种通信。

由于信息技术的发展,在最近十几年无线电通信发展得特别快,人们不仅可以在运动中进行移动电话通信,而且还能进行计算机数据通信,这都离不开无线信道的数据传输。无线传输所使用的频段很广,人们现在已经利用了无线电、微波、红外线及可见光这几个波段进行通信,紫外线和更高的波段目前还不能用于通信。

微波通信在数据通信中占有重要地位。微波的频率范围为300 MHz ~ 300 GHz,但主要是使用2 ~ 40 GHz 的频率范围。微波在空间主要是直线传播。由于微波会穿透电离层而进入宇宙空间,因此它不像短波通信那样可以经电离层反射传播到地面上很远的地方。微波通信有地面微波接力通信和卫星通信,两种主要的方式。

1. 地面微波接力通信

由于微波在空间是直线传播的,而地球表面是个曲面,因此其传播距离受到限制,一般只有50 km 左右。但若采用100 m 高的天线塔,则传播距离可增大到100 km。为实现远距离微波通信,必须在一条微波通信信道的两个终端之间建立若干个中继站。中继站把前一站送来的信号经过放大后再发送到下一站,故称为"接力",如图2-30所示。大多数长途电话业务使用4 ~ 6 GHz 的频率范围。目前,各国大量使用的微波设备信道容量多为960路、1 200路、1 800路和2 700路,而我国多为960路。

地面微波接力通信可传输电话、电报、图像、数据等信息,其主要优点如下。

(1)微波波段频率很高,其频段范围也很宽,因此其通信信道的容量很大。

(2)微波通信受外界干扰影响比较小,传输质量较高。

微波接力通信也存在如下的一些缺点。

(1)相邻站之间必须直视,不能有障碍物,因此它也称为视距通信。有时一个天线发射出的信号也会分成几条略有差别的路径到达接收天线,因而造成失真。

(2)微波的传播有时也会受到恶劣气候的影响。

(3)与电缆通信系统相比较,微波通信的隐蔽性和保密性较差。

(4)对大量中继站的使用和维护要耗费一定的人力和物力。

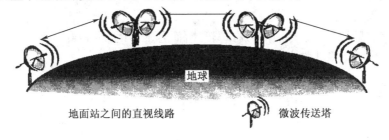

图 2 - 30　地面微波接力通信

2. 卫星通信

常用的卫星通信方法是在地球站之间利用位于 36 000 km 高空的人造同步地球卫星作为中继器的一种微波接力通信,如图 2 - 31 所示。通信卫星就是在太空的无人值守的微波通信的卫星地球站,因此,卫星通信的主要优缺点和地面微波通信的优缺点差不多。

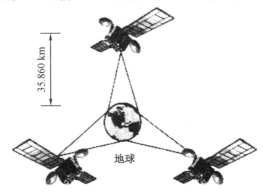

图 2 - 31　卫星通信

卫星通信的最大特点是通信距离远,且通信费用与通信距离无关。同步卫星发射出的电磁波能辐射到地球上的通信覆盖区,跨度达 1.8 万千米以上。从技术角度上讲,只要在地球赤道上空的同步轨道上等距离地放置 3 颗相隔 120° 的卫星,就能基本上实现全球的通信。卫星通信的频带很宽,通信容量很大,信号所受到的干扰影响也较小,且通信比较稳定。为了避免产生干扰,卫星之间相隔不能小于 2°,因此,整个赤道上空只能放置 180 个同步卫星。一个典型的卫星通常拥有 12 ～ 20 个转发器,每个转发器的频带宽度为 36 MHz 或 72 MHz。

在卫星通信领域中,甚小孔径地球站(Very Small Aperture Terminal, VSAT)已被大量使用。VSAT 的天线直径往往小于 1 m,因而每一个 VSAT 的价格都比较低。在 VSAT 卫星通信网中,需要有一个比较大的中心站来管理整个卫星通信网。对于某些 VSAT 系统,所有 VSAT 之间的数据通信都要经过中心站进行存储转发。对于能够进行电话通信的 VSAT 系统,VSAT 之间的通信在呼叫建立阶段要通过中心站。但在连接建立之后,两个 VSAT 之间的通信就可以直接通过卫星进行,而不必再经过中心站。

卫星通信具有较大的传播时延,从一个地球站经卫星到另一地球站的传播时延约 0.27 s,这与其他的通信有较大差别。例如,地面微波接力通信链路的传播时延约为 3 μs,对于同轴电缆链路,由于电磁波在电缆中传播比在空气中慢,因此,传播时延一般为5 μs/km 的卫星通信非常适合于广播通信,因为它的覆盖面很广。但从安全方面考虑,卫星通信系统的保密性是较差的。

由于通信卫星和卫星地球站的成本都较高,而且卫星的使用寿命一般只有 7 ~ 8 年,所以卫星通信的价格也是非常高的。

# 第3章 网络体系结构

计算机网络是一个涉及计算机技术、通信技术等多个领域的复杂系统。现代计算机网络已经渗透到工业、商业、政府、军事及我们生活中的各个方面,如此庞大而又复杂的系统要有效而且可靠地运行,网络中的各个部分就必须遵守一整套合理而又严谨的结构或管理规则。计算机网络就是按照高度结构化设计方法采用功能分层原理来实现的,这也是计算机网络体系结构研究的内容。

**本章提要**

· 网络体系结构及协议的概念;
· 开放系统互联(OSI)参考模型及其七层功能;
· TCP/IP 的体系结构;
· OSI 参考模型与 TCP/IP 参考模型的比较。

## 3.1 网络体系结构概述

### 3.1.1 网络体系结构及协议的概念

体系结构是研究系统各部分组成及相互关系的技术科学。计算机网络体系结构采用分层配对结构,定义和描述了一组用于计算机及其通信设施之间互联的标准和规范的集合。遵循这组规范可以方便地实现计算机设备之间的通信。所谓网络体系就是为了完成计算机间的通信合作,把每台计算机互联的功能划分成有明确定义的层次,并规定了同层次进行通信的协议及相邻层之间的接口及服务,将这些同层进程通信的协议及相邻层的接口统称为网络体系结构。

计算机网络将其功能划分为若干个层次(Layer),较高层次建立在较低层次的基础上,并为其更高层次提供必要的服务功能。网络中的每一层都起到隔离作用,使得低层功能具体实现方法的变更不会影响到高一层所执行的功能。下面介绍在网络体系结构中所涉及的几个概念。

1. 协议

协议(Protocol)是用来描述进程之间信息交换过程的一个术语。在网络中包含多种计算机系统,它们的硬件和软件系统各异,要使得它们之间能够相互通信,就必须有一套通信管理机制使通信双方能正确地接收信息,并能理解对方所传输信息的含义。也就是说,当用户应用程序、文件传输信息包、数据库管理系统和电子邮件等互相通信时,它们必须事先约定一种规则(如交换信息的代码、格式及如何交换等)。这种规则就称为协议,准确地说,协议就是为实现网络中的数据交换而建立的规则标准或约定。

网络协议由语法、语义和交换规则三部分组成,即协议的三要素。

**语法**　确定协议元素的格式,即规定数据与控制信息的结构和格式。

**语义**　确定协议元素的类型,即规定通信双方要发出何种控制信息、完成何种动作及做出何种应答。

**交换规则**　规定事件实现顺序的详细说明,即确定通信状态的变化和过程,如通信双方的应答关系。

2. 接口

分层结构中各相邻层之间要有一个接口(Interface),它定义了较低层向较高层提供的原始操作和服务。相邻层通过它们之间的接口交换信息,高层并不需要知道低层是如何实现的,仅需要知道该层通过层间的接口所提供的服务,这样使得两层之间保持了功能的独立性。

对于网络层次结构化模型,其特点是每一层都建立在前一层的基础上,较低层只是为较高一层提供服务。这样每一层在实现自身功能时,都直接使用了较低一层提供的服务,而间接地使用了更低层提供的服务,并向较高一层提供更完善的服务,同时屏蔽了具体实现这些功能的细节。

### 3.1.2　网络协议的分层

为了减少网络设计的复杂性,绝大多数网络采用分层设计方法。所谓分层设计方法,就是按照信息的流动过程将网络的整体功能分解为一个个功能层,不同机器上的同等功能层之间采用相同的协议,同一机器上的相邻功能层之间通过接口进行信息传递。

为了便于理解接口协议的概念,我们首先以邮政通信系统为例进行说明。人们平常写信时都有个约定,这就是信件的格式和内容。我们写信时必须采用双方都懂的语言文字和字体,如开头是对方的称谓,最后是落款等。这样,对方收到信后,才可以看懂信中的内容,知道是谁写的,什么时候写的。当然还可以有其他的一些特殊约定,如书信的编号、间谍的密写等。信写好之后,必须将信封装并交由邮局寄发,寄信人和邮局之间也要有约定,这就是规定信封写法并贴邮票。在中国寄信必须先写收信人地址、姓名,然后写寄信人的地址和姓名。邮局收到信后,首先进行信件的分拣和分类,然后交付有关运输部门进行运输,如航空信交民航,平信交铁路或公路运输部门等。这时,邮局和运输部门也有约定,如到站地点、时间、包裹形式等。信件运送到目的地后进行相反的过程,最终将信件送到收信人手中,收信人依照约定的格式才能读懂信件。如图 3-1 所示,在整个过程中,主要涉及了三个子系统,即用户子系统、邮政子系统和运输子系统。

从上例可以看出,各种约定都是为了达到将信件从一个源点送到某一个目的点这个目标而设计的,这就是说,他们是因信息的流动而产生的。可以将这些约定分为同等机构间的约定(如用户之间的约定、邮局之间的约定和运输部门之间的约定)及不同机构间的约定(如用户和邮局之间的约定、邮局与运输部门之间的约定)。

虽然两个用户、两个邮局、两个运输部门分处甲、乙两地,但他们都分别对应同等机构,同属一个子系统;而同处一地的不同机构则不在一个子系统内,它们之间的关系是服务与被服务的关系。很显然,这两种约定是不同的,前者为部门内部的约定,而后者是不同部门之间的约定。

在计算机网络环境中,两台计算机中两个进程之间进行通信的过程与邮政通信的过程十分相似。用户进程对应于用户,计算机中进行通信的进程(也可以是专门的通信处理机)对应于邮局,通信设施对应于运输部门。

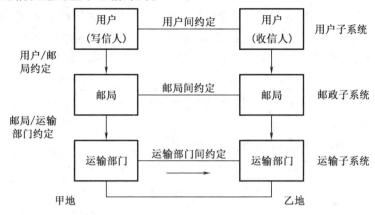

图 3 – 1　邮政系统通信过程

网络中同等层之间的通信规则就是该层使用的协议,如有关第 $N$ 层的通信规则的集合,就是第 $N$ 层的协议。而同一计算机的不同功能层之间的通信规则称为接口;在第 1 层和第 $N+1$ 层之间的接口称为 $N/(N+1)$ 层接口。总的来说,协议是不同机器同等层之间的通信约定,而接口是同一机器相邻层之间的通信约定。不同的网络,分层的数量、各层的名称和功能,以及协议都各不相同。然而在所有的网络中,每一层的目的都是向它的上一层提供一定的服务。

协议层次化不同于程序设计中的模块化的概念。在程序设计中,各模块可以相互独立,任意拼装或者并行,而层次则一定有上下之分,它是依数据流的流动而产生的。分层设计方法将整个网络通信功能划分为垂直的层次集合后,在通信过程中下层将向上层隐藏下层的实现细节。但层次的划分应首先确定层次的集合及每层应完成的任务。划分时应按逻辑组合功能,并具有足够的层次,以使每层小到易于处理。同时层次也不能太多,以免产生难以负担的处理开销。

# 3.2　OSI 参考模型

## 3.2.1　OSI 参考模型简介

在 20 世纪 70 年代中期,美国 IBM 公司推出了系统体泵结构(System Network Architecture,SNA)。SNA 是一种世界上广泛使用的体系结构,以后又不断进行了版本更新。随着全球网络应用的不断发展,不同网络体系结构的网络用户之间需要进行网络的互联和信息的交换。1984 年 ISO 发表了著名的 ISO/IEC 7498 标准,它定义了网络互联的七层框架,这就是开放系统互联参考模型,即 OSI/RM(Reference Model of Open System Interconnection),也称为 ISO/OSI。这里的"开放"是指只要遵循 OSI 标准,一个系统就可以与位于世界上任何地方、同样遵循 OSI 标准的其他任何系统进行通信。

OSI 只给出了一些原则性的说明,并不是一个具体的网络。它将整个网络的功能划分成七个层次:物理层、数据链路层、网络层、传输层、会话层、表示层和应用层。图3-2所示为OSI参考模型。OSI参考模型的最高层为应用层,面向用户提供网络应用服务;最低层为物理层,与通信介质相连实现真正的数据通信。两个用户计算机通过网络进行通信时,除物理层之外,其余各对等层之间均不存在直接通信关系,而是通过各对等层的协议来进行通信。只有两个物理层之间通过通信介质进行真正的数据通信。图3-3为具有中间节点的OSI层次结构。

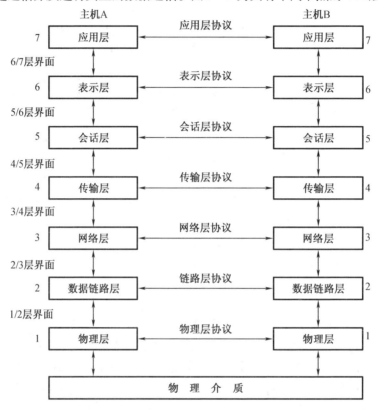

图 3-2 OSI 参考模型

在 OSI 标准的制定过程中,采用的方法是将整个庞大而复杂的问题划分为若干个容易处理的小问题,这就是分层体系结构方法。其分层的原则如下:

(1)每层应当实现一个定义明确的功能;

(2)每层功能的选择应该有助于制定网络协议的国际标准;

(3)各层边界的选择应尽量减少跨过接口的通信量;

(4)层数应足够多,以避免不同功能混杂在同一层中,但也不能太多,否则体系结构会过于庞大。

### 3.2.2 OSI 参考模型的信息流动

在使用 OSI 模型交换数据时,除了物理层之外,网络中实际的传输方向是垂直的。用户发送数据时,首先由发送进程把数据交给应用层,应用层在数据的前面加上该层有关控制和识别信息,再把它们交给表示层。这一过程一直重复到物理层,并由传输介质把数据传送到接收端,在接收的进程所在的计算机中,信息向上传递时,各层的有关控制和识别信息被逐层剥去,最后,数据被送到接收进程。数据传输时数据变化过程如图3-4所示。

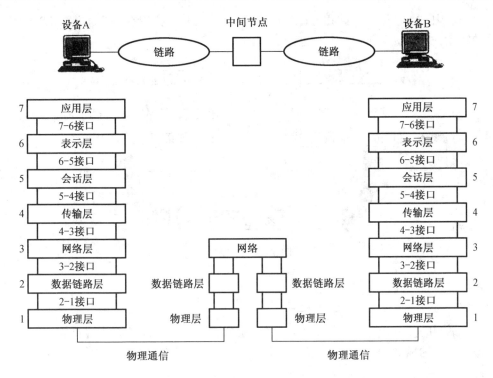

图 3 - 3　具有中间节点的 OSI 参考模型

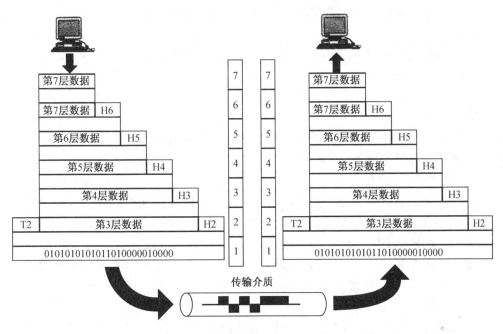

图 3 - 4　使用 OSI 模型交换数据

### 3.2.3　物理层

物理层是 OSI 模型的最低层,直接与物理信道相连,起到数据链路层和传输媒体之间逻辑接口的作用,提供建立、维护和释放物理连接的方法,并可实现在物理信道上进行比特流传输的功能,如图3-5所示。

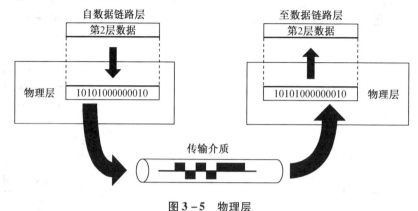

图3-5 物理层

物理层涉及的内容包括以下几个方面。

1. 通信接口与传输媒体的物理特性

除了不同的传输介质自身的物理特性外,物理层还对通信设备和传输媒体之间使用的接口做了详细的规定,主要体现在以下四个方面。

(1)机械特性

机械特性规定了物理连接时所接插件的规格尺寸、针脚数量和排列情况等。例如,EIARS-232C标准规定的D型25针接口,ITU-TX.21标准规定的15针接口等。

(2)电气特性

电气特性规定了在物理信道上传输比特流时信号电平的大小、数据的编码方式、阻抗匹配、传输速率和距离限制等。例如,在使用RS-232C接口且传输距离不大于15 m时,最大传输速率为19.2 kbit/s。

(3)功能特性

功能特性定义了各个信号线的确切含义,即各个信号线的功能。例如,RS-232C接口中的发送数据线和接收数据线等。

(4)规程特性

规程特性定义了利用信号线进行比特流传输的一组操作规程,是指在物理连接的建立、维护和交换信息时数据通信设备之间交换数据的顺序。

2. 物理层的数据交换单元为二进制比特

为了传输比特流,可能需要对数据链路层的数据进行调制或编码,使之成为模拟信号、数字信号或光信号,以实现在不同的传输介质上传输。

3. 比特的同步

物理层规定了通信的双方必须在时钟上保持同步的方法,如异步传输和同步传输等。

4. 线路的连接

物理层还考虑了通信设备之间的连接方式。例如,在点对点连接中,两个设备之间采用了专用链路连接;而在多点连接中,所有的设备共享一个链路。

5. 物理拓扑结构

物理拓扑定义了设备之间连接的结构关系,如星型拓扑、环型拓扑和网状拓扑等。

**6. 传输方式**

物理层也定义了两个通信设备之间的传输方式,如单工式、半双工式和全双工式。

### 3.2.4 数据链路层

数据链路层实现节点到节点的可靠性传输,图3-6表示数据链路层到网络层以及物理层的关系。数据链路层在相邻节点之间建立链路,传送以帧(Frame)为单位的数据信息,并且对传输中可能出现的差错进行检错和纠错,向网络层提供无差错的透明传输。

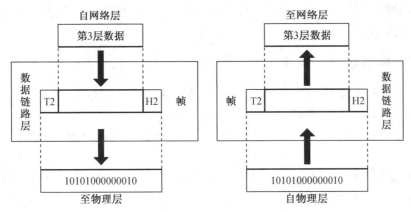

**图3-6 数据链路层到网络层及物理层的关系**

数据链路层涉及的内容有以下几个方面。

**1. 成帧**

数据链路层要将网络层的数据分成可以管理和控制的数据单元,称其为帧。因此,数据链路层的数据传输是以帧为数据单位的。

**2. 物理地址寻址**

数据帧在不同的网络中传输时,需要标识出发送数据帧和接收数据帧的节点。因此,数据链路层要在数据帧中的头部加入一个控制信息,其中包含了源节点和目的节点的地址,这个地址称为物理地址。例如,在图3-7所示的网络中,物理地址为10的节点要发送数据到物理地址为87的节点,那么在数据帧的头部要包含发送数据节点和接收数据节点的物理地址,在尾部还有差错控制信息。

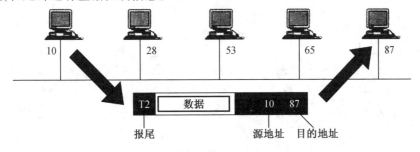

**图3-7 数据链路层的物理地址**

**3. 流量控制**

数据链路层对发送数据帧的速率进行控制,如果发送的数据帧太多,就会使目的节点来不及处理而造成数据丢失。

**4. 差错控制**

为了保证物理层传输数据的可靠性,数据链路层需要在数据帧中使用一些控制方法,检测出错或重复的数据帧,并对错误的帧进行纠错和重发。数据帧中的尾部控制信息就是用来进行差错控制的。

**5. 接入控制**

当两个或者更多的节点共享通信链路时,由于数据链路层要确定在某一时间段内由哪个节点发送数据,接入控制技术也称为媒体访问控制技术。媒体访问控制技术是决定局域网特性的关键技术。

### 3.2.5　网络层

网络层负责把通过多个网络(链路)的一个分组从源地址传送到目的地址。图3-8表示网络层到数据链路层和传输层的关系。它和数据链路层的作用不同,数据链路层只是负责同一个网络中的相邻两节点之间链路管理及帧的传输等问题。因此,在同一个网络中时,可能并不需要网络层,只有当两个节点分布在不同的网络中时,通常才会涉及网络层的功能,从而保证了分组从源节点到目的节点的正确传输。而且,网络层要负责确定在网络中采用何种技术,从源节点出发选择一条通路通过中间的节点将分组最终送达目的节点。

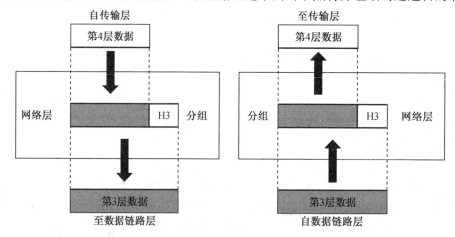

**图3-8　网络层到数据链路层和传输层的关系**

网络层涉及的内容有以下几个方面。

**1. 逻辑地址寻址**

数据链路层的物理地址只是解决了在同一个网络内部的寻址问题,如果一个分组从一个网络跨越到另外一个网络时,就需要使用网络层的逻辑地址。当传输层传递给网络层一个分组时,网络层就在这个分组的头部加入控制信息,其中就包含了源节点和目的节点的逻辑地址。

**2. 路由功能**

在网络中数据如何从源节点传送到目的节点,选择一条合适的传输路径是至关重要的,尤其是从源节点到目的节点的通路存在多条路径时,就存在选择最佳路径的问题。路由选择就是根据一定的原则和算法在传输通路中选出一条通向目的节点的最佳路由。

### 3. 流量控制

在数据链路层中介绍过流量控制,在网络层中同样也存在流量控制。只不过在数据链路层的流量控制是在两个相邻节点之间进行的,而在网络层中是完成数据包从源节点到目的节点过程中的流量控制。

### 4. 拥塞控制

在通信子网内,由于出现过量的数据包而引起网络性能下降的现象称为拥塞。为了避免拥塞现象出现,要采用能防止拥塞的一系列方法对子网进行拥塞控制。拥塞控制主要解决的问题是如何获取网络中发生拥塞的信息,从而利用这些信息进行控制,以避免由于拥塞而出现数据包的丢失,以及严重拥塞而产生网络死锁的现象。

图 3－9 所示为网络层实例,分组发送者位于一个局域网的网络地址 A、物理地址 10;数据接收者位于另一个局域网的网络地址 P、物理地址 95。因为发送者和接收者位于不同的网络,仅用物理地址就不够了。需要一个能适用于不同网络的通用地址,即网络(逻辑)地址。分组在网络层包含的网络地址,不论是在源节点还是目的节点是不变的(本例中为A,P),但物理地址是改变的。

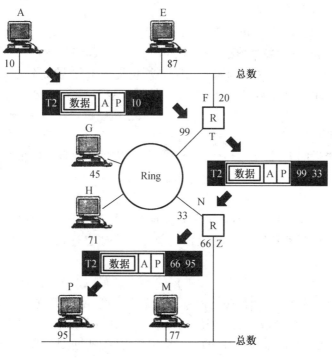

图 3－9　网络层实例

## 3.2.6　传输层

传输层负责实现整个报文端到端的传送。网络层传送的只是一个独立的分组,不管这个分组是否属于同一报文;传输层则要保证整个报文正确、有序地到达目的地,并且实施该层的差错控制和流量控制。图 3－10 表示传输层到网络层和会话层的关系。

考虑到安全因素,传输层在两个端点之间生成一个连接,这是一个从源端到目的端的单一逻辑连接,通过连接建立、数据传送和连接释放等控制,实施排序、流控、差错检测和校正。

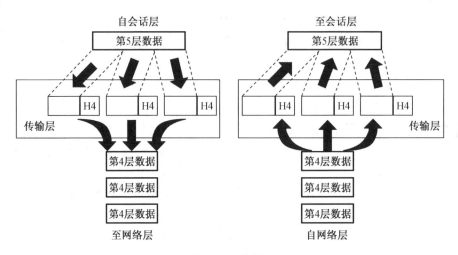

图 3-10　传输层

1. 传输层实现时需考虑的因素

(1)服务点地址(Service Point Address,SPA)

通常,计算机同时运行多个程序,因此报文的传送不仅要确定哪台计算机,还要确定是该台计算机上的哪个进程。因此传输层报头必须包括一个称为服务点地址的地址。网络层只需要把每个分组送到正确的计算机,而传输层则要将整个报文送到该计算机的正确进程。

(2)分段和组装

报文分成可传送的段,每个段包含一个序列号。这些序列号可使报文在到达目的地时重新正确地组装,并可用来识别和重组丢失的分组。

(3)连接控制

传输层能实现无连接和面向连接两种。无连接传输层把每段当作独立的分组,并将它送到目的地。面向连接的传输层在分组传输前必须先建立连接,在分组传送完成后断开连接。

图 3-11 为传输层实例,来自上一层数据的 SPA 含有 J、K(J 是发送者的 SPA,K 是接受者的 SPA)。由于数据长度大于网络层能处理的最大长度,所以将数据分成两组,每个分组都含有 SPA(J 和 K)。在网络层把网络地址 A 和 P 加到每个分组。分组可以经过不同的通路有序地或无序地到达目的地。在目的地网络层移去网络层报头,再传到传输层。

会话层虽然不参与具体的数据传输,但它却对数据传输进行管理。会话层负责在两个相互通信的应用进程之间建立、组织和协调进程之间的对话。会话层以一种顺序的方式建立和结束通信关系(会话或对话),进行通信同步,并确定使用哪一种传输连接等。会话层为表示层提供服务,同时接受传输层的服务。会话层的功能包括:会话连接到传输连接的映射,会话连接的流量控制,数据传输,会话连接的恢复与释放,会话连接管理和差错控制。

2. 会话层提供给表示层的服务

(1)数据交换

数据交换是会话层的重要特征,一个会话包括建立连接、数据交换和释放连接三个部分。

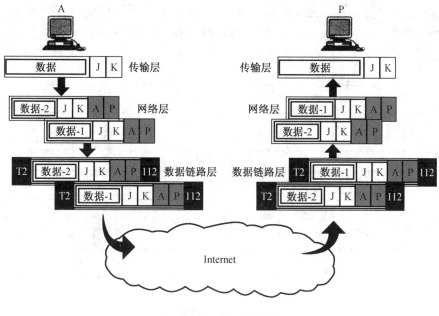

图 3－11　传输层实例

（2）隔离服务

会话的任一方,在数据少于某个特定值时,数据可暂不向目的用户传输,亦即在输入缓冲器中收集报文,在全部报文到达之前不对报文信息进行处理。

（3）与会话管理有关的服务

确定会话类型是全双工式、半双工式还是单工式,以及各种请求和响应保持轮番对话的交互管理等。

（4）差错恢复和控制

如果在传输中发现某校验点出现错误,会话层便重新发送自上一个校验点开始的所有数据。图 3－12 表示会话层到传输层和表示层的关系。

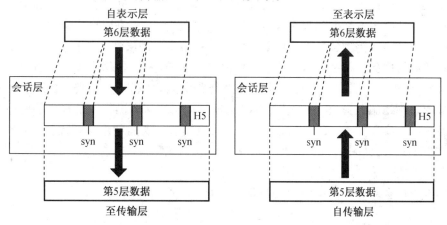

图 3－12　会话层

## 3.2.8　表示层

表示层处理的是 OSI 系统之间用户信息的表示问题。表示层不像 OSI 模型的低 5 层那样只关心将信息可靠地从一端传输到另外一端,它主要涉及被传输信息的内容和表示形式,如文字、图形和声音的表示。另外,数据压缩、数据加密等工作都是由表示层负责处理的。图 3 - 13 表示了表示层到会话层和应用层的关系。

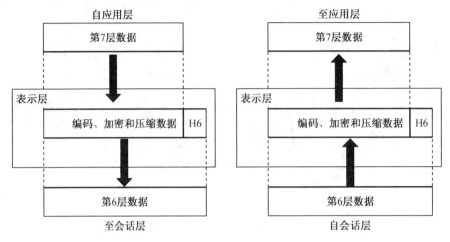

图 3 - 13　表示层

表示层服务的典型例子是数据的编码问题,大多数用户程序中所用到的人名、日期和数据等可以用字符串(如使用 ASCII 或其他的字符集)、整型(例如用有符号数或无符号数)等数据类型来表示。由于各个不同的终端系统可能有不同的数据表示方法,如机器的字长不同、数据类型的格式及所采用的字符编码集不同,同样的一个字符串或一个数据在不同的端系统上会表现为不同的内部形式,因此,这些不同的内部数据表示不可能在开放系统中交换。为了解决这一问题,表示层通过抽象的方法来定义一种数据类型或数据结构,并通过使用这种抽象的数据结构在各端系统之间实现数据类型和编码的转换。

### 3.2.9　应用层

应用层是 OSI 模型的最高层,它是计算机网络与最终用户间的接口。它在 OSI 模型下面 6 层提供的数据传输和数据表示等各种服务的基础上,为网络用户或应用程序提供完成特定网络服务功能所需的各种应用协议。图 3 - 14 表示应用层到用户和表示层的关系。

常用的网络服务包括文件服务、电子邮件(E - mail)服务、打印服务、集成通信服务、目录服务、网络管理服务、安全服务、多协议路由与路由互联服务、分布式数据库服务及虚拟终端服务等。网络服务由相应的应用协议来实现,不同的网络操作系统提供的网络服务在功能、用户界面、实现技术、硬件平台支持及开发应用软件所需的应用程序接口(API)等方面均存在较大差异,而采纳的应用协议也各具特色,因此需要应用协议的标准化。

图 3 - 15 给出了各层功能的小结。

初学者可能会对 OSI 参考模型一时难以理解,下面以邮电部门为例来说明和解释 OSI 模型。

(1)确定邮电部门的各种服务功能,如信件、包裹、电报、电话等,这相当于 OSI 模型应用层上的各种服务和协议,如 HTTP、FTP、SNMP 等。

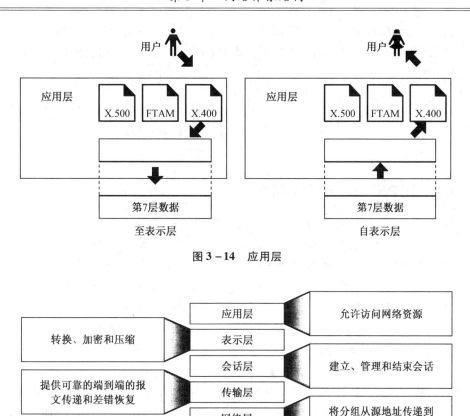

图 3 - 14　应用层

图 3 - 15　各层功能的小结

（2）对某些业务如电报，要制订编码，对方要根据同样的规则解码，才能够读懂内容。这相当于 OSI 模型表示层的协议。

（3）当两个人要利用邮电系统通话时，在电话拨通（等于传输层上的连接）的基础上先相互确认身份，待确认后才开始通话，这相当于 OSI 模型中的会话连接。两个人在通话过程中，可以自动确定谁什么时候说，谁什么时候听，这与会话层的进程控制相对应。

（4）对于普通信件的邮寄，放入邮筒即可，不用确认对方是否收到；如果是打电话，一定要先接通，才能通话。这表明邮电部门有两种要求不同的业务，分别与传输层的无连接 UDP 和面向连接的协议 TCP 相对应。

（5）根据寄信人、收信人的邮政编码分拣，确定它们是否在同一邮政区域，若不在同一区域就转发出去，同时还要决定走哪条路线，例如武汉到纽约的信，是走北京到纽约，还是走上海到纽约。这相当于网络层的路由和包转发功能，邮政编码相当于 IP 地址。

（6）信件到邮政运输部门，运输部门是按地区而不是按邮政编码组织发送信件。这相当于工作在数据链路层的交换机是按 MAC 物理地址而不是按 IP 地址传输数据。

（7）交通工具就相当于 OSI 模型物理层上的传输介质。

需要强调的是 OSI 参考模型并不是一个实际的通信协议栈，实际的网络系统不一定就是按照七层结构来设计的,如 TCP/IP 网络就只有四层结构。学习 OSI 参考模型的主要目的是加深对网络通信过程、网络协议的理解,掌握结构化、层次化、模块化技术使任务简单化、高效化的方法。

# 3.3 TCP/IP 的体系结构

## 3.3.1 TCP/IP 体系结构的历史

20 世纪 60 年代初期,美国国防部委托高级研究计划局(APRA)研制关于网络互联课题,并建立了 APRANET 实验网络,这就是 Internet 的起源。APRANET 的初期运行情况表明,计算机广域网络应该有一种标准化通信协议,于是 1973 年 TCP/IP 协议簇诞生了。虽然 APRANET 并未发展为公众可以使用的 Internet,但是 APRANET 运行经验表明,TCP/IP 是一个非常可靠且实用的网络协议。当现代 Internet 的雏形——美国国家科学基础网(NSFNET)于 20 世纪 80 年代末出现时,它借鉴了 APRANET 的 TCP/IP 技术。借助于 TCP/IP 技术,NSFNET 使越来越多的网络互联在一起,最终形成了今天的 Internet。TCP/IP 也因此成为了 Internet 上广泛使用的标准网络通信协议。

作为一套完整的网络通信协议结构,TCP/IP 实际上是一个协议簇,除了其核心协议 TCP 和 IP 之外,TCP/IP 协议簇还包括其他一系列协议,它们都包含在 TCP/IP 协议簇的四个层次之中。

## 3.3.2 TCP/IP 的各层的功能

TCP/IP 协议在硬件基础上分为四个层次,自下而上依次是网络接口层、网际层、传输层和应用层。它与前面讨论的 OSI 参考模型有着很大的区别。图 3-16 是 TCP/IP 与 OSI 的对应关系。

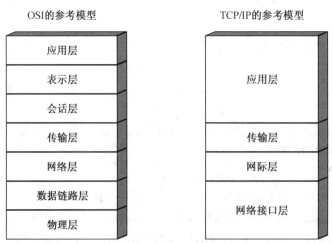

图 3-16 TCP/IP 与 OSI 的对应关系

1. 网络接口层

TCP/IP 与各种网络的接口称为网络接口层，与 OSI 数据链路层和物理层相当，是最底层的网络协议软件。它负责接收数据报，并把数据报发送到指定网络上。实际上，TCP/IP 体系结构中并没有真正描述这一部分的内容，只是指出其主机必须使用某种协议与网络连接，以便传递 IP 分组。

2. 网际层

网际层与 OSI 网络层相当，它是整个 TCP/IP 体系结构的关键部分，它解决两个不同 IP 地址的计算机之间的通信问题。具体包括形成 IP 数据报和寻址、检验数据报的有效性、删除报头，以及选择路径将数据转发到目的计算机。网际层的功能是使主机可以把分组发往任何网络并使分组独立地传向目标（可能经由不同的网络）。这些分组到达的顺序可能不同，如果需要按顺序发送或者接收，高层则必须对分组排序。

3. 传输层

在 TCP/IP 体系结构中，位于互联网层之上的一层通常称为传输层，与 OSI 传榆层相当，它的功能是使源端和目标端主机上的对等实体进行会话。

4. 应用层

TCP/IP、高层协议大致与 OSI 参考模型的会话层、表示层和应用层对应，它们之间没有严格的层次划分。应用层用于提供网络服务，其中 TELNET、FTP、SMTP、DNS 等协议已被广泛采用。

# 3.4　TCP/IP 体系结构和 OSI 参考模型的比较

TCP/IP 体系结构和 OSI 参考模型有很多相似之处，它们都是基于独立的协议栈的概念，而且层的功能大体相似，除了这些基本的相似之处以外，两个模型也有很多区别。

（1）OSI 模型的重要贡献是使服务、接口和协议这三个概念之间的区别明确化。模型的每一层都为它上面的层提供一些服务，服务定义该层该做些什么，而不管上面的层如何访问或该层如何工作。某一层中使用的对等协议是该层的内部事务，只要能完成工作，它可以使用任何协议，也可以改变使用的协议而不影响到它上面的层。

在 TCP/IP 体系结构中没有明确区分服务、接口和协议，OSI 模型中的协议比 TCP/IP 的协议具有更好的隐蔽性，在技术发生变化时能相对比较容易地替换掉，这也是最初把协议分层的主要目的之一。

（2）TCP/IP 虽然也分层次，但其层次之间的调用关系不像 OSI 那样严格。在 OSI 中，两个实体的通信必须涉及下一层的实体，但 TCP/IP 可以越过紧挨着的下一层而使用更低层次所提供的服务，即上级可以调用更低一些的下级所提供的服务，这点和 OSI 严格的层次关系是很不一样的。

（3）TCP/IP 一开始就考虑到多种异构网的互联问题，并将互联网协议口作为 TCP/IP 的重要组成部分。但 OSI 最初只考虑到用一种标准的公共数据网将各种不同的系统互联在一起，在认识到 IP 协议的重要性之后，才在网络层划分出一个子网来完成类似 IP 的作用。

（4）TCP/IP 一开始就面向连接服务和面向非连接服务并重，而 OSI 很晚才开始制定面向非连接服务的有关标准。

（5）对可靠性的强调不同。OSI 对可靠性的强调是第一位的,协议的所有各层都要检测和处理错误。TCP/IP 认为可靠性是端到端的问题,应该由传输层来解决,由主机来承担。这样做的效果使 TCP/IP 成为效率很高的体系结构,但如果通信子网可靠性较差,主机的负担将加重。

（6）系统中体现智能的位置不同,OSI 的智能性问题如监视数据流量、控制网络访问、记账收费,甚至路径选择等都由通信子网解决。TCP/IP 则要求主机参与所有的智能性活动。

# 第4章 TCP/IP 协议集和 IP 地址

TCP/IP 是美国为 ARPANET 制定的协议,TCP/IP 协议因简洁、实用而得到了广泛的应用。TCP/IP 包含了大量的协议,是由一组通信协议所组成的协议集,TCP 和 IP 是其中最基本也最重要的两个协议。

**本章提要**

· TCP/IP 协议集;

· IP 编址技术;

· 子网技术;

· IPv6 技术。

## 4.1　TCP/IP 协议集

在 TCP/IP 层次结构包含的四个层次中,只有三个层次包含实际的协议。TCP/IP 中各层的协议如图 4 – 1 所示。

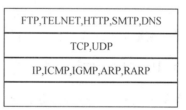

| 应用层 | FTP,TELNET,HTTP,SMTP,DNS |
|---|---|
| 传输层 | TCP,UDP |
| 网际层 | IP,ICMP,IGMP,ARP,RARP |
| 网络接口层 | |

**图 4 – 1　TCP/IP 层次结构与 TCP/IP 协议集对照**

### 4.1.1　TCP/IP 网际层协议

网际层主要包含四种重要的协议:网际协议(Internet Protocol, IP)、互联网控制报文协议(Internet Control Message Protocol, ICMP)、地址转换协议(Address Resolution Protocol, ARP)和反向地址转换协议(Reserve Address Resolution Protocol, RARP)。

1. 网际协议(IP)

IP 协议的任务是对数据包进行相应的寻址和路由,并从一个网络转发到另一个网络。IP 协议在每个发送的数据包前加入一个控制信息,其中包含了源主机的 IP 地址、目的主机的 IP 地址和一些其他信息。

IP 协议要分割和重编在传输层被分割的数据包。由于数据包要从一个网络到另一个网络,当两个网络所支持传输的数据包的大小不相同时,IP 协议就要在发送端将数据包分割,然后在分割的每一段前再加入控制信息进行传输。当接收端接收到数据包后,IP 协议将所有的片段重新组合形成原始的数据。

IP 是一个无连接的协议。无连接是指主机之间不建立用于可靠通信的端到端的连接,源主机只是简单地将 IP 数据包发送出去,而数据包可能会丢失、重复、延迟时间长或者 IP 包的次序混乱。因此,要实现数据包的可靠传输,就必须依靠高层的协议或应用程序,如传输层的 TCP 协议。

2. 互联网控制报文协议 ICP/IP

IP 协议的路由选择主要由路由器(网关)负责,无须主机参与处理,而实际情况却有可能出现种种差错和故障,如线路不通、主机断链、超过生存时间、主机或路由器发生拥塞等。互联网控制报文协议 ICMP 则专门来处理差错报告和控制,它能由出错设备向源设备发送出错报文或控制报文,源设备接到该报文后,由 ICMP 软件确定错误类型或重发数据报的策略。ICMP 报文不是一个独立的报文,而是封装在 IP 数据报中。ICMP 提供的服务有测试目的地的可达性和状态、报文不可达的目的地、数据报的流量控制和路由器路由改变请求等,另外 ICMP 也用来报告拥塞。ICMP 将 IP 作为它的传输机制,这样 ICMP 就似乎成了 IP 的高层协议,但事实上 ICMP 只是 IP 实现的一个必要部分。

3. 地址转换协议(ARP)

在局域网中所有站点共享通信信道,使用网络介质访问控制层的物理地址 MAC 来确定报文发往的目的地,但知道 IP 地址并不能计算出 MAC 地址,ARP 的任务就是查找与给定 IP 地址相对应的主机的网络物理地址。ARP 协议采用广播消息的方法,来获取网上 IP 地址对应的 MAC 地址。

4. 反向地址转换协议(RARP)

RARP 协议主要解决网络物理地址 MAC 到 IP 地址的转换。RARP 协议也采用广播消息的方法,来获取特定硬件 MAC 地址相对应的网上 IP 地址。RARP 协议对于在系统引导时无法知道自己互联网地址的站点来说就显得尤其重要了。

## 4.1.2 TCP/IP 传输层协议

传输层有两个端到端的协议:传输控制协议(Transmission Control Protocol,TCP)和用户数据报协议(User Datagram Protocol,UDP)。

1. 传输控制协议(TCP)

TCP 是一个面向连接的协议,为网络上提供具有有序可靠传输能力的全双工虚电路服务。TCP 允许从一台主机发出的字节流无差错地发往互联网上的其他主机。它把输入的字节流分成报文段并传给互联网层,再给接收端,TCP 接收进程把收到的报文再组装成输出流。TCP 功能包括为了取得可靠的传输而进行的分组丢失检测,对收不到确认的信息自动重传,以及处理延迟的重复数据报等。TCP 能进行流量控制和差错控制。

TCP 进行报文交换的过程如下:建立连接、发送数据、发送确认、通知窗口大小,最后,在数据发送完毕后关闭连接。由于 TCP 在发送数据时,报头包含控制信息,所以发送下一帧数据时,可以同时捎带对前一帧数据的控制、确认等信息。

2. 用户数据报协议(UDP)

UDP 是对 IP 协议的扩充,它使发送方可以区分其他计算机上的多个接收者。它采用无连接的方式向高层提供服务,与远方的 UDP 实体不建立端对端的连接,而是将数据报送上网络或者从网络上接收数据,它不保证数据的可靠投递,用于不需要 TCP 排序和流量控制而是自己完成这些功能的应用程序。UDP 可以根据端口号对许多应用程序进行多路复用,并能利用校验检查数据的完整性。它也被广泛地应用于一次性的客户机/服务器模式查询,以及快速递交比准确递交更重要的应用程序,如传输语音或影像。

### 4.1.3　TCP/IP 应用层协议

应用层包含了很多使用广泛的协议,常用的有超文本传输协议 HTTP(Hypertext Transfer Text Protocol,HTTP)、文件传送协议(File Transfer Protocol,FTP)、远程登录协议 TELNET、简单邮件传送协议 SMTP(Simple Mail Transfer Protocol)、域名解析协议(Domain Name System,DNS)、简单网络管理协议(Simple Network Management Protocol,SNMP)、动态主机配置协议(Dynamic Host Configuration Protocol,DHCP)等。

1. 超文本传输协议(HTTP)

HTTP 是 WWW 浏览器和 WWW 服务器之间的应用层通信协议,它保证正确传输超文本文档,是一种最基本的 B/S(即浏览器/服务器)访问协议。

2. 文件传送协议(FTP)

FTP 用来实现主机之间的文件传送,它采用 C/S 模式,使用 TCP 提供可靠的传输服务,是一种面向连接的协议。

3. 远程登录协议(TELNET)

TELNET 是一个简单的远程终端协议。用户用 TELNET 可通过 TCP 连接注册(即登录)到远地的另一个主机上(使用主机名或 IP 地址)。

4. 简单邮件传送协议(SMTP)

SMTP 是一种提供可靠且有效电子邮件传输的协议,建立在 IP 文件传输服务上,主要用于传输系统之间的邮件信息并提供与来信有关的通知。

5. 域名解析协议(DNS)

DNS 用来把便于人们记忆的主机域名映射为计算机易于识别的 IP 地址。

6. 简单网络管理协议(SNMP)

SNMP 是专门用于 IP 网络管理网络节点(服务器、工作站、路由器及交换机等)的一种标准协议。

7. 动态主机配置协议(DHCP)

DHCP 可以实现为计算机自动配置 IP 地址。

# 4.2　IP 编址技术

Internet 将位于世界各地的大大小小的网络互联起来,而这些网络又有许多计算机接入。为了使用户能够方便而快捷地找到需要与其连接的主机,首先必须解决如何识别网上主机的问题。在网络中,对主机的识别要依靠地址,所以 Internet 在统一全网的过程中首先要解决地址的统一问题。

### 4.2.1 物理地址与 IP 地址

在网络中,对主机的识别要依靠地址,而保证地址全网唯一性是需要解决的问题。在任何一个物理网络中,各个节点的设备必须都有一个可以识别的地址,才能使信息进行交换,这个地址称为物理地址(Physical Address)。单纯使用网络的物理地址寻址会有以下问题。

(1)物理地址是物理网络技术的一种体现,不同的物理网络,其物理地址不同。

(2)物理地址被固化在网络设备(网络适配器)中,通常不能被修改。

(3)物理地址属于非层次化的地址,它只能标识出单个的设备,标识不出该设备连接的是哪一个网络。

针对物理地址存在的问题,采用网络层 IP 地址的编址方案。为每一个网络和每一台主机分配一个 IP 地址,以此屏蔽物理地址。通过 IP 协议,把主机原来的物理地址隐藏起来,在网络层中使用统一的 IP 地址。

### 4.2.2 地址的划分

根据 TCP/IP 规定,IP 地址由 32 bit 组成,包括地址类别、网络号和主机号三个部分,如图 4-2 所示。如何将这 32 bit 的信息合理地分配给网络和主机作为编号,看似简单,意义却很重大。因为各部分比特位数一旦确定,就等于确定了整个 Internet 中所能包含的网络数量,以及各个网络所能容纳的主机数量。

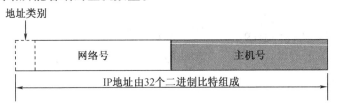

图 4-2 IP 地址的结构

由于 IP 地址是以 32 位二进制数的形式表示的,这种形式非常不适合阅读和记忆,因此,为了便于用户阅读和理解 IP 地址,Internet 管理委员会采用了一种"点分十进制"表示方法来表示 IP 地址。也就是说,将 IP 地址分为 4 个字节(每个字节为 8 bit),且每个字节用十进制表示,并用点号"."隔开,如图 4-3 所示。

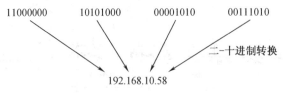

图 4-3 IP 点分十进制的 IP 地址表示方法

在 Internet 中,网络数量是一个难以确定的因素,但是每个网络的规模却是比较容易确定的。众所周知,从局域网到广域网,不同种类的网络规模差别很大,必须加以区别。因此,按照网络规模大小及使用目的的不同,可以将 Internet 的 IP 地址分为五种类型,包括 A 类、B 类、C 类、D 类和 E 类。五类地址的格式如图 4-4 所示。

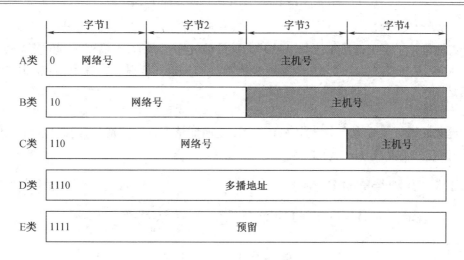

**图 4 - 4　IP 地址分类**

1. A 类地址

A 类地址第一字节的第 1 位为"0",其余 7 位表示网络号。第二、三、四个字节共计 24 个比特位,用于主机号。通过网络号和主机号的位数就可以知道,A 类地址的网络数为 $2^7$ (128)个,每个网络包含的主机数为 $2^{24}$(16 777 216)个,A 类地址的范围是 0.0.0.0 ~ 127. 255. 255. 255。由于网络号全为 0 和全为 1 保留用于特殊目的,所以 A 类地址有效的网络数为 126 个,其范围是 1 ~ 126。另外,主机号全为 0 和全为 1 也有特殊作用,所以每个网络号包含的主机数应该是 $2^{24}$ - 2 个。因此,一台主机能使用的 A 类地址的有效范围是 1.0.0.1 ~ 126.255.255.254。

根据 IP 地址中网络号的范围就可以识别出 IP 地址的类别,例如,一个 IP 地址是 10.10.10.1,那么这个地址就属于 A 类地址。A 类地址一般分配给具有大量主机的网络用户。

2. B 类地址

B 类地址第一字节的前两位为"10",剩下的 6 位和第二字节的 8 值共 14 位二进制数用于表示网络号。第三、四字节共 16 位二进制数用于表示主机号。因此,B 类地址网络数为 $2^{14}$ 个,每个网络号所包含的主机数为 $2^{16}$ 个(实际有效的主机数是 $2^{16}$ - 2)。B 类地址的范围是 128.0.0.0 ~ 191.255.255.255,由于主机号全为 0 和全为 1 有特殊作用,一台主机使用的 B 类地址的有效范围是 128.0.0.1 ~ 191.255.255.254。用于标识 B 类地址的第一字节数值范围是 128 ~ 191。B 类地址一般分配给具有中等规模主机数的网络用户。

3. C 类地址

C 类地址第一字节的前 3 位为"110",剩下的 5 位和第二、三字节共 21 位二进制数用于表示网络号,第四字节的 8 位二进制数用于表示主机号。因此,C 类地址网络数为 $2^{21}$ 个,每一个网络号所包含的主机数为 256(实际有效的为 254)个。C 类地址的范围是 192.0.0. 0 ~ 223. 255. 255. 255,同样,一台主机能使用的 C 类地址的有效范围是 192.0.0.1.223. 255.255.254,C 类地址的范围用于标识 C 类地址的第一字节数值范围是 192 ~ 223。由于 C 类地址的特点是网络数较多,而每个网络最多有 254 台主机,因此,C 类地址一般分配给小型的局域网用户。

4. D 类地址

D 类地址第一字节的前 4 位为"1110"。D 类地址用于多播,多播就是同时把数据发送给一组主机,只有那些已经登记可以接收多播地址的主机才能接收多播数据包。D 类地址的范围是 224.0.0.0 ~ 239.255.255.255。

5. E 类地址

E 类地址第一字节的前 4 位为"1111"。E 类地址是为将来预留的,同时也可以用于实验目的,但它们不能被分配给主机。

### 4.2.3 几种特殊的 IP 地址

TCP/IP 规定,一些特殊的 IP 地址不能分配给主机,如表 4 - 1 所示。

表 4 - 1 特殊 IP 地址

| 网络部分 | 主机部分 | 地址类型 | 用途 |
|---|---|---|---|
| 任意 | 全"0" | 网络地址 | 代表一个网段 |
| 任意 | 全"1" | 广播地址 | 特定网段的所有节点 |
| 127 | 任意 | 回环地址 | 回环测试 |
| 全"0" | | 所有网络 | 默认路由 |
| 全"1" | | 广播地址 | 本网所有节点 |

1. 广播地址

主机号各位全为"1"的 IP 地址用于广播,称为直接广播地址。用以标识网络上所有的主机,例如,192.168.1.0 是一个 C 类网络地址,广播地址是 192.168.1.255。当某台主机需要发送广播时,就可以使用直接广播地址向该网络上的所有主机发送报文。

2. 有限广播地址

有时需要在本网内广播,但又不知道本网的网络号,于是 TCP/IP 规定,32 bit 全为"1"的 IP 地址用于本网广播。因此,该地址称为有限广播地址,即 255.255.255.255。

3. "0"地址

TCP/IP 规定,主机号全为"0"时,表示为本地网络,例如,"172.17.0.0"表示"172.17"这个 B 类网络,"192.168.1.0",表示"192.168.1"这个 C 类网络。

4. 回送地址

以 127 开始的 IP 地址作为一个保留地址,例如 127.0.0.1,用于网络软件测试及本地主机进程间通信,则该地址称为回送地址。

### 4.2.4 IP 地址的管理

Internet 的 IP 地址是全局有效的,因而对 IP 地址的分配与回收等工作需要统一管理。IP 地址的最高管理机构称为 Internet 网络信息中心,即 Internet NIC (Internet Network Information Center),它专门负责向提出 IP 地址申请的组织分配网络地址,然后,各组织再在本网络内部对其主机号进行本地分配。

在 Internet 的地址结构中,每一台主机均有唯一的 Internet 地址。全世界的网络正是通过这种唯一的 IP 地址而彼此取得联系,从而避免了网络上的地址冲突。因此,如果一个单位在组建一个网络且该网络要与 Internet 连接时,一定要向 Internet NIC 申请 Internet 合法的 IP 地址。当然,如果该网络只是一个内部网而不需要与 Internet 连接时,则可以任意使用 A 类、B 类或 C 类地址。

为了避免某个单位选择任意网络地址,造成与合法的 Internet 地址发生冲突的情况, IETF 已经分配了具体的 A 类、B 类和 C 类地址供单位内部网使用,这些地址如下。

A 类:10.0.0.0 ~ 10.255.255.255

B 类:172.16.0.0 ~ 172.31.255.255

C 类:192.168.0.0 ~ 192.168.255.255

### 4.2.5　地址解析

在一个物理网络中,当网络中的任何两台主机进行通信时,都必须获得对方的物理地址,而 IP 地址是一个逻辑地址,P 地址的编址是与硬件无关的,不管主机是连接到局域网,还是连接到其他网络上,都可以使用 IP 地址进行标识,而且可以唯一地标识某台主机。因此,IP 地址的作用在于,它提供了一种逻辑的地址,能够使不同网络之间的主机进行通信(这种通信能力的实质就是每个 IP 地址中都有表示不同网络的网络号,并以此来识别每台主机之间是否位于同一个网络)。

当 IP 把数据从一个物理网络传输到另一个物理网络之后,就不能完全依靠 IP 地址了,而要依靠主机的物理地址。为了完成数据传输,IP 必须具有一种确定目标主机物理地址的方法,也就是说,要在 IP 地址与物理地址之间建立一种映射关系,而这种映射关系称为地址解析(Address Resolution)。地址解析包括两方面的内容:从 IP 地址到物理地址的映射,由 TCP/IP 中的地址解析协议(Address Resolution Protocol,ARP)完成;从物理地址到 IP 地址的映射,由 TCP/IP 中的逆向地址解析协议(Reverse Address Resolution Protocol,RARP)完成。

ARP 的工作过程:在任何时候,当一台主机需要物理网络上另一台主机的物理地址时,它首先广播一个 ARP 请求数据包,其中包括了它的 IP 地址和物理地址,以及目标主机的 IP 地址,网络中的每台主机都可以接收到这个 ARP 数据包,但只有目标主机会处理这个 ARP 数据包并做出响应,将它的物理地址直接发送给源主机,如图 4 - 5 所示。

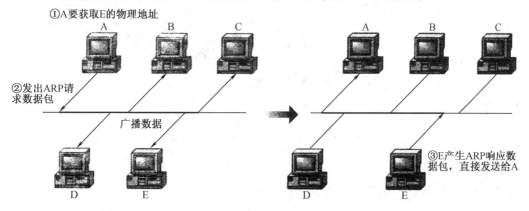

图 4 - 5　ARP 地址解析过程

RARP 的作用与 ARP 相反,源主机为了获取目标主机的 IP 地址,向网络广播一个 RARP

数据包,当目标主机接收到 RARP 数据包之后,则将自己的 IP 地址直接传送给源主机。

# 4.3　子　网　技　术

出于对管理、性能和安全方面的考虑,许多单位把单一网络划分为多个物理网络,并使用路由器将它们连接起来。子网划分(Subnetting)技术能够使单个网络地址横跨几个物理网络,如图 4 - 6 所示,这些物理网络统称为子网。

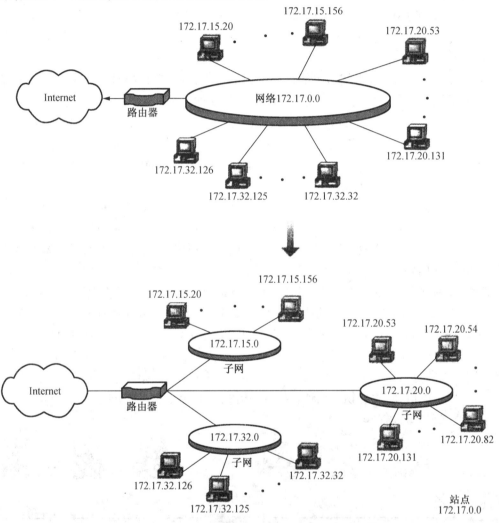

图 4.6　一个网络可以分为若干个子网

## 4.3.1　划分子网的原因

划分子网的原因有很多,主要有以下几个方面。

1. 充分使用地址

IP 地址的 32 个二进制位表示的网络数目是有限的( A 类地址有 $2^7$ 个网络,B 类地址有

$2^{14}$ 个网络, C 类地址有 $2^{21}$ 个网络), 因为每一个网络都需要唯一的网络地址来标识。在制定编码方案时, 人们常常会遇到网络数目不够用的情况, 解决这一方案的有效手段是划分子网。

**2. 划分管理职责**

划分子网还可以更易于管理网络。当一个网络被划分为多个子网时, 每个子网就变得更易于控制。每个子网的用户、计算机及其子网资源可以让不同的管理员进行管理, 减轻了由单人管理大型网络的管理职责。

**3. 提高网络性能**

在一个网络中, 随着网络用户的增长、主机的增加, 网络通信也将变得非常繁忙。而繁忙的网络通信很容易导致冲突、丢失数据包以及数据包重传, 因而降低了主机之间的通信效率。如果将一个大型的网络划分为若干个子网, 并通过路由器将其连接起来, 就可以减少网络拥塞。这些路由器就像一堵墙把子网隔离开, 使本地的通信不会转发到其他子网中。使同一子网中主机之间进行的广播和通信, 只能在各自的子网中进行。

另外, 使用路由器的隔离作用还可以将网络分为内外两个子网, 并限制外部网络用户对内部网络的访问, 以提高内部子网的安全性。

### 4.3.2　子网划分的层次结构和划分方法

IP 地址总共 32 个比特, 根据对每个比特的划分, 可以指出某个 IP 地址属于哪一个网络(网络号)以及属于哪一台主机(主机号)。因此, IP 地址实际上是一种层次型的编址方案。对于标准的 A 类、B 类和 C 类地址来说, 它们只具有两层的结构, 即网络号和主机号, 然而, 这种两层结构并不完善。对于一个拥有 B 类地址的单位来说, 必须将其进一步划分成若干个小的网络, 否则是无法运行的。而这实际上就产生了中间层, 形成了一个三层的结构, 即网络号、子网号和主机号。通过网络号确定一个站点, 通过子网号确定一个物理子网, 而通过主机号则确定与子网相连的主机地址。因此, 一个 IP 数据包的路由就涉及传送到站点、传送到子网、传送到主机三部分。

子网具体的划分方法如图 4-7 所示。为了划分子网, 可以将单个网络的主机号分为两个部分: 一部分用于子网号编址; 另一部分用于主机号编址。划分子网号的位数取决于具体的需要。子网号所占的比特越多, 则可分配给主机的位数就越少, 也就是说, 在一个子网中所包含的主机就越少。假设一个 B 类网络 172.17.0.0, 将主机号分为两部分, 其中, 8 bit 用于子网号, 另外 8 bit 用于主机号, 那么这个 B 类网络就被分为 254 个子网, 每个子网可以容纳 254 台主机。

图 4-7 所示为两个地址: 一个是未划分子网中的主机 IP 地址; 另一个是子网中的 IP 地址。这两个地址从外观上没有任何差别, 那么如何区分这两个地址呢? 这就需要借助子网掩码。

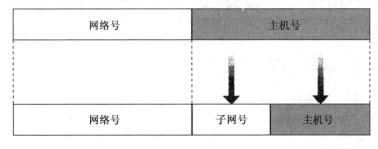

图 4-7　子网划分

### 4.3.3 子网掩码

子网掩码(Subnet Mask)也是一个"点分十进制"表示的 32 位二进制数,通过子网掩码可以指出一个 IP 地址中的哪些位对应于网络地址(包括子网地址),以及哪些位对应于主机地址。对于子网掩码的取值,通常是将对应于 IP 地址中网络地址(网络号和子网号)的所有位都设置为"1",对应于主机地址(主机号)的所有位都设置为"0"。标准的 A 类、B 类和 C 类地址都有一个默认的子网掩码,如表 4 - 2 所示。

表 4 - 2  A 类、B 类和 C 类地址默认的子网掩码

| 地址类型 | 点分十进制表示 | 子网掩码的二进制 | | | |
|---|---|---|---|---|---|
| A | 255.0.0.0 | 11111111 | 00000000 | 00000000 | 00000000 |
| B | 255.255.0.0 | 11111111 | 11111111 | 00000000 | 00000000 |
| C | 255.255.255.0 | 11111111 | 11111111 | 11111111 | 00000000 |

为了识别网络地址,TCP/IP 对子网掩码和 IP 地址进行"按位与"的操作。"按位与"就是两个比特位之间进行"与"运算,若两个值均为 1,则结果为 1;若其中任何一个值为 0,则结果为 0。

针对图 4 - 7 所示的例子,在图 4 - 8 中给出了如何使用子网掩码来识别它们之间的不同。对于标准的 B 类地址,其子网掩码为 255.255.0.0,而划分了子网的 B 类地址,其子网掩码为 255.255.255.0(使用主机号中的 8 位用于子网号,因此,网络号与子网号共计 24 bit)。经过按位与运算可以将每个 IP 地址的网络地址取出,从而知道两个 IP 地址所对应的网络。

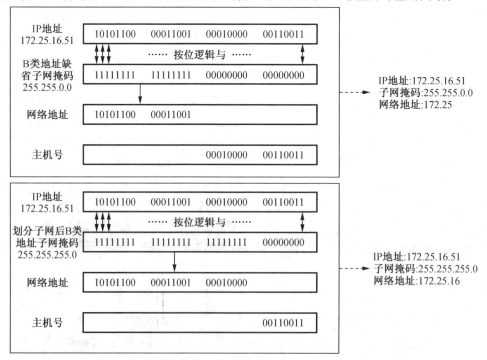

图 4 - 8  子网掩码的作用

在上面的例子中,涉及的子网掩码都属于边界子网掩码,即使用主机号中的整个一个字节来划分子网,因此,子网掩码的取值不是 0 就是 255。但对于划分子网而言,还会使用非边界子网掩码,即使用主机号中的某几位用于子网划分,因此,子网掩码除了 0 和 255 外,还有其他数值。例如,对于一个 B 类网络 172.25.0.0,若将第三个字节的前 3 位用于子网号,而将剩下的位用于主机号,则子网掩码为 255.255.224.0。由于使用了 3 位分配子网,所以这个 B 类网络 172.25.0.0 被分为 6 个子网,它们的网络地址和主机地址范围如图 4 - 9 所示,每个子网有 13 位可用于主机的编址。

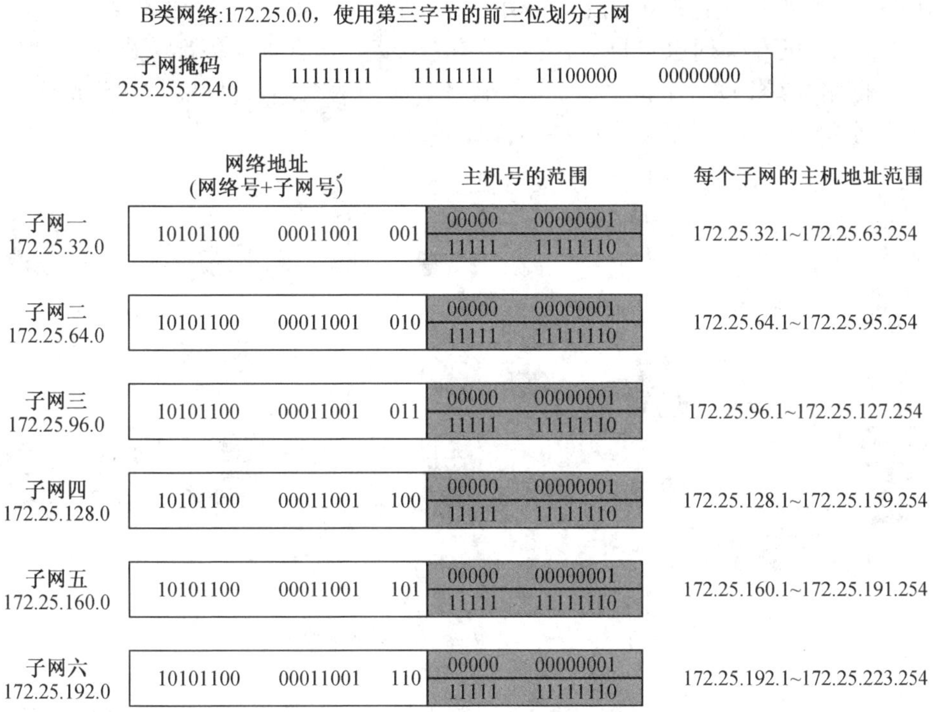

B类网络:172.25.0.0,使用第三字节的前三位划分子网

| 子网掩码<br>255.255.224.0 | 11111111 | 11111111 | 11100000 | 00000000 |
|---|---|---|---|---|

| | 网络地址<br>(网络号+子网号) | 主机号的范围 | 每个子网的主机地址范围 |
|---|---|---|---|
| 子网一<br>172.25.32.0 | 10101100　00011001　001 | 00000　00000001<br>11111　11111110 | 172.25.32.1~172.25.63.254 |
| 子网二<br>172.25.64.0 | 10101100　00011001　010 | 00000　00000001<br>11111　11111110 | 172.25.64.1~172.25.95.254 |
| 子网三<br>172.25.96.0 | 10101100　00011001　011 | 00000　00000001<br>11111　11111110 | 172.25.96.1~172.25.127.254 |
| 子网四<br>172.25.128.0 | 10101100　00011001　100 | 00000　00000001<br>11111　11111110 | 172.25.128.1~172.25.159.254 |
| 子网五<br>172.25.160.0 | 10101100　00011001　101 | 00000　00000001<br>11111　11111110 | 172.25.160.1~172.25.191.254 |
| 子网六<br>172.25.192.0 | 10101100　00011001　110 | 00000　00000001<br>11111　11111110 | 172.25.192.1~172.25.223.254 |

**图 4 - 9　非边界子网掩码的作用**

### 4.3.4　子网划分的规则

在 RFC 文档中,RFC950 规定了子网划分的规范,对网络地址中的子网号做了如下的规定。

(1)由于网络号全为"0"代表的是本网络,所以网络地址中的子网号也不能全为"0",子网号全为"0"时,表示本子网网络。

(2)由于网络号全为"1"表示的是广播地址,所以网络地址中的子网号也不能全为"1",全为"1"的地址用于向子网广播。

### 4.3.5　子网划分实例

在划分子网之前,需要确定所需要的子网数和每个子网的最大主机数,有了这些信息后,就可以定义每个子网的子网掩码、网络地址(网络号 + 子网号)的范围和主机号的范围。划分子网的步骤如下。

（1）确定需要多少子网号来唯一标识网络上的每一个子网。

（2）确定需要多少主机号来标识每个子网上的每台主机。

（3）定义一个符合网络要求的子网掩码。

（4）确定标识每一个子网的网络地址。

（5）确定每一个子网上所使用的主机地址的范围。

假设要对如图4-10（a）所示的一个C类网络划分为如图4-10（b）所示的网络。由于划分出了两个子网，则每个子网都需要一个唯一的子网号来标识，即需要两个子网号。

对于每个子网上的主机及路由器的两个端口都需要分配一个唯一的主机号,因此,在统计需要多少主机号来标识主机时,要把所有需要 IP 地址的设备都考虑进去。根据图4-10(a),网络中有100台主机,如果再考虑路由器的两个端口,则需要标识的主机数为102个。假定每个子网的主机数各占一半,即各有51个。

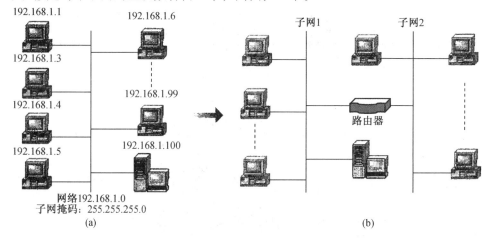

(a)                                     (b)

**图 4 - 10　将一个网络划分为两个子网**

确定了子网掩码后,就可以确定可用的网络地址:使用子网号的位数算出可能的组合。将一个C类的地址划分为两个子网,必然要从代表主机号的第四个字节取出若干个子位用于划分子网。若取出1位,根据子网划分规则,无法使用。若取出3位,可以划分6个子网,似乎可行,但子网的增多也表示了每个子网容纳的主机数减少,6个子网中每个子网容纳的主机数为30,而实际的要求是每个子网需要51个主机号。若取出2位,可以划分2个子网,每个子网可容纳62个主机号(全为0和全为1的主机号不能分配给主机),因此,取出2位划分子网是可行的,子网掩码为 255.255.255.192,如图4-11所示。在本例中,子网号的位数是2,因而可能的组合是00,01,10,11,根据子网划分的规则,全为0和全为1的子网不能使用,因此可用的子网号是01和10,所以划分后的两个子网的网络地址为192.168.1.64 和192.168.1.128,如图4-12所示。

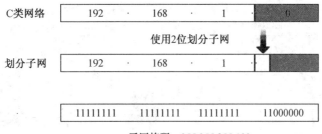

图 4 – 11　计算子网掩码

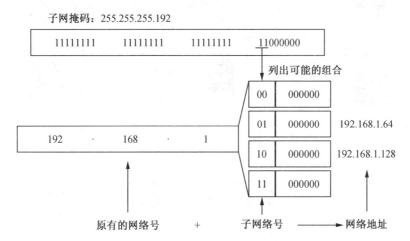

图 4 – 12　确定每个子网的网络地址

根据每个子网的网络地址就可以确定每个子网的主机地址的范围,如图 4 – 13 所示。每个子网中各台主机的地址分配如图 4 – 14 所示。

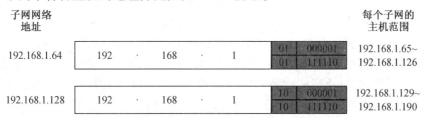

图 4 – 13　每个子网的主机地址范围

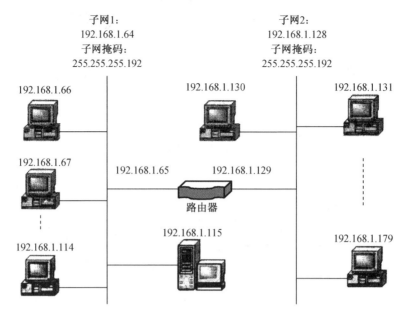

图 4 – 14　每个子网中各台主机的地址分配

# 4.4　IPv6 技术

**1. IPv6 的产生背景**

近年来互联网在各个领域内得到了空前的发展,人们对信息资源的开发和利用进入了一个全新的阶段。作为计算机网络的祖父 ARPANET 和其后继的 Internet 标准的网络层协议——IP 的当前形式(IPv4)已越来越捉襟见肘。IP 地址资源越来越紧张,路由表越来越庞大,路由速度越来越慢。地址生命期预测工作组曾预言,因特网的公有 IPv4 地址会在 2005—2011 年之间用完。虽然各方面都在研究一些补救的方法,如用地址翻译(NAT)来缓解 IP 地址的紧张,用无类别域间路由选择(CIDR)来改善路由性能等,但这些方法只能给 IPv4 一些喘息的余地,并不能完全解决其先天的不足。除了上述技术问题外,还有其他重大问题隐藏在背后。起初因特网的使用者主要是大学、高技术工业及政府部门,随着 20 世纪 90 年代中期因特网的不断膨胀,它已被更多的人使用,尤其是有着不同需求的人们。首先,上千万拥有无线便携机的人可以用它来与其企业网保持联系;其次,随着计算机、通信、娱乐业的不断交叉融合,可能不久的将来世界上的每一台电视机都会成为因特网的一个节点,从而导致上亿台机器用于视频点播;再次,计算机将不断地微型化,计算机无处不在,如被安装在胸章、标签、选票、电灯开关、高安全性恒温箱等的内部。在这些环境下,系统必须支持即插即用、实时通信、低功耗、容易管理等,很明显 IP 必须进一步发展且应更具灵活性。

为了解决以上这些问题。1990 年 IETF 开始着手开发新版本,它主要有以下目标。

·地址空间无限大,永不会用尽地址;

·减小路由表的长度;

·简化协议,使路由器处理分组的速度更快;

·提供更好的 IP 层安全;

· 增加对服务质量的支持,特别要支持实时通信;

· 通过定义范围来实现多点播送;

· 支持即插即用,主机不改变地址即可实现漫游;

· 协议具有良好的可扩展性;

· 允许新旧协议共同存在一些年。

为了找到符合所有这些需求的协议,IETF 在 RFC1550 中发表了一个寻求提议和讨论的声明。截止到 1992 年 12 月,Internet 为下一代 IP 提出了共 7 个重要提议。它们从对 IP 作较小的修改到完全舍弃旧 IP 而用新协议取而代之的提议都有。这其中的三个提议通过多次讨论和修改一起合并成为增强的简单因特网协议 SIPP(Simple Internet Protocol Plus)。SIPP 即采用 64 位的 IP 地址,在高性能网(如 ATM)和低带宽网(如无线网)中皆运行良好。1993 年 9 月,增强的简单因特网协议 SIPP 被选中作为下一代 IP—Ipng 开发的基础,并将之命名为 IPv6。IETF 组成一个特定的工作组 IPNGWG 来对其进行研究和标准化。1994 年 11 月,由 IETF 提出并由 IESG 审核通过了"对下一代 IP 协议的建议"。这个建议是 IPv6 开发的纲领,IPv6 工作组及其他因特网团体就是遵循这个提议标准对 IPv6 进行研究和实现的。

2. IPv6 核心技术

在地址长度上,IPv6 与 IPv4 相比,很明显的一个改善就是 IPv6 的 128 位地址长度可以提供充足的地址空间,同时它还为主机接口提供不同类型的地址配置,其中包括全球地址、全球单播地址、区域地址、链路本地地址、地区本地地址、广播地址、多播群地址、任播地址、移动地址、家乡地址、转交地址等。IPv6 的另一个基本特性是它支持无状态和有状态两种地址自动配置的方式。其中无状态地址自动配置方式是需要配置地址的节点使用一种邻居发现机制获得一个局部链接地址,得到这个地址之后,它使用另一种即插即用的机制,在没有任何人工干预的情况下,获得一个全球唯一的路由地址。另外 IPv6 还在以下几方面表现出很高的特性。

(1)服务质量方面

IPv6 数据包的格式包含一个 8 位的业务流类别(Class)和一个新的 20 位的流标签(Flow Label)。它的目的是允许发送业务流的源节点和转发业务流的路由器在数据包上加上标记,中间节点在接收到一个数据包后,通过验证它的流标签,就可以判断它属于哪个流,然后就可以知道数据包的 QoS 需求,并进行快速的转发。

(2)安全方面

在安全性方面,IPv6 与 IP 安全性机制和服务更加紧密结合。虽然两种 IP 标准目前都支持 IPSec(IP 安全协议),但是 IPv6 是将安全作为自身标准的有机组成部分,安全的部署是在更加协调统一的层次上,而不像 IPv4 那样通过叠加的解决方案来实现安全。通过 IPv6 中的 IPSec 可以对 IP 层上(也就是运行在 IP 层上的所有应用)的通信提供加密/授权,可以实现远程企业内部网(如企业 VPN 网络)的无缝接入,并且可以实现永远连接。除了这一强制性安全机制外,IPSec 还提供两种服务。认证报头(AH)用于保证数据的一致性,而封装的安全负载报头(ESP)用于保证数据的保密性和数据的一致性。在 IPv6 包中,AH 和 ESP 都是扩展报头,可以同时使用,也可以单独使用。作为 IPSec 的一项重要指南,IPv6 集成了虚拟专网(VPN)的功能。

(3)移动 IPv6 方面

移动性无疑是互联网上最精彩的服务之一。移动 IPv6 协议为用户提供可移动的 IP 数据服务,让用户可以在世界各地都使用同样的IPv6地址,非常适合未来的无线上网。IPv6中的移动性支持是在制定IPv6协议的同时作为一个必需的协议内嵌在IP协议中的。不同于IPv4的移动性支持是作为一种对IP协议附加的功能提出的,不是所有的IPv4实现都能够提供对移动性的支持,其效率没有移动IPv6高。更重要的是,IPv4有限的地址空间资源无法提供所有潜在移动终端设备所需的IP地址,难以实现移动IP的大规模应用。与IPv4相比,IPv6的移动性支持取消了异地代理,完全支持路由优化,彻底消除了三角路由问题,并且为移动终端提供了足够的地址资源,使得移动IP的实际应用成为可能。

· 当移动节点处于本地网络时,通过接收本地网络上路由器的路由器通告来进行地址配置,获取网络参数。

· 当移动节点接入异地网络后,不再收到来自本地网络的路由器通告,而是收到来自异地网络上路由器的路由器通告,移动节点利用接收到的异地网络路由器通告进行移动检测。

· 移动节点配置好在异地网络的转交地址后,就向本地代理发送绑定更新报文,通知其自己的转交地址,并注册。

· 移动节点同时向通信节点发送绑定更新报文,通知其自己的转交地址。

· 这样,本地代理就可以通过隧道的方式向移动节点转发来自通信节点的报文。

· 如果通信节点通过接收来自移动节点的绑定更新,获取了移动节点的转交地址,则可以直接与移动节点通信,而无须通过本地代理,实现路由优化。

(4)组播技术

组播是一种允许一个或多个发送者(组播源)发送单一的数据包给多个接收者(一次的,同时的)的网络技术,它适用于一点到多点或多点到多点的数据传输业务。组播实现的基本原则是依托IP协议完成组播,IP组播强制网络在数据分发树的分叉处进行信息包的复制。IP组播的实现包括寻址、组播成员管理和组播路由协议。

**组播寻址**　IPv6为组播预留了一定的地址空间,其地址高8位为"11111111",后跟120位组播组标识。此地址仅用作组播数据包的目标地址,组播源地址只能是单播地址。发送方只需要发送数据给该组播地址,就可以实现对多个不同地点用户数据的发送,而不需要了解接收方的任何信息。

**组播成员管理**　组播使用(Internet Group Manager Protocol,IGMP)协议实现用户的动态注册过程。在主机与组播路由器之间通过IGMP协议建立并维护组播组成员的关系。组播转发路由器通过IGMP协议了解其在每个接口连接的网段上是否存在某个组播组的接收者,即组成员。如果出现成员,组播路由器将组播数据包转发到这个网段,如果没有则停止转发或不转发,以节省带宽。

**组播路由协议**　组播路由协议的作用是建立和维护组播路由表,以充分利用带宽。组播路由协议分为密集模式和稀疏模式两种类型。密集模式组播路由协议指组播成员在整个网络上密集分布,即许多子网至少包含一个成员,带宽充裕,但其不适用于规模大的网络。

稀疏模式则适用于组播成员在网络中稀疏分布,且未必有充裕带宽可用的网络。

3. IPv4到IPv6的过渡技术

如何完成从IPv4到IPv6的转换是IPv6发展中需要解决的第一个问题。目前,IETF已经成立了专门的工作组,研究IPv4到IPv6的转换问题,并且提出了很多方案,主要包括以下几个类型。

（1）网络过渡技术

**隧道技术**  随着 IPv6 网络的发展,出现了许多局部的 IPv6 网络,利用隧道技术可以通过现有的运行 IPv4 协议的 Internet 骨干网络(即隧道)将局部的 IPv6 网络连接起来,因而是 IPv4 向 IPv6 过渡的初期最易于采用的技术。隧道技术的方式为路由器将 IPv6 的数据分组封装入 IPv4 ,IPv4 分组的源地址和目的地址分别是隧道入口和出口的 IPv4 地址。在隧道的出口处,再将 IPv6 分组取出转发给目的站点。

**网络地址转换/协议转换技术**  网络地址转换/协议转换技术（Network Address Translation – Protocol Translation,NAT – PT)通过与 SIIT 协议转换和传统的 IPv4 下的动态地址翻译(NAT)以及适当的应用层网关(ALG)相结合,实现了只安装 IPv6 的主机和只安装 IPv4 机器的大部分应用的相互通信。

（2）主机过渡技术

IPv6 和 IPv4 是功能相近的网络层协议,两者都基于相同的物理平台,而且加载于其上的传输层协议 TCP 和 UDP 又没有任何区别。可以看出,如果一台主机同时支持 IPv6 和 IPv4 两种协议,那么该主机既能与支持 IPv4 协议的主机通信,又能与支持 IPv6 协议的主机通信,这就是双协议栈技术的工作机理。

（3）应用服务系统过渡技术

在 IPv4 到 IPv6 的过渡过程中,作为 Internet 基础架构的 DNS 服务也要支持这种网络协议的升级和转换。IPV4 和 IPv6 的 DNS 记录格式等方面有所不同,为了实现 IPv4 网络和 IPv6 网络之间的 DNS 查询和响应,可以采用应用层网关 DNS – ALG 结合 NAT – PT 的方法,在 IPv4 和 IPv6 网络之间起到一个翻译的作用。例如,IPv4 的地址域名映射使用"A"记录,而 IPv6 使用"AAAA"或"A6"记录。那么,IPv4 的节点发送到 IPv6 网络的 DNS 查询请求是"A"记录,DNS – ALG 就把"A"改写成"AAAA",并发送给 IPv6 网络中的 DNS 服务器。当服务器的回答到达 DNS – ALG 时,DNS – ALG 修改回答,把"心"改为"A",把 IPv6 地址改成 DNS – ALG 地址池中的 IPv4 转换地址,把这个 IPv4 转换地址和 IPv6 地址之间的映射关系通知 NAT – ALG,并把这个 IPv4 转换地址作为解析结果返回 IPv4 主机。IPv4 主机就以这个 IPv4 转换地址作为目的地址与实际的 IPv6 主机通过 NAT – PT 通信。

上述技术很大程度上依赖于从支持 IPv4 的互联网到支持 IPv6 的互联网的转换,我们期待 IPv4 和 IPv6 可在这一转换过程中互相兼容。目前,6to4 机制便是较为流行的实现手段之一。

4. 几种 IPv6 应用介绍

从语音、数据到视频,从对现有网络应用更卓越的支持与改善,到 IPv6 独具特色的创新业务,IPv6 带给我们的全方位、高品质的应用与服务前景是美妙而广阔的。以下简单介绍几种 IPv6 的应用。

（1）视频应用

IPv6 对于视频应用的意义在于解决了地址容量问题,优化了地址结构以提高选路效率,提高了数据吞吐量以适应视频通信大信息量传输的需要。IPv6 还加强了组播功能,实现了基于组播、具有网络性能保障的 VC 视频会议、高清晰度数字电视、VOD 视频点播、网络视频监控应用。这是只有高带宽、高性能的下一代互联网才能支持的典型应用,具有交互协同技术特性。IPv6 对于 IPv4 的最大革新之处在于它对于 QoS 的考虑,对各种多媒体信息根据紧急性和服务类别确定数据包的优先级。此外,IPv6 采用必选的 IPSec 很好地保证了网络的安全性。

(2)移动智能终端应用

传统的移动通信技术主要是为了支撑语音业务,虽然随着用户需求的提出和技术的发展,目前已经有了基于 WAP 或 GPRS 提供 IP 业务的蜂窝电话产品,但是现有的技术远远无法满足未来通信的需要,第三代移动通信将采用分组交换设备来代替电路交换设备,IP 业务将是第三代移动通信业务中的重要组成部分。

由于 IP 的诸多优点和全球 IP 浪潮的影响,3G 演变为全 IP 的趋势越来越明显。作为移动通信的核心,3G 为了满足始终在线的需求,需要很大的地址空间,只有 IPv6 才能满足这种需求。3GPP、RAN 和 WG3 已经要求,对于 Iu、Iub 及 Iur 接口,如果要提供 IP 传输,则 UTRAN 节点必须支持 IPv6,对 IPv4 的支持则是可选的。3G 的发展方向将是一个全 IP 的分组网络,3G 业务将以数据和互联网业务为主,在 3G 网络上将承载着实时语音、移动多媒体、移动电子商务等多种业务,因此在计费、漫游、应用、终端等方面会更加复杂,IPv6 将是实现这些业务的关键:如果说 3G 的发展推动了 IPv6 的发展和标准化,那么 IP6 协议的诸多优越特性则为 3G 网络的发展奠定了坚实的基础,IPv6 有庞大的地址空间,对移动性有良好的支持、有服务质量的保证机制、安全性和地址自动分配机制等。3GPP 将 IPv6 作为 3G 必须遵循的标准,国内外很多通信厂商正致力于构建基于 IPv6 的全 IP 的 3G 核心网(ALL – IP Core)。

(3)无线网络应用

最近,无线网络(WLAN)在中国的热点地区已成亮点,随着网络技术和业务的发展,人们将会提出多种接入方式无缝互联的要求,即忽略蓝牙、无线局域网和广域网(GSM/CDMA)之间的技术差异,使得在不同网络环境下用户的连接和所使用的业务不会中断,真正实现不间断的连接。采用移动 IPv6 将使这一目标的实现更加容易。

①实现用户通信的同一性

目前一个人拥有多个不同类型的终端(如手机、PDA、笔记本电脑等)的现象已不鲜见,这些终端普遍都有上网功能,但这些终端的上网是互不相干的,通信的内容、方式也因终端而异。然而从用户的角度来看,实现通信的同一性是至关重要的,未来用户应该只关注自己的应用而将终端淡化成一种手段,而以 IPv6 大量的地址资源和其他先进的性能作基础,完全可以实现通信的同一性。

②实现多种接入方式的无缝互联

未来各种接入网技术仍然共存,如在 PAN 中采用蓝牙技术,在 LAN 中采用无线局域网(802.11),在 WAN 中采用 WCDMA/GSM 等,而无线技术最终将使人们忽略接入技术的不同而实现随时随地的网络连接,用户能够使用一种多模的终端来通过全球移动网络及有限范围的 WLAN 或蓝牙系统来接入 IP 网络或因特网,用户从某种接入技术覆盖的区域移动到另外一种接入技术覆盖的区域时仍然能够保持不间断的连接。

业界的一种观点认为,未来的网络将是全 IP 网络,全 IP 能无缝集成各种接入方式,将宽带、移动因特网和现有的无线系统都集成到 IP 层中,通过一种网络基础设施提供所有通信服务,并为运营商带来许多好处,如节省成本、增强网络的可扩展性和灵活性、提高网络运作效率、创造新的收入机会等。要实现全 IP 网络,采用移动 IPv6 是最基本的要求。

在电信网方面,越来越多的人认为未来的电信网络是基于 IP 技术的网络。IP 电信网和传统的电信网络存在很大的不同,其力图将自由的 IP 网络变成有序的、可管理的、有 QoS 保障的,以提供增值业务为主的网络。在组建 IP 电信网时,IPv6 是首选的技术之一。除此之外,在线游戏、网络家电、智能终端的不断发展也会是 IPv6 应用的一个有力的推动因素。总之,要提供 whoever、whenever、whereever 始终在线的服务,只有 IPv6 才能满足要求。

　　随着我国大规模 IPv6 网络部署的全面展开,可以预见的是,IPv6 关键技术研究、重大应用示范及应用推广亦将启动并全面铺开,中国将在全球 IPv6 的部署进程中发挥越来越重要的作用。

# 第5章 计算机局域网

局域网(Local Area Network，LAN)是一种在有限的地理范围内将大量 PC 机及各种设备互连在一起以实现数据传输和资源共享的计算机网络。社会对信息资源的广泛需求及计算机技术的广泛普及，促进了局域网技术的迅猛发展。在当今的计算机网络技术中，局域网技术已经占据了十分重要的地位。

**本章提要**

- 局域网概述；
- 局域网的特点和基本组成；
- 局域网的体系结构与 IEEE 802 标准；
- 局域网的主要技术；
- 传统以太网；
- 高速局域网；
- 交换式以太网；
- 虚拟局域网；
- 无线局域网。

## 5.1 局域网概述

局域网是计算机网络的一种，在计算机网络中占有非常重要的地位。它既具有一般计算机网络的特点，又有自己的特征。局域网是在一个较小的范围(一间办公室、一幢楼或一所学校等)利用通信线路将众多的微型计算机及外设连接起来，以达到资源共享、信息传递和远程数据通信的目的。对于微型计算机用户来讲，了解和掌握局域网也就显得尤为重要。

局域网的研究工作始于 20 世纪 70 年代，1975 年美国 Xerox(施乐)公司推出的实验性以太网(Ethernet)和 1974 年英国剑桥大学研制的剑桥环网(Cambridge Ring)成为最初局域网的典型代表。20 世纪 80 年代初期，随着通信技术、网络技术和微型计算机技术的发展，局域网技术得到了迅速的发展和完善，一些标准化组织也致力于局域网的有关协议和标准的制定。20 世纪 80 年代后期，局域网的产品进入专业化生产和商品化的成熟阶段，获得了大范围的推广和普及。20 世纪 90 年代，局域网步入了更高速的发展阶段，局域网已经渗透到了社会的各行各业，使用相当普遍。局域网技术是当今计算机网络研究与应用的一个热点问题，也是目前非常活跃的技术领域之一，它的发展推动着信息社会不断前进。

# 5.2 局域网的特点和基本组成

## 5.2.1 局域网的特点

局域网的特点主要有以下几个方面。

1. 较小的地域范围

局域网主要用于办公室、机关、工厂和学校等内部联网,其范围没有严格的定义,但一般认为距离为 0.1 ~ 25 km。

2. 高传输速率和低误码率

目前局域网传输速率一般为 10 ~ 100 Mbit/s,最高可以达到 10 Gbit/s,其误码率一般为 $10^{-11}$ ~ $10^{-8}$。

3. 面向的用户比较集中

局域网一般为一个单位所建,在单位或部门内部控制管理和使用,服务于本单位的用户,其网络易于建立、维护和扩展。

4. 使用多种传输介质

局域网可以根据不同的性能需要选用价格低廉的双绞线、同轴电缆或价格较高的光纤,以及无线局域网。

## 5.2.2 局域网的基本组成

网络技术是一项非常复杂的技术,看起来很简单,用起来很方便,但设计、运行却很困难。随着个人计算机(PC)的大量应用,基于 PC 的局域网成为一种重要的联网方式。很多城域网、广域网也是通过局域的互联而成的。

简单地说,局域网的组成包括网络硬件和网络软件两大部分。网络硬件主要包括网络服务器、工作站、外设、网络接口卡、传输介质,根据传输介质和拓扑结构的不同,还需要集线器(HUB)、集中器(Concentrator)等,如果要进行网络互联,还需要网桥、路由器、网关及网间互连线路等。

1. 局域网的硬件基本组成

(1)服务器

在局域网中,服务器可以将其 CPU、内存、磁盘、打印机、数据等资源提供给网络用户使用,并负责对这些资源的管理,协调网络用户对这些资源的使用。因此要求服务器具有较高的性能,包括较快的处理速度、较大的内存、较大容量和较快访问速度的磁盘等。

(2)工作站

网络工作站的选择比较简单,任何微机都可以作为网络工作站,目前使用量多的网络工作站可能就是基于 Intel CPU 的微机了,这是因为这类微机的数量最多,用户量较多,而且网络产品也最多。在考虑网络工作站的配置时,主要考虑以下几个方面:

①根据不同应用的要求配置计算机;

②CPU 的速度;

③内存的大小;

④总线结构和类型；

⑤磁盘控制器及硬盘的大小；

⑥工作站网络软件的要求；

⑦所支持的网卡；

⑧扩展槽的数量；

⑨购买费用。

（3）外设

外设主要是指网络上可供网络用户共享的外部设备，通常网络上的共享外设包括打印机、绘图仪、扫描器、MODEM 等。

（4）网络接口卡

网络接口卡（简称网卡）提供数据传输功能，用于把计算机同电缆线（即传输介质）连接起来，进而把计算机联入网络，所以每一台联网的计算机都需要有一块网卡。

（5）传输介质

网络接口卡的类型决定了网络所采用的传输介质的类型、物理和电气特性、信号种类以及网络中各计算机访问介质的方法等。局域网中常用的电缆主要有双绞线、同轴电缆和光纤。

2．局域网的软件基本组成

网络软件也是计算机网络系统中不可缺少的重要资源。网络软件所涉及和解决的问题要比单机系统中的各类软件都复杂得多。根据网络软件在网络系统中所起的作用不同，可以将其分为协议软件、通信软件、管理软件、网络操作系统和网络应用软件。

（1）协议软件

用以实现网络协议功能的软件就是协议软件。协议软件的种类非常多，不同体系结构的网络系统都有支持自身系统的协议软件，体系结构中的不同层次也有不同的协议软件。对某一协议软件来说，究竟把它划分到网络体系结构中的哪一层是由协议软件的功能决定的。

（2）通信软件

通信软件的功能就是使用户在不必详细了解通信控制规程的情况下，就能够对自己的应用程序进行控制，同时又能与多个工作站进行网络通信，并对大量的通信数据进行加工和管理。目前，几乎所有的通信软件都能很方便地与主机连接，并具有完善的传真功能、文件传输功能和自动生成原稿功能等。

（3）管理软件

网络系统是一个复杂的系统，对管理者而言，经常会遇到许多难以解决的问题。网络管理软件的作用就是帮助网络管理者便捷地解决一些棘手的技术难题，比如避免服务器之间的任务冲突、跟踪网络中用户工作状态、检查与消除计算机病毒、运行路由器诊断程序等。

（4）网络操作系统

局域网的网络操作系统就是网络用户和计算机网络之间的接口，网络用户通过网络操作系统请求网络服务。网络操作系统具有处理机管理、存储管理、设备管理、文件管理及网络管理等功能，它与微机的操作系统有着很密切的关系。目前较流行的局域网操作系统有Unix、Linux、Windows NT、Netware。

（5）网络应用软件

网络应用软件是在网络环境下，直接面向用户的网络软件。它是专门为某一个应用领域开发的软件,能为用户提供一些实际的应用服务。网络应用软件既可以用于管理和维护网络本身,也可用于某个业务领域,比如网络数据库管理系统、网络图书馆、远程网络教学、远程医疗和视频会议等。

# 5.3　局域网的体系结构与 IEEE 802 标准

随着微型计算机和局域网应用的日益普及,各个网络厂商所开发的局域网产品也越来越多。为了使不同厂商生产的网络设备之间具有兼容性和互换性,以便用户更灵活地进行网络设备的选择,用很少的投资就能构建一个具有开放性和先进性的局域网,国际标准化组织(ISO)开展了局域网的标准化工作,IEEE (Institute of Electrical and Electronics Engineers,IEEE,电气和电子工程师协会)于 1980 年 2 月成立了局域网标准化委员会,即 IEEE 802 委员会。该委员会制定了一系列局域网标准。IEEE 802 委员会不仅为一些传统的局域网技术,如以太网、令牌环网、FDDI 等制定了标准,而且还开发了一系列新的局域网标准,如快速以太网、交换式以太网、千兆位以太网等。局域网的标准化大大地促进了局域网技术的飞速发展,并对局域网的进一步推广和应用起到了巨大的推动作用。

## 5.3.1　局域网参考模型

由于 LAN 是在广域网的基础上发展起来的,所以 LAN 在功能和结构上都要比广域网简单得多。IEEE 802 标准所描述的局域网参考模型遵循 ISO/OSI 参考模型的原则,只解决了最低两层——物理层和数据链路层的功能及与网络层的接口服务。网络层的很多功能(如路由选择等)是没有必要的,而流量控制、寻址、排序、差错控制等功能可放在数据链路层实现,因此该参考模型中不单独设立网络层。IEEE 802 参考模型与 ISO/OSI 参考模型的对应关系如图 5 - 1 所示。

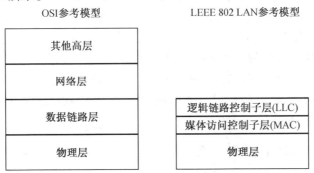

图 5 - 1　IEEE 802 参考模型与 ISO/OSI 参考模型

物理层的功能是在物理媒介上实现位(也称比特流)的传输和接收、同步前序的产生与删除等,该层还规定了所使用的信号、编码和传输介质,规定了有关的拓扑结构和传输速率等。有关信号与编码通常采用曼彻斯特编码;传输介质为双绞线、同轴电缆和光缆;网络拓扑结构多为总线型、星型和环型;传输速率为 10 Mbit/s 和 100 Mbit/s 等。

数据链路层又分为逻辑链路控制(Logic Link Control, LLC)和媒体访问控制(Media Access Control,MAC)两个功能子层。这种功能划分主要是为了将数据链路功能中与硬件相关和无关的部分分开,降低研制互联不同类型物理传输接口数据设备的费用。

MAC 子层的功能主要是控制对传输媒体的访问。IEEE 802 标准制定了多种媒体访问控制方法,同一个 LLC 子层能与其中任一种访问方法(如 CSMA/CD,Token Ring 和 Token Bus)接口。

LLC 子层的功能主要是向高层提供一个或多个逻辑接口,具有帧的发送和接收功能。发送时把要发送的数据加上地址和循环冗余校验 CRC 字段等封装成 LLC 帧;接收时把帧拆封,执行地址识别和 CRC 校验功能,并且还有差错控制和流量控制等功能。该子层还包括某些网络层的功能,如数据报、虚电路和多路复用等。

### 5.3.2　局域网体系结构划分依据

OSI 参考模型的数据链路层功能在局域网参考模型中被分成媒体访问控制(MAC)和逻辑链路控制(LLC)两个子层。在 OSI 模型中,物理层、数据链路层和网络层使计算机网络具有报文分组转接的功能。对于局域网来说,物理层是必需的,它负责体现机械、电气和过程方面的特性,以建立、维持和拆除物理链路;数据链路层也是必需的,它负责把不可靠的传输信道转换成可靠的传输信道,传送带有校验的数据帧,采用差错控制和帧确认技术。但是,局域网中的多个设备一般共享公共传输媒体,在设备之间传输数据时,首先要解决由哪些设备占有媒体的问题,所以局域网的数据链路层必须设置媒体访问控制功能。由于局域网采用的媒体有多种,对应的媒体访问控制方法也有多种。为了使数据帧的传送独立于所采用的物理媒体和媒体访问控制方法,IEEE 802 标准特意把 LLC 独立出来,形成一个单独子层,使 LLC 子层与媒体无关,仅让 MAC 子层依赖于物理媒体和媒体访问控制方法。

为什么没有网络层及网络层以上的各层呢?首先因为局域网是一种通信网,只涉及有关的通信功能,没有端到端的数据传输需求,所以至多与 OSI 参考模型中的下面 3 层有关。其次,由于局域网基本上采用共享信道的技术,所以也可以不设立单独的网络层。也就是说,不同局域网技术的区别主要在物理层和数据链路层,当这些不同的局域网需要在网络层实现互联时,可以借助其他已有的通用网络层协议(如 IP 协议)实现。另外,由于穿越局域网的链路只有一条,不需要设立路由选择和流量控制功能,如网络层中的分级寻址、排序、流量控制、差错控制功能都可以放在数据链路层中实现。因此,局域网中可以不单独设置网络层。当局限于一个局域网时,物理层和链路层就能完成报文分组转接的功能。但涉及网络互联时,报文分组就必须经过多条链路才能到达目的地,此时就必须专门设置一个层次来完成网络层的功能。

### 5.3.3　IEEE 802 局域网标准

IEEE 的总部设在美国,主要开发数据通信标准及其他标准。IEEE 802 委员会负责起草局域网草案,并送交美国国家标准协会(ANSI)批准和在美国国内标准化。IEEE 还把草案送交国际标准化组织(ISO)。ISO 把这个 802 规范称为 ISO 8802 标准,因此,许多 IEEE 标准也是 ISO 标准。例如,IEEE 802.3 标准就是 ISO 8023 标准。

IEEE 802 规范定义了网卡访问传输介质(如光缆、双绞线、无线等),以及在传输介质上传输数据的方法,还定义了传输信息的网络设备之间连接建立、维护和拆除的途径。遵循 IEEE 802 标准的产品包括网卡、桥接器、路由器及其他一些用来建立局域网络的组件。

1. IEEE 802 委员会

IEEE 802 委员会成立于 1980 年初,专门从事局域网标准的制定工作,该委员会分成三个分会:

(1)传输介质分会——研究局域网物理层协议

(2)信号访问控制分会——研究数据链路层协议

(3)高层接口分会——研究从网络层到应用层的有关协议

2. IEEE 802 局域网标准系列

**IEEE 802.1**　体系结构、网络互联、网络管理和性能测量。

**IEEE 802.2**　LLC 的功能。

**IEEE 802.3**　CSMA/CD 总线网的 MAC 和物理层的规范。

**IEEE 802.4**　Token Bus 令牌总线网的 MAC 和物理层的规范。

**IEEE 802.5**　Token Ring 令牌环网的 MAC 和物理层的规范。

**IEEE 802.6**　局域网访问控制方法及物理层技术规范。

**IEEE 802.7**　宽带技术。

**IEEE 802.8**　光纤技术(光纤分布数据接口 FDDI)。

**IEEE 802.9**　综合业务数字网 ISDN。

**IEEE 802.10**　局域网安全技术。

**IEEE 802.11**　无线局域网。

3. IEEE802 局域网模型

IEEE 802 标准定义了 ISO/OSI 的物理层和数据链路层。

(1)物理层

物理层包括物理介质,物理介质连接设备(PMA)、连接单元(AUI)和物理收发信号格式(PS)。物理层的主要功能是提供编码、解码、时钟提取与同步、发送、接收和载波检测等,为数据链路层提供服务。

(2)数据链路层

数据链路层包括逻辑链路控制(LLC)子层和介质访问控制(MAC)子层。

LLC 子层的主要功能是控制对传输介质的访问。目前,常用 LLC 协议有 CSMA/CD、Token – Bus、Token – Ring 和 FDDI。

MAC 子层的主要功能是提供连接服务类型,其中,面向连接的服务能提供可靠的通信。

# 5.4　局域网的主要技术

决定局域网特征的主要技术有连接各种设备的拓扑结构、传输介质及介质访问控制方法,这三种技术在很大程度上决定了传输数据的类型、网络的响应时间、吞吐量、利用率及网络应用等各种网络特征。

## 5.4.1　拓扑结构

1. 总线型拓扑结构

总线型拓扑是局域网最主要的拓扑结构之一。总线型拓扑结构如图 5 – 2 所示,其主要特点如下。

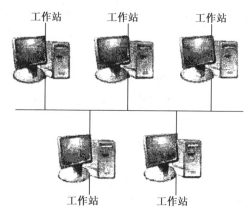

图 5 - 2    总线型拓扑结构

（1）所有的节点都通过网络适配器直接连接到一条作为公共传输介质的总线上，总线可以是同轴电缆、双绞线或者光纤。

（2）总线上任何一个节点发出的信息都沿着总线传输，其他节点都能接收到该信息，但在同一时间内，只允许一个节点发送数据。

（3）由于总线作为公共传输介质被多个节点共享，就有可能出现同一时刻有两个或两个以上节点利用总线发送数据的情况，因此会出现"冲突"，造成传输失败。"冲突"现象如图 5 - 3 所示，节点 A 发出的数据在到达节点 C 之前，节点 C 也发出了数据，最终造成数据"碰撞"，出现冲突。

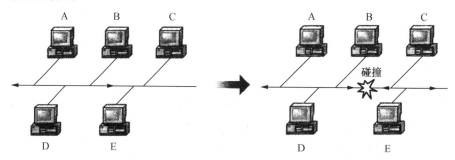

图 5 - 3    总线型局域网中的"冲突"现象

（4）在"共享介质"的总线型拓扑结构的局域网中，必须解决多个节点访问总线的介质访问控制问题。

（5）虽然在总线型局域网中会出现冲突，但由于总线型拓扑结构简单、容易实现，且易于扩展，因而被广泛应用。

2. 环型拓扑结构

环型拓扑也是共享介质局域网最基本的拓扑结构之一。环型拓扑结构如图 5 - 4 所示，其主要特点如下。

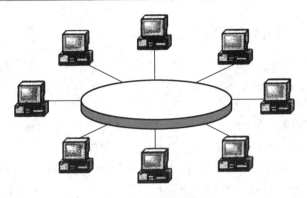

图 5 - 4　环型拓扑结构

(1)在环型拓扑结构的网络中,所有节点均使用相应的网络适配器连接到共享的传输介质上,并通过点到点的连接构成封闭的环路。

(2)环路中的数据沿着一个方向绕环逐节点传输。环路的维护和控制一般采用某种分布式控制方法,环中每个节点都具有相应的控制功能。

(3)在环型拓扑中,虽然也是多个节点共享一条环通路,但由于使用了某种介质访问控制方法,并确定了环中每个节点的数据发送时间,因而不会出现冲突。

(4)对于环型拓扑的局域网,其网络的管理较为复杂。与总线型局域网相比,其可扩展性较差。

3.星型拓扑结构

在星型拓扑结构中存在一个中心节点,每个节点通过点到点线路与中心节点连接,任何两个节点之间的通信都要通过中心节点转接。星型拓扑结构如图 5 - 5 所示。

在局域网中,由于中央设备的不同,局域网的物理拓扑结构(各设备之间使用传输介质的物理连接关系)和逻辑拓扑结构(设备之间的逻辑链路连接关系)也不同,例如,使用集线器连接所有的计算机时,其结构只能是一种具有星型物理连接的总线型拓扑结构,只有使用交换机时,才是真正的星型拓扑结构。

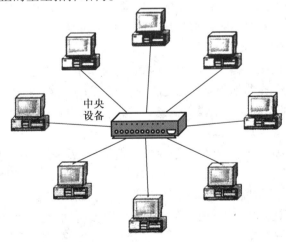

图 5 - 5　星型拓扑结构

### 5.4.2 传输介质与传输形式

局域网的传输介质有双绞线、同轴电缆、光纤和电磁波。局域网的传输形式有两种:基带传输与宽带传输。在局域网中,双绞线是最为廉价的传输介质,非屏蔽5类双绞线的传输速率为100 Mbit/s,在局域网上被广泛使用。

同轴电缆是一种较好的传输介质,它既可用于基带系统,又可用于宽带系统,并具有吞吐量大、可连接设备多、性价比较高、安装和维护较方便等优点。

由于光纤具有1 000 Mbit/s的传输速率,抗干扰性强,且误码率较低,传输延迟可忽略不计,在一些局域网的主干网中得到广泛应用。然而,由于光纤和相应的网络配件价格较高,也促使人们不断地开发双绞线的潜力。目前非屏蔽6类双绞线的传输速率也可以达到1 000 Mbit/s。在某些特殊的应用场合,当不便使用有线的传输介质时,就可以采用无线链路来传输信号。

### 5.4.3 介质访问控制方法

所谓介质访问控制,就是控制网上各工作站在什么情况下才可以发送数据,在发送数据过程中,如何发现问题及出现问题后如何处理等管理方法。介质访问控制技术是局域网最关键的一项基本技术,因为它将对局域网的体系结构和总体性能产生决定性的影响。IEEE 802规定了局域网中最常用的介质访问控制方法:IEEE 802.3载波监听多路访问/冲突检测(CSMA/CD)、IEEE 802.5令牌环(Token Ring)和IEEE 802.4令牌总线(Token Bus)。

1. CSMA/CD(Carrier Sense Multiple Access/Collision Detect)介质访问控制

在总线型局域网中,所有的节点都直接连到同一条物理信道上,并在该信道中发送和接收数据,因此对信道的访问是以多路访问方式进行的。任一节点都可以将数据帧发送到总线上,而所有连接在信道上的节点都能检测到该帧。当节点检测到该数据帧的目的地址(MAC地址)为本节点地址时,就继续接收该帧中包含的数据,同时给源节点返回一个响应,当有两个或更多的节点在同一时间都发送了数据,在信道上就造成了帧的重叠,导致冲突出现。为了克服这种冲突,在总线型局域网中常采用CSMA/CD协议,即带有冲突检测的载波侦听多路访问协议,它是一种随机争用型的介质访问控制方法。

(1)CSMA/CD协议的工作过程

由于整个系统不是采用集中式控制,且总线上每个节点发送信息要自行控制,所以各节点在发送信息之前,首先要侦听总线上是否有信息在传送:若有,则其他各节点不发送信息,以免破坏坏传送;若侦听到总线上没有信息传送,则可以发送信息到总线上。当一个节点占用总线发送信息时,要一边发送一边检测总线,看是否有冲突产生。发送节点检测到冲突产生后,就立即停止发送信息,并发送强化冲突信号,然后采用某种算法等待一段时间后再重新侦听线路,准备重新发送该信息。CSMM/CD协议的工作流程如图5-6所示。对CSMA/CD协议的工作过程通常可以概括为"先听后发、边听边发、冲突停发、随机重发"。

冲突产生的原因可能是在同一时刻两个节点同时侦听到线路"空闲",又同时发送信息而产生冲突,使数据传送失效,也可能是一个节点刚刚发送信息,还没有传送到目的节点,而另一个节点此时检测到线路"空闲",将数据发送到总线上,导致了冲突。

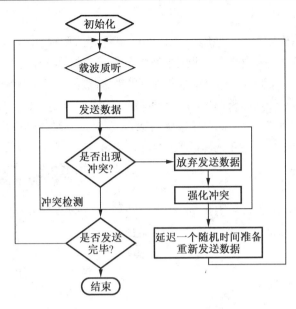

图 5 – 6　CSMA/CD 的工作过程

冲突检测的过程为发送节点在发送数据的同时,将其发送信号与总线上接收到的信号进行比较,判断是否有冲突产生。如果总线上同时出现两个或两个以上的发送信号,冲突就被检测出来,与此同时,这些发送信号的节点就会发出强化冲突信号。强化冲突信号的作用是为了更快地通知其他节点信道出现了冲突,以便让信道尽快地空闲下来。

在采用 CSMA/CD 协议的总线型局域网中,各节点通过竞争的方法强占对媒体的访问权力,出现冲突后,必须延迟重发。因此,节点从准备发送数据到成功发送数据的时间是不容易确定的,它不适合传输对时延要求较高的实时性数据。其优点是结构简单,网络维护方便,增删节点容易,网络在轻负载(节点数较少)的情况下效率较高。但是随着网络中节点数量的增加、传递信息量的增大,即在重负载时,冲突概率增加,总线型局域网的性能也会明显下降。

(2)CSMA/CD 的特征

①简单;

②具有广播功能;

③平均带宽 $f = F/n$;

④绝对平等,无优先级;

⑤低负荷高效,高负荷低效;

⑥延时时间不可预测。

2. 令牌环

令牌环网是由 IBM 公司在 20 世纪 70 年代初开发的一种网络技术,目前已经发展为除 Ethemet IEEE 802.3 之外最为流行的局域网组网技术。IEEE 802.5 规范与 IBIVI 公司开发的令牌环网几乎完全相同,并且相互兼容。事实上,IEEE 802.5 规范制定之初正是选取了 IBM 的令牌环网作为参照模型,并在随后的过程中,根据 IBM 令牌环网的发展不断进行调整。通常来说,令牌环网指的就是 IBM 公司的令牌环网。

（1）令牌环网的结构和组成

令牌环的基本结构如图5－7所示，工作站以串行方式顺序相连，形成一个封闭的环路结构。数据顺序通过每一工作站，直至到达数据的原发者才停止。在其改进型的环形结构中，工作站并未直接与物理环相连，而是将所有的终端站都连接到一种被称为多站访问单元（Multi-station Access Unit，MSAU）的设备上，称为 IBM 8228。多台 MSAU 设备连接在一起形成一个大的圆形环路，一台 MSAU 最多可以连接 8 个工作站。构成令牌环物理结构的传输媒体有屏蔽双绞线（STP）和无屏蔽双绞线（UTP）。

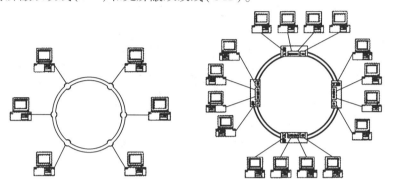

图5－7　令牌环基本结构

构成令牌环网所需的基本部件包括多站访问单元（MSAU）、网卡、服务器、工作站、传输介质和连接附加设备等。

①多站访问单元（MSAU）

从局域网的拓扑结构中我们可知，环型局域网的可靠性、可维护性和扩展性都较差，网络中任何一点故障（电缆、网卡、工作站等）都会破坏环型网的正常运转，并且在环型网中每添加或移动一个节点，就必须中断网络，十分麻烦。IBM 令牌环设计的 MASU（IBM 8228）可以彻底解决环型局域网所存在的问题。采用 MSAU 所连接的令牌环网在物理上是星型结构，从形式和作用上看类似于以太网中的集线器，而在通信的逻辑关系上却又是闭合的环路。

IBM 8228 MSAU 共有 10 个插头，首尾两个插头分别是入环端口（RI）和出环端口（RO），每个 RO 要用电缆连接下一个 MSAU 的 RI 端口，最后一个 MSAU 的 RO 端口则要与第一个 MSAU 的 RI 端口相连，以构成一个闭合的环路。MSAU 中间的 8 个插头用于连接工作站，接入令牌环网的工作站只需与其中任意一个插头连接即可。如果哪台工作站或网卡出现了故障，只需将连接电缆从 MSAU 上拔下，其余的工作站能照常组成一个闭合的环路继续工作。

②网卡

IBM 令牌环网的网卡有 4 Mbit/s 和 16 Mbit/s 两种型号，但在同一个环中所有网卡的速度必须相同。如果在 4 Mbit/s 的网络上使用了 16 Mbit/s 的网卡，那么网卡会自动切换到 4 Mbit/s 进行操作，而在 16 Mbit/s 网络上就只能运行 16 Mbit/s 的网卡了。

③传输介质

IBM 令牌环网最初使用的传输介质是 150 Ω 的屏蔽双绞线（STP）。目前除这种介质以外，通过无源滤波设备也可使用 100 Ω 的非屏蔽双绞线（UTP）以实现 4 Mbit/s 和 16 Mbit/s

数据传输。

（2）令牌环网的工作原理

令牌环网和 IEEE 802.5 是两种最主要的基于令牌传递机制的网络技术。令牌是一种特殊的 MAC 控制帧，通常是一个 8 位的包，其中有一位标志令牌的忙/闲状态。当环正常工作时，令牌总是沿着环单向逐节点传送，获得令牌的节点可以向网络发送数据，如果接收到令牌的节点不需要发送任何数据，将会把接收到的令牌传递给网络中的下一个节点。每个节点保留令牌的时间不得超过网络规定的最大时限。令牌环网的工作过程如图 5-8 所示。

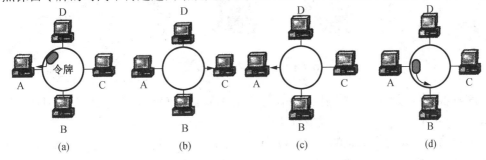

图 5-8　令牌环网的工作过程

**第 1 步**　工作站 A 等待令牌从上游邻站到达本站，以便有发送机会。

**第 2 步**　工作站 A 将帧发送到环上，工作站 C 对发往它的帧进行拷贝，并继续将帧转发到环上。

**第 3 步**　工作站 A 等待接收它所发的帧，并将帧从环上撤离，不再向环上转发。

**第 4 步**　当工作站接收到帧的最后一比特时，便产生令牌，并将令牌通过环传给下游邻站，随后对帧尾部的响应比特进行处理。

令牌环的主要优点在于它提供的访问方式的可调整性和确定性，各节点既具有同等访问环的权利，也可以采取优先权操作和带宽保护。因此令牌环网可在重负载、实时性强的分布控制应用环境当中，实现高速传输。

令牌环的主要缺点是有较复杂的令牌维护要求。空闲令牌的丢失将降低环路的利用率，令牌重复也会破坏网络的正常运行，故必须选一个节点作为监控站。如果监控站失效，竞争协议将保证很快地选出另一节点作为监控站（每个站点都具有成为监控站的能力）。当监控站正常运行时，它单独负责判断整个环的工作是否正常。

令牌环网潜在的问题是其中任何一个节点连接出问题都会使网络失效，因此可靠性较差。另外，节点入环、出环都要暂停环网工作，灵活性差。

3.令牌总线

令牌总线访问控制是在物理总线上建立一个逻辑环。从物理连接上看，它是总线结构的局域网，但逻辑上，它是环型拓扑结构，如图 5-9 所示。连接到总线上的所有节点组成了一个逻辑环，每个节点被赋予一个顺序的逻辑位置。和令牌环一样，节点只有取得令牌才能发送帧，令牌在逻辑环上依次传递。在正常运行时，当某个节点发送完数据后，就要将令牌传送给下一个节点。

从逻辑上看，令牌从一个节点传送到下一个节点，使节点能获取令牌发送数据；从物理上看，节点是将数据广播到总线上，总线上所有的节点都可以监测到数据，并对数据进行识别，但只有目的节点才可以接收并处理数据。令牌总线访问控制也提供了对节点的优先级服务方式。

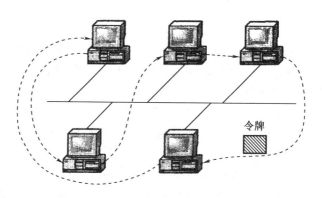

**图 5-9　令牌总线局域网**

令牌总线访问控制只有收到令牌帧的站点才能将信息帧送到总线上。因此,不像 CSMA/CD 访问方式那样,令牌总线不可能产生冲突。由于不可能产生冲突,令牌总线的信息帧长度只需根据要传送信息的长度来确定,也没有最小分组长度的要求。而对于 CSMA/CD 访问控制,为能使最远距离的站点也能检测到冲突,需要在实际的信息长度后加填充位,以满足最小信息长度的要求。一些用于控制领域的令牌总线帧长度可以设置得很短,开销减少,相当于增加了网络的容量。

令牌总线控制的另一特点是站点有公平的访问权。因为取得令牌的站点有报文要发送则可发送,随后,将令牌传递给下一个站点。如果取得令牌的站点没有报文发送,则立刻把令牌传递到下一个站点。由于站点接收到令牌的过程是顺序依次进行的,因此对所有站点都有公平的访问权。

令牌总线控制的优越之处还体现在每个站传输之前必须等待的时间总量总是确定的,这是因为每个站发送帧的最大长度可以加以限制。此外,当所有站都有报文要发送,最坏的情况下等待取得令牌和发送报文的时间应该等于全部令牌传送时间和报文发送时间的总和。另一方面,如果只有一个站点有报文要发送,则最坏情况下时间只是全部令牌传递时间之总和,而平均等待时间是它的一半,实际等待时间在这一区间范围内。对于应用于控制过程的局域网,这个等待访问时间是一个很关键的参数,可以根据需求,选定网中的站及最大的报文长度,从而保证在限定的区间内,任一站点可以取得令牌权。令牌总线访问控制还提供了不同的服务级别,即不同优先级。

令牌总线方案要求较多的操作,至少有以下功能必须执行。

**环初始化**　即生成一个顺序访问的顺序。网络启动时,或由于某种原因,在运行中所有站点不活动的时间超过规定的时间,都需要进行逻辑环的初始化。初始化的过程是一个争用的过程,争用结果是只有一个站能取得令牌,其他站点用站插入的算法插入。

**令牌传递算法**　逻辑环按递减的站地址次序组成,刚发完帧的站点将令牌传递给后继站,后继站应立即发送数据或令牌帧,原先释放令牌的站监听到总线上的信号,便可确认后继站已获得令牌。

**站加入环算法**　必须周期性地给未加入环的站点以机会,将它们插入到逻辑环的适当位置中,如果同时有几个站要插入,可采用带有响应窗口的争用处理算法。

**站退出环算法**　可以通过将其前趋站和后继站连接到一起的办法,将不活动的站退出逻辑环,并修正逻辑环递减的地址次序。

**故障处理**　网络可能出现错误,这包括令牌丢失引起断环、产生多个令牌等。网络须对这些做出相应的处理。

在下列任一条件下,站必须交出对媒体的控制权:

(1)该站没有数据帧要发送;

(2)该站发送了所有排队等候传输的数据帧;

(3)分配给该站的时间终了。

令牌总线与令牌环有很多相似的特点,例如,适用于重负载的网络中、数据发送的延迟时间确定,以及适合实时性的数据传输等。但网络管理较为复杂,网络必须有初始化的功能,以生成一个顺序访问的次序。

# 5.5　传统以太网

## 5.5.1　以太网概述

以太网(Ethernet)是当今现有局域网采用的最通用的通信协议标准,组建于20世纪70年代早期。以太网是一种传输速率为10 Mbit/s的常用局域网(LAN)。在以太网中,所有计算机被连接到一条同轴电缆上,采用具有冲突检测的载波感应多路访问(CSMA/CD)方法,采用竞争机制和总线拓扑结构。基本上,以太网由共享传输媒体,如双绞线电缆或同轴电缆和多端口集线器、网桥或交换机构成。在星型或总线型配置结构中,集线器/交换机/网桥通过电缆使得计算机、打印机和工作站相互连接。

1. 以太网的一般特征

(1)共享媒体:所有网络设备依次使用同一通信媒体。

(2)广播域:需要传输的帧被发送到所有节点,但只有寻址到的节点才会接收到帧。

(3)利用CSMA/CD方法:以太网中利用载波监听多路访问/冲突检测方法(CSMA/CD)以防止多节点同时发送。

(4)采用MAC地址:媒体访问控制层的所有以太网网络接口卡(NIC)都采用48位网络地址,这种地址是全球唯一的。

2. 以太网基本网络组成

(1)共享媒体和电缆

共享媒体和电缆包括10Base－T(双绞线),10Base－2(同轴细缆),10Base－5(同轴粗缆)。

(2)转发器或集线器

集线器或转发器是用来接收网络设备上的大量以太网连接的一类设备。通过某个连接的接收双方获得的数据被重新使用并发送到传输双方中所有的连接设备上,以获得传输型设备。

(3)网桥

网桥属于第二层设备,负责将网络划分为独立的冲突域或分段,达到能在同一个域/分段中维持广播及共享的目标。网桥中包括一份涵盖所有分段和转发帧的表格,以确保分段内及其周围的通信行为正常进行。

（4）交换机

交换机与网桥相同,也属于第二层设备,且是一种多端口设备。交换机所支持的功能类似于网桥,但它比网桥更具有优势,它可以临时将任意两个端口连接在一起。交换机包括一个交换矩阵,通过它可以迅速连接端口或解除端口连接。与集线器不同,交换机只转发从一个端口到其他连接目标节点且不包含广播的端口的帧。

3. 以太网协议

IEEE 802.3 标准中提供了以太帧结构。当前以太网支持光纤和双绞线媒体支持下的四种传输速率:

10Mbps – 10Base – T Ethernet(802.3)

100Mbps – Fast Ethernet(802.3u)

1000Mbps – Gigabit Ethernet(802.3z)

10Gigabit Ethernet – IEEE(802.3ae)

4. 以太网和 IEEE 802.3 的工作原理

在基于广播的以太网中,所有的工作站都可以收到发送到网上的信息帧。每个工作站都要确认该信息帧是不是发送给自己的,一旦确认是发给自己的,就将它发送到高一层的协议层。

在采用 CSMA/CD 传输介质访问的以太网中,任何一个 CSMA/CD LAN 工作站在任何时刻都可以访问网络。发送数据前,工作站要侦听网络是否堵塞,只有检测到网络空闲时,工作站才能发送数据。

在基于竞争的以太网中,只要网络空闲,任何一工作站均可发送数据。当两个工作站发现网络空闲而同时发出数据时,就发生冲突。这时,两个传送操作都遭到破坏,工作站必须在一定时间后重发,何时重发由延时算法决定。

## 5.5.2 传统以太网的典型应用

1. 粗缆以太网

粗缆以太网(10BASE – 5)的网络结构如图 5 – 10 所示,它使用阻抗为 50 Ω、RG 值为 8 的同轴电缆,并使用外部收发器连接计算机上的网卡和分接器。收发器不但能够建立收发器与同轴电缆的物理连接和电气连接,也可以执行 CSMA/CD 的冲突检测和强化冲突。收发器电缆也称为 AUI( Attachment Unit Interface)电缆。AUI 是指连接单元接口,它是一个 DB – 15 针的接口。粗缆以太网的网卡和收发器都带有 AUI 接口,AUI 接口之间使用 AUI 电缆相连。在粗缆以太网的电缆尾端必须各使用一个 50 Ω 的终接器(也称终端电阻),它的主要作用是:当信号达到电缆尾端时,可以把信号全部吸收进去,以避免信号的反射造成干扰。10Base – 5 标准限制最大干线长度是 500 m。

2. 细缆以太网

10BASE – 2 的细缆以太网网络结构如图 5 – 11 所示,它使用阻抗为 50 Ω、RG 值为 58 的同轴电缆。电缆以太网的网卡已经与收发器集成在一起,因此,细缆以太网无须使用外部收发器。另外,BNC T 型连接器用来连接网卡上的 BNC 连接器和同轴电缆。类似于粗缆以太网,10RASE – 2 中每个电缆段的两端也必须接有 50 Ω 的终接器。10BASE – 2 的细缆以太网的电缆延伸距离最大为 185 m。

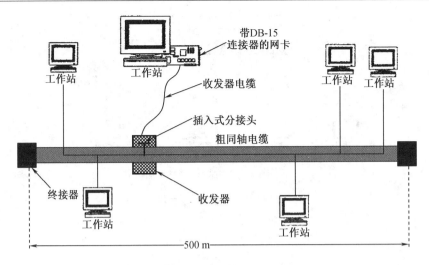

图 5 - 10　粗缆以太网

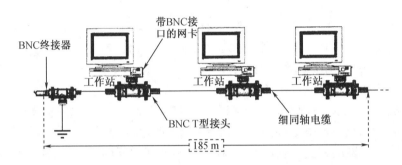

图 5 - 11　细缆以太网

### 3. 双绞线以太网

10RASET 可以使用双绞线传输 10 Mbit/s 的基带信号,它提供了以太网的优越性,无须使用昂贵的同轴电缆。一个基本的 10BASE - T 连接如图 5 - 12 所示,其中 RJ - 45 连接器是一个 8 针的接口,俗称"RJ - 45 头"。图中显示出所有的计算机连接到一个中心集线器(Central Hub)BN 上,从连接形式上看,这种结构似乎是星型拓扑结构。但实际上,集线器的作用相当于一个多端口的中继器(转发器),数据从集线器的一个端口进入后,集线器会将这些数据从其他所有端口广播出去,这种特性与总线型拓扑结构是一样的,也正是由于这种特点,集线器也被称为共享式集线器。因此,使用集线器的 10BASE - T 网络,实际是一个物理上为星型连接、逻辑上为总线型拓扑的网络。

10BASE - T 网络中的集线器就是一个多端口的中继器,且每个端口通常为 RJ - 45 接口,其端口数可以是 8,12,16 或 24 个。有些集线器还带有与同轴电缆相连的接口(AUI 和 BNC),以及与光纤相连的端口。

10BASE - T 要求采用以集线器为中心的星型连接方式,并且每台计算机通过双绞线连接到集线器,且双绞线的长度不应超过 100 m。

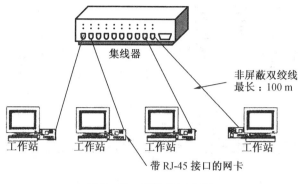

图 5 – 12　双绞线以太网

# 5.6　高速局域网

推动局域网发展的主要因素是 PC 的广泛使用。PC 的处理速度迅速上升及价格的不断下降进一步促进了计算机的广泛应用。大量用于办公自动化与信息处理的 PC 都需要联网，这就造成了局域网规模的不断增大。同时，基于 Web 的 Internet/Intranet 应用也要求更高的通信带宽。如果以太网仍保持数据传输率为 10 Mbit/s，显然是不能适应的。此外，传统的局域网技术是建立在共享介质的基础上的，当网络节点数增大时，会造成网络通信负荷加重，冲突和重发现象大量发生，网络效率急剧下降，网络传输延迟增大，网络服务质量下降。

为了提高局域网的带宽，克服网络规模与网络性能之间的矛盾，改善局域网的性能以适应新的应用环境的要求，人们开展了对高速网络技术的研究，并提出了以下解决方案。

（1）提高以太网数据传输速率，从 10 Mbit/s 到 100 Mbit/s，甚至到 1 Gbit/s 和 10 Gbit/s，这就是快速以太网（Fast Ethernet）、吉比特以太网（Gigabit Ethernet）和 10 吉比特以太。

（2）将一个大型局域网络划分成多个用网桥或路由器互联的子网。通过网桥和路由器隔离子网之间的通信量，以及减少每个子网内部的节点数，使网络性能得到改善。每个子网的介质访问控制仍采用 CSMA/CD 方法。

（3）使用交换机替代集线器，将"共享式局域网"升级为"交换式局域网"，使用 VLAN 管理网络。

## 5.6.1　快速以太网

1. 快速以太网的概念

随着局域网应用的深入，用户对局域网带宽提出了更高的要求。用户面临两个选择：要么重新设计一种新的局域网体系结构与介质访问控制方法去取代传统的局域网；要么保持传统的局域网体系结构与介质控制方法不变，设法提高局域网的传统速率。对于已大量存在的以太网来说，既要保护用户的已有投资，又要增加网络带宽，快速以太网就是符合后一种要求的高速局域网。

快速以太网的数据传输速率为 100 Mbit/s，保留着传统的 10 Mbit/s 速率以太网的所有特征，即相同的数据格式、相同的介质访问控制方法（CSMA/CD）和相同的组网方法，只是把快速以太网每个比特发送时间由 100 ns 降低到 10 ns。在 1995 年 9 月，IEEE 802 委员会正式批准了快速以太网标准802.3u。802.3u 标准,在 LLC 子层仍然使用 IEEE 802.2 标准,在 MAC 子层使用 CSMA/CD 方法,只是在物理层做了一些调整,定义了新的物理层标准 100BASE−T(这也说明了为什么局域网的数据链路层要分为与硬件无关的 LLC 子层和与硬件相关的 MAC 子层)。100BASE−T 可以支持多种传输介质,目前制定了四种有关传输介质的标准:100BASE−TX、100BASE−T4、100BASE−T2 与 100BASE−FX。快速以太网协议结构如图 5−13 所示。

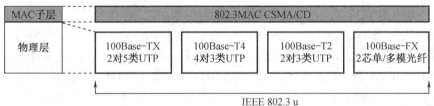

图 5−13  快速以太网协议结构

· 100BASE−TX 支持两对 5 类非屏蔽双绞线(UTP)或 2 对 1 类屏蔽双绞线(STP)。其中 1 对用于发送,另 1 对用于接收,因此,100BASE−TX 可以全双工方式工作,每个节点可以同时以 100 Mbit/s 的速率发送与接收数据。使用 5 类 UTP 的最大距离为 100 m。

· 100BASE−T4 支持 4 对 3 类非屏蔽双绞线 UTP,其中有 3 对用于数据传输,1 对用于冲突检测。

· 100BASE−T2 支持 2 对 3 类非屏蔽双绞线 UTP。

· 100BASE−FX 支持 2 芯的多模或单模光纤。100BASE−FX 主要是用作高速主干网,从节点到集线器(HUB)的距离可以达到 450 m。

2. 快速以太网的应用

图 5−14 所示为采用快速以太网集线器作为中央设备(100BASE−TX 集线器),使用非屏蔽 5 类双绞线以星型连接的方式连接以太网节点(工作站和服务器),以及连接另一个快速以太网集线器和 10BASE−T 的共享集线器的例子。

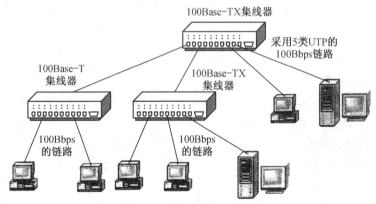

图 5−14  快速以太网的典型应用

## 5.6.2  吉比特以太网

尽管快速以太网具有高可靠性、易扩展性和低成本等优点,并且成为高速局域网方案中的首选技术,但在数据仓库、桌面电视会议、3D 图形与高清晰度图像的应用中,人们不得不寻求更高带宽的局域网。吉比特以太网就是在这种背景下产生的。

与快速以太网相同,吉比特以太网保留着传统 10BASE - T 的所有特征,即相同的数据格式、相同的介质访问控制方法(CSMA/CD)和相同的组网方法,而只是把以太网每个比特的发送时间由 100 ns 降低到 1 ns。这样,人们设想了一种使用以太网组建企业网的全面解决方案:桌面系统采用传输速率为 10 Mbit/s 的以太网,部门级系统采用速率为 100 Mbit/s 的快速以太网,企业级系统采用传输速率为 1 000 Mbit/s 吉比特以太网。由于 10 Mbit/s 以太网、100 Mbit/s 快速以太网与吉比特以太网有很多相似之处,且很多企业已经大量使用了 10 Mbit/s 以太网,因此,局域网系统从 10 Mbit/s 以太网升级到 100 Mbit/s 的快速以太网或 1 000 Mbit/s 的吉比特以太网时,网络技术人员不需要重新培训。与之相比,如果局域网系统将现有的 100 Mbit/s 以太网互联到作为主干网的 622 Mbit/s ATM 局域网上,一方面由于以太网与 ATM 工作机理存在着较大的差异,在采用 ATM 局域网仿真时,ATM 网的性能将会下降;另一方面网络技术人员需要重新培训。

正是基于上述原因,吉比特以太网发展很快,目前已被广泛地应用于大型局域网的主干网中。吉比特以太网标准的工作是从 1995 年开始的,1995 年 11 月,IEEE 802.3 委员会成立了高速网研究组;1996 年 8 月成立了 802.3z 工作组,主要研究使用光纤与短距离屏蔽双绞线的吉比特以太网物理层标准;1997 年初成立了 802.3ab 工组,主要研究使用长距离光纤与非屏蔽双绞线的吉比特以太网物理层标准。

在吉比特以太网标准中,吉比特以太网的 MAC 子层仍然采用 CSIVIA/CD 的方法。吉比特以太网物理层标准可以支持多种传输介质,目前制定了 4 种有关传输介质的标准:1000BASE - SX、1000BASE - LX、1000BASE - CX 和 1000BASE - T。吉比特以太网协议结构如图 5 - 15 所示。

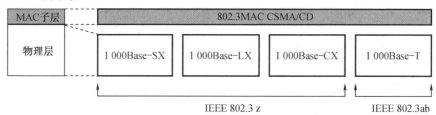

图 5 - 15　吉比特以太网协议结构

1. 1000BASE - SX

1000BASE - SX 是一种使用短波长激光作为信号源的网络介质技术,配置波长为 770 ~ 860 nm(一般为 850 nm)的激光传输器,它不支持单模光纤,只能驱动多模光纤。1000BASE - SX 所使用的光纤规格有 62.5 μm 多模光纤和 50 μm 多模光纤。使用 62.5 μm 多模光纤在全双工方式下的最长传输距离为 275 m,而使用 50 μm 多模光纤在全双工方式下的最长有效距离为 550 m。

2. 1000BASE - LX

1000BASE - LX 是一种使用长波长激光作为信号源的网络介质技术,配置波长为 1 270 ~ 1 355 nm(一般为 1 300 nm)的激光传输器,它既可以驱动多模光纤,也可以驱动单模光纤。1000BASE - LX 所使用的光纤规格为 62.5 μm 多模光纤、50 μm 多模光纤和 9 μm 单模光纤。其中,使用多模光纤时,在全双工方式下的最长传输距离为 550 m;使用单模光纤时,全双工方式下的最长有效距离可以达到 3 000 m。

**3. 1000BASE – CX**

1000BASE – CX 是使用铜缆作为网络介质的吉比特以太网技术之一。1000BASE – CX 使用了一种特殊规格的高质量平衡屏蔽双绞线,最长有效距离为 25 m,使用 9 芯 D 型连接器连接电缆。

**4. 1000BASE – T**

1000BASE – T 是一种使用 5 类 UTP 作为网络传输介质的吉比特以太网技术,最长有效距离与 100BASE – TX 一样可以达到 100 m。用户可以采用这种技术在原有的快速以太网系统中实现从 100 ~ 1 000 Mbit/s 的平滑升级。

### 5.6.3　光纤分布式数据接口

光纤分布式数据接口(FDDI)是数据传输速率为 100 Mbit/s 的光纤网。当多个分布较远的局域网互联时,为了保证高速可靠的数据传输,通常使用 FDDI 作为主干网,以连接不同的局域网,如以太网、令牌环网等。图 5 – 16 所示为一个典型的 FDDI 网络。

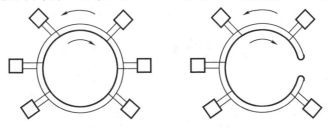

**图 5 – 16　FDDI 作为网络的主干**

FDDI 使用的是基于 IEEE 802.5 单令牌的令牌环网 MAC 协议。令牌沿着网络连续地循环,环路上所有的节点都有公平获取令牌的机会。当一个节点控制令牌后,就可以访问网络。由于令牌环网中可以设定优先级,从而使优先级高的节点能更多地访问网络,因此,需要较高带宽的用户比需要较低带宽的用户能更多地控制令牌,分享更大的带宽来传送数据。对于某些关键性的数据或者在一个局域网中网络节点有不同的带宽要求时,FDDI 的访问方式是非常有用的。

由于 FDDI 网络上的各节点共享可用带宽,所以 FDDI 也是一种共享带宽网络。通常,FDDI 采用双环的结构,目的是提供高度的可靠性和容错能力。在正常情况下,主环传递数据,而备份环在主环出现故障时用于自动恢复。

FDDI 主要用于提供多个不同建筑物之间的网络互联能力,如校园网的主干。它支持多模光纤或单模光纤传输。

采用多模光纤时,两个节点之间最大距离为 2 km,支持 500 个站点,整个环长达 200 km。若使用双环,每个环最大为 100 km,出现故障时可以自行修复。

采用单模光纤时,两节点之间距离可超过 20 km,全网光纤总长可以达到数千千米。CDDI 是 FDDI 的一种扩展,由于它使用的是 5 类 UTP,所以降低了网络成本,同时提供了 100 Mbit/s 的带宽。

FDDI 的优点可以概括如下。

(1)FDDI 的双环结构提供了很好的容错功能。

(2)令牌协议提供了有保证的访问和确定的性能。

FDDI 技术是目前非常成熟的技术,它得到了工业界和网络厂商的多种产品的支持,如FDDI 路由器等。

(3)在现有的带宽为 100 Mbit/s 的网络中,其网络覆盖距离最大,通常作为主干网的解决方案。

FDDI 也存在一些问题,例如网络协议比较复杂,且安装和管理相对困难等。另外,FDDI 产品的价格相对以太网的产品而言比较昂贵。尤其在吉比特以太网出现以后,使用光纤和吉比特以太网产品对 FDDI 的影响比较大,而 FDDI 作为高速局域网的主干网,也面临着 ATM 的竞争。

关于 FDDI 还有两个概念:FDDI - II 和 FFOL。FDDI 最初是为传输数据而设计的,但是为了适应传输语音、图像与视频等高带宽、实时性业务,提出了 FDDI - II 标准,它使用了不同的 MAC 层协议,提供定时服务以支持对时间敏感的视频和多媒体信息的传输。FFOL(FDDI Follow - On LAN)是 FDDI 的最新标准,主要提供高速主干网的连接,数据传输速率为 150 Mbit/s ~ 2.4 Gbit/s。

# 5.7　交换式以太网

## 5.7.1　交换式以太网的产生

对于双绞线以太网,无论数据传输速率是 10 Mbit/s 还是 100 Mbit/s,它们都采用了以共享集线器为中心的星型连接方式,但其实际上是总线型的拓扑结构。网络中的每个节点都采用 CSMA/CD 介质访问控制方法争用总线信道,因此整个网络的信道始终处于共享的状态。在某一时刻,一个节点将数据帧发送到集线器的某个端口,它会将该数据帧从其他所有端口转发(或称广播)出去。使用共享式集线器的数据传输如图 5 - 17 所示。在这种共享式集线器方式下,当网络规模不断扩大时,网络中的冲突就会大大增加,而数据经过多次重发后,延时也相当大,造成网络整体性能下降。在网络节点较多时,以太网的带宽使用效率只有 30% ~ 40% 。

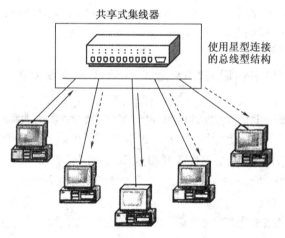

图 5 - 17　使用共享式集线器的数据传输

为提高网络的性能和通信效率,采用以太网交换机(Ethemet Switch)为核心的交换式网络技术被广泛使用。有些文献上也把交换机称为交换式集线器或交换器。对于使用共享式集线器的用户,在某一时刻只能有一对用户进行通信,而交换机提供了多个通道,它允许多个用户之间同时进行数据传输,如图 5-18 所示,因此,它比传统的共享式集线器提供了更多的带宽。例如,一个带有 12 个端口的以太网交换机可同时支持 12 台计算机在 6 条链路间同时通信。

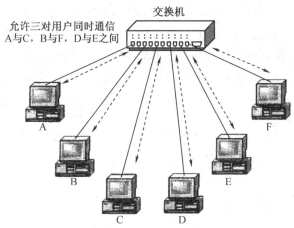

图 5-18　交换机各个端口之间的并行通信

通常,以太网交换机可以提供多个端口,并且在交换机内部拥有一个共享内存交换矩阵,数据帧直接从一个物理端口被转发到另一个物理端口。若交换机的每个端口的传输速率为 10 Mbit/s,则称其为 10 Mbit/s 交换机;若每个端口的速率为 100 Mbit/s,则称其为 100 Mbit/s 交换机;若每个端口的传输速率为 1 000 Mbit/s,则称其为吉比特交换机。交换机的每个端口可以单独与一台计算机连接,也可以与一个共享式的以太网集线器连接。如果一个 10 Mbit/s 交换机的两个端口只连接两个节点,那么这个节点就可以独占 10 Mbit/s 带宽,这类端口常被称为"专用 10 Mbit/s 端口"。如果一个端口连接一个 10 Mbit/s 的以太网集线器,那么接在集线器上的所有节点将共享交换机的 10 Mbit/s 端口,典型的交换式以太网连接示意图如图 5-19 所示。

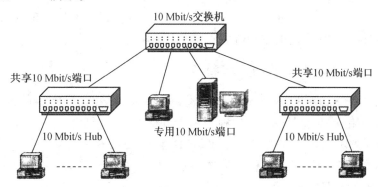

图 5-19　交换式以太网连接示意图

### 5.7.2　交换式以太网的工作原理

一交换机对数据的转发是以网络节点计算机的 MAC 地址为基础的。交换机会监测发送到每个端口的数据帧,通过数据帧中的相关信息(源节点的 MAC 地址、目的节点的 MAC 地址)就会得到与每个端口相连接节点的 MAC 址,并在交换机的内部建立一个"端口 – MAC 地址"映射表。建立映射表后,当某个端口接收到数据帧后,交换机会读取出该帧中目的节点的 MAC 地址,并通过"端口 – MAC 地址"的对照关系,迅速地将数据帧转发到相应的端口。由于这种交换机能够识别并分析 LAN 数据链路层 MAC 子层的 MAC 地址,所以它是工作在第二层的设备,因此,这种交换机也称为第二层交换机。

以太网交换机对数据帧的转发方式可以分为直接交换方式、存储转发方式和改进的直接交换方式三类。

**1. 直接交换方式**

交换机对传输的信息帧不进行差错校验,仅识别出数据帧中目的节点的 MAC 地址,并直接通过每个端口的缓存器转发到相应的端口。数据帧的差错检测任务由各节点计算机完成。这种交换方式的优点是速度快、交换延迟时间短。缺点是不具备差错检测能力,且不支持具有不同速率的端口之间的数据帧转发。

**2. 存储转发方式**

在存储转发方式中,交换机首先完整地接收数据帧,并进行差错检测。若接收的帧是正确的,则根据目的地址确定相应的输出端口,并将数据转发出去。这种交换方式的优点是具有数据帧的差错检测能力,并支持不同速率的端口之间的数据帧转发。缺点是交换延迟时间将会增加。

**3. 改进的直接交换方式**

改进的直接交换方式是将直接交换方式和存储转发方式结合起来,它在接收到帧的前 64 B 之后,判断帧中的帧头数据(地址信息与控制信息)是否正确,如果正确则转发。这种方法对于短的以太网帧来说,交换延迟时间与直接交换方式比较接近;而对于长的以太网帧来说,由于它只对帧头进行了差错检测,因此交换延迟时间将会减少。

**注**　由于网络中存在大量的 64 B 控制包,而冲突包也大多是在前 64 B 发生而退回重发的,几乎 90% 的坏包都小于或等于 64 B。因此,在改进的直接交换方式中只对帧的前 64 B 进行差错检测,这样就可以过滤约 90% 的坏包,大大地减轻了网络的负载。虽有少数坏包可能会漏掉,但不会对全网的效率造成明显的影响。

### 5.7.3　交换式以太网的结构和特点

交换式以太网(Swtched Ethemet)的核心设备是以太网交换机(Ethemet Switch)。以太网交换机有多个端口,每个端口可以单独与一个节点连接,并且每个端口都能为与之相连的节点提供专用的带宽,这样每个节点就可以独占通道,独享带宽。

交换式以太网主要有以下特点。

(1)独占通道,独享带宽

例如,一台端口速度为 100 Mbit/s 的以太网交换机共连接 10 台计算机,这样每台计算机都有一条 100 Mbit/s 的传输通道,它们都独占 100 Mbit/s 带宽,那么网络的总带宽通常为各个端口的带宽之和 1 000 Mbit/s。由此可知,在交换式以太网中,随着网络用户的增多,网络带宽不仅不会减少,反而不断增加,即使在网络负荷很重时也不会导致网络性能的下降。因此,交换式以太网从根本上解决了网络带宽问题,能满足不同用户对网络带宽的需要。

（2）多对节点间可以同时进行数据通信

在传统的共享式局域网中,数据的传输是串行的,在任何时刻最多只允许一个节点占用通道进行数据通信。而交换式以太网则允许接入的多个节点间同时建立多条通信链路,同时进行数据通信,所以交换式以太网大大提高了网络的利用率。

（3）可以灵活配置端口速度

在传统的共享式局域网中,不能在同一个局域网中连接不同速度的节点。而在交换式以太网中,由于节点独占通道,独享带宽,用户可以按需配置端口速率。在交换机上不仅可以配置 10 Mbit/s、100 Mbit/s,还可以配置 10 Mbit/s、100 Mbit/s 的自适应端口来连接不同速率的节点。

（4）便于管理和调整网络负载的分布

在传统的局域网中,一个工作组通常是在同一个网段上,多个工作组之间通过实现互联的网桥或路由器来交换数据,工作组的组成和拆离都要受节点所在网段物理位置的严格限制。而交换式以太网可以构造虚拟网络（VLAN）,即逻辑工作组,它以软件方式来实现逻辑工作组的划分和管理。同一逻辑工作组的成员不一定要在同一个网段上,它们既可以连接到同一个局域网交换机上,也可以连接到不同的局域网交换机上,只要这些交换机是互联的即可。这样,当逻辑工作组中的某个节点要移动或拆离时,只需要简单地通过软件设定,而不需要改变它在网络中的物理位置。因此,交换式以太网可以方便地对网络用户进行管理,合理地调整网络负载的分布,提高网络的利用率。

（5）能保护用户的现有投资,可以与现有网络兼容

以太网交换技术是基于以太网的,它保留了现有以太网的基础设施,而不必把还能工作的设备淘汰掉,这样有效地保护了用户的现有投资,节省了资金。不仅如此,交换式以太网与以太网和快速以太网等现有网络完全兼容,它们之间能够实现无缝链接。

### 5.7.4　三层交换技术

前面介绍的交换机属于第二层交换机,它主要依靠 MAC 地址来传送帧信息,将每个信息数据帧从正确的端口转发出去。但是,当有一个广播数据包进入某个端口后,交换机同样会将它转发到所有端口,类似于共享式集线器。交换机最早的处理过程由其内部软件来设置,其运行速度较慢,生产成本较高。随着网络专用集成电路的出现,交换机不仅速度加快,而且成本也大大下降。另外,第二层交换机对组建一个大规模的局域网来说还不完善,还需要使用路由器来完成相应的路由选择功能。实际上,交换和路由选择是互补性的技术,路由器处理时延大、速度慢,用交换机又不能进行路由选择和有效地控制广播,因此,在交换机不断发展的过程中,就有了将第二层交换和第三层路由相结合的设备,即第三层交换机,也被称作路由交换机。

1. 三层交换技术原理

三层交换技术是在 OSI 参考模型中的第三层实现数据包的高速转发,实际上就是二层交换技术与三层转发技术的结合。三层交换技术的原理如图 5 - 20 所示,假设有两个使用 TCP/IP 的网络 1 和网络 2（网络 1 和 2 可以是两个虚拟局域网）,其中计算机 A、C 在网络 1 中,计算机 B 在网络 2 中。当计算机 A 要发送数据给计算机 B 时,A 把自己的 IP 地址与 B

的 IP 地址比较,判断 B 是否与自己在同一个网络内,由于不在一个网络,A 要向"缺省网关"发出 ARP(地址解析)数据包,而"缺省网关"的 IP 地址其实是三层交换机的三层交换模块。A 对"缺省网关"的 IP 地址广播出一个 ARP 请求时,如果三层交换模块在以前的通信过程中已经知道 B 的 MAC 地址,则向 A 回复 B 的 MAC 地址;否则三层交换模块根据路由信息向 B 广播一个 ARP 请求,B 站得到此 ARP 请求后向三层交换模块回复其 MAC 地址,三层交换模块保存此地址并回复给 A,同时将 B 站的 MAC 地址发送到二层交换引擎的 MAC 地址表中。

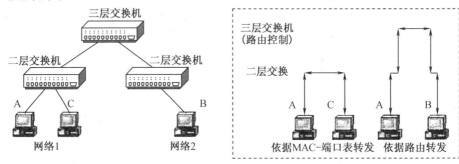

图 5 - 20    交换式以太网连接示意图

从这以后,A 向 B 发送的数据包便全部交给二层交换处理,信息得以高速交换。当 A 和 C 通信时,A 与 C 处于同一个网络中,则按照 MAC - 端口表进行转发。A 与 B 的通信,由于仅在路由过程中才需要三层处理,绝大部分数据都通过二层交换转发,因此三层交换机的速度很快,接近二层交换机的速度,同时比相同路由器的价格低很多。

除了三层交换外,多层交换技术中还包括第四层交换。第四层交换是一种功能,在传输数据时,除了可以识别并分析第二层的 MAC 地址和第三层的 IP 地址外,还可以判断出该数据的应用服务类型,也就是说,依据第四层的应用端口号(如 TCP/UDP 端口号)对数据包进行查询,获取相应的信息。TCP/UDP 端口号可以告诉交换机所传输数据流的应用服务的类型,如 WWW 应用、FTP 应用等,然后交换机可以将数据包分类映射到不同的应用主机上,以保证服务质量。

2. 三层交换的应用

三层交换的应用目前非常普遍,主要用途是代替传统路由器作为网络的核心。在企业网和校园网中,一般会将第三层交换机用在网络的核心层,用第三层交换机上的吉比特端口或百兆比特端口连接不同的子网或虚拟局域网(VLAN)。这样网络结构相对简单,节点数相对较少。另外,其不需要较多的控制功能,并且成本较低。提供三层交换的交换机在应用方面具有以下特点。

(1)作为骨干交换机

三层交换机一般用于网络的骨干交换机和服务器群交换机,也可作为网络节点交换机。在网络中,同其他以太网交换机配合使用,可以组建整个 10/100/1 000 Mbit/s 以太网交换系统,为整个信息系统提供统一的网络服务。这样的网络系统结构简单,同时还具有可伸缩性和基于策略的 QoS 服务等功能。第三层交换机为网络提供 QoS 服务的内容包括优先级管理、带宽管理和 VLAN 交换等。

（2）支持 Trunk 协议

在应用中,经常有以太网交换机相互连接或以太网交换机与服务器互联的情况,其中互联用的单条链路往往会成为网络的瓶颈。采用 Trunk 技术能将若干条相同的源交换机与目的交换机之间的以太网链路从逻辑上看成一条链路,不但提高了带宽,也增强了系统的安全性。

# 5.8　虚拟局域网

## 5.8.1　虚拟局域网的概念和特点

在局域网交换技术中,虚拟局域网(VLAN)是一种迅速发展且被广泛应用的技术。这种技术的核心是通过路由和交换设备,在网络的物理拓扑结构基础上建立一个逻辑网络,以使网络中任意几个局域网网段或(和)节点能够组合成一个逻辑上的局域网。局域网交换设备给用户提供了非常好的网络分段能力、极低的数据转发延迟及很高的传输带宽。局域网交换设备能够将整个物理网络从逻辑上分成许多虚拟工作组,此种逻辑上划分的虚拟工作组通常称为 VLAN。也就是说,虚拟网络(Virtual Network)是建立在交换技术基础上的,将网络上的节点按工作性质与需要划分成若干个逻辑工作组,一个逻辑工作组就组成一个虚拟网络。

在传统的局域网中,通常一个工作组是在同一个网段上的,每个网段可以是一个逻辑工作组或子网。多个逻辑工作组之间通过互联不同网段的网桥或路由器来交换数据。如果一个逻辑工作组中的某台计算机要转移到另一个逻辑工作组,就需要将该计算机从一个网段撤出,连接到另一个网段,甚至需要重新布线,因此,逻辑工作组的组成就要受到节点所在网段物理位置的限制。而虚拟网络是建立在局域网交换机或 ATM 交换机之上的,它以软件方式来实现逻辑工作组的划分与管理,逻辑工作组的节点组成不受物理位置的限制。同一逻辑工作组的成员不一定要连接在同一个物理网段上,它们可以连接在同一个局域网交换机上,也可以连接在不同的局域网交换机上,只要这些交换机是互联的。当一个节点从一个逻辑工作组转移到另一个逻辑工作组时,只需要通过软件设定,而不需要改变它在网络中的物理位置。同一个逻辑工作组的节点可以分布在不同的物理网段上,但它们之间的通信就像在同一个物理网段上一样。

VLAN 的概念是从传统局域网引申出来的。VLAN 在功能和操作上与传统局域网基本相同,它与传统局域网的主要区别在于“虚拟”二字,即 VLAN 的组网方法与传统局域网不同。VLAN 的一组节点可以位于不同的物理网段上,但是并不受物理位置的束缚。相互间通信就好像它们在同一个局域网中一样。VLAN 可以跟踪节点位置的变化,当节点物理位置改变时,无须人工重新配置。因此,VLAN 的组网方法十分灵活。

## 5.8.2　VLAN 的划分方法

VLAN 技术的出现,使得管理员根据实际应用需求把同一物理局域网内的不同用户逻辑地划分成不同的广播域,每一个 VLAN 都包含一组有着相同需求的计算机工作站,与物理上形成的 LAN 有着相同的属性。由于它是从逻辑上划分,而不是从物理上划分,所以同一个 VLAN 内的各个工作站没有限制在同一个物理范围中,即这些工作站可以在不同物理 LAN 网段。由 VLAN 的特点可知,一个 VLAN 内部的广播和单播流量都不会转发到其他 VLAN 中,从而有助于控制流量,减少设备投资,简化网络管理,提高网络的安全性。VLAN 除了具有能将网络划分为多个广播域,从而有效地控制广播风暴的发生,以及使网络的拓扑结构变得非常灵活的优点外,还可以用于控制网络中不同部门、不同站点之间的互相访问。

VLAN 在交换机上的实现方法大致可以划分为六类。

### 1. 基于端口的 VLAN

这是最常应用的一种 VLAN 划分方法,应用也最为广泛、有效,目前绝大多数 VLAN 协议的交换机都提供这种 VLAN 配置方法。这种划分 VLAN 的方法是根据以太网交换机的交换端口来划分的,它是将 VLAN 交换机上的物理端口和 VLAN 交换机内部的 PVC(永久虚电路)端口分成若干个组,每个组构成一个虚拟网,相当于一个独立的 VLAN 交换机。对于不同部门需要互访时,可通过路由器转发,并配合基于 MAC 地址的端口过滤。对某站点的访问路径上最靠近该站点的交换机、路由交换机或路由器的相应端口上设定可通过的 MAC 地址集。这样就可以防止非法入侵者从内部盗用 IP 地址从其他可接入点入侵的可能。可以看出,这种划分方法的优点是定义 VLAN 成员时非常简单,只要将所有的端口都定义为相应的 VLAN 组即可,适合于任何大小的网络。它的缺点是如果某用户离开了原来的端口,到了一个新的交换机的某个端口,必须重新定义。

### 2. 基于 MAC 地址的 VLAN

这是根据每个主机的 MAC 地址来划分的方法,即对每个 MAC 地址的主机都配置它属于哪个组,实现的机制就是每一块网卡都对应唯一的 MAC 地址,VLAN 交换机跟踪属于 VLAN 的 MAC 的地址。这种方式的 VLAN 允许网络用户从一个物理位置移动到另一个物理位置时,自动保留其所属 VLAN 的成员身份。这种 VLAN 划分方法的最大优点就是当用户物理位置移动时,即从一个交换机换到其他交换机时,VLAN 不用重新配置,因为它是基于用户,而不是基于交换机的端口。这种方法的缺点是初始化时,所有的用户都必须进行配置,如果有几百个甚至上千个用户,配置是非常烦琐的,所以这种划分方法通常适用于小型局域网。而且这种划分的方法也导致了交换机执行效率的降低,因为在每一个交换机的端口都可能存在很多个 VLAN 组的成员,保存了许多用户的 MAC 地址,查询起来相当不容易。另外,对于使用笔记本电脑的用户来说,他们的网卡可能经常更换,这样 VLAN 就必须经常配置。

### 3. 基于网络层协议的 VLAN

VLAN 按网络层协议来划分,可分为 IP、IPX、AppleTalk、Banyan 等 VLAN 网络。这种按网络层协议来组成的 VLAN,可使广播域跨越多个 VLAN 交换机。这对于希望针对具体应用和服务来组织用户的网络管理员来说是非常具有吸引力的,用户可以在网络内部自由移动,但其 VLAN 成员身份仍然保留不变。这种方法的优点是用户的物理位置改变了,不需要重新配置所属的 VLAN,而且可以根据协议类型来划分 VLAN,这对网络管理者来说很重要,还有,这种方法不需要附加的帧标签来识别 VLAN,这样可以减少网络的通信量。这种方法的缺点是效率低,因为检查每一个数据包的网络层地址是需要消耗处理时间的(相对于前面两种方法),一般的交换机芯片都可以自动检查网络上数据包的以太网帧头,但要让芯片能检查 IP 帧头,需要更高的技术,同时也更费时。当然,这与各个厂商的实现方法有关。

### 4. 根据 IP 组播的 VLAN

IP 组播实际上也是一种 VLAN 的定义,即认为一个 IP 组播组就是一个 VLAN。这种划分的方法将 VLAN 扩大到了广域网,因此这种方法具有更大的灵活性,而且也很容易通过路由器进行扩展,主要适合于不在同一地理范围的局域网用户组成一个 VLAN,不适合局域网,主要是效率不高。

### 5. 按策略划分的 VLAN

基于策略组成的 VLAN 能实现多种分配方法,包括 VLAN 交换机端口、MAC 地址、IP 地址、网络层协议等。网络管理人员可根据自己的管理模式和本单位的需求来决定选择哪种类型的 VLAN。

### 6. 按用户定义、非用户授权划分的 VLAN

基于用户定义、非用户授权来划分 VLAN,是指为了适应特别的 VLAN 网络,根据具体的网络用户的特别要求来定义和设计 VLAN,而且可以让非 VLAN 群体用户访问 VLAN,但是需要提供用户密码,在得到 VLAN 管理的认证后才可以加入一个 VLAN。

## 5.8.3　VLAN 的优点

VLAN 与普通局域网从原理上讲没有什么不同,但从用户使用和网络管理的角度来讲,VLAN 与普通局域网最基本的差异体现在 VLAN 并不局限于某一网络或物理范围,VLAN 用户可以是位于城市内的不同区域,甚至不同的国家。总体来说,VLAN 具有的优点有以下几个方面。

### 1. 控制网络的广播风暴

控制网络的广播风暴有两种方法:网络分段和采用 VLAN 技术。通过网络分段,可将广播风暴限制在一个网段中,从而避免影响其他网段的性能;采用 VLAN 技术,可将某个交换端口划分到某个 VLAN 中,一个 VLAN 的广播风暴不会影响其他 VLAN 的性能。

### 2. 确保网络的安全性

共享式局域网之所以很难保证网络的安全性,是因为只要用户连接到一个集线器的端口,就能访问集线器所连接网段上的所有其他用户。VLAN 之所以能确保网络的安全性,是因为 VLAN 能限制个别用户的访问,以及控制广播组的大小和位置,甚至能锁定某台设备的 MAC 地址。

### 3. 简化网络管理

网络管理员能借助 VLAN 技术轻松地管理整个网络,例如,需要为一个学校内部的行政管理部门建立一个工作组网络,其成员可能分布在学校的各个地方,此时,网络管理员只需设置几条命令就能很快地建立一个 VLAN 网络,并将这些行政管理人员的计算机设置到这个 VLAN 网络中。

# 5.9　无线局域网

## 5.9.1　无线局域网络简介

无线局域网络(Wireless Local Area Networks,WLAN)是非常便利的数据传输系统,它利用射频(Radio Frequency,RF)技术,取代旧式碍手碍脚的双绞铜线(Coaxial)所构成的局域网络,使得无线局域网络能利用简单的存取架构让用户通过它达到信息随身化、便利走天下的理想境界。

无线局域网络绝不是取代有线局域网络,而是弥补有线局域网络的不足,以达到网络延伸之目的,下列情形可能需要无线局域网络:无固定工作场所的使用者,有线局域网络架设受环境限制,以及作为有线局域网络的备用系统。

## 5.9.2　无线局域网的相关标准

20 世纪 80 年代末以来,由于人们工作和生活节奏的加快,以及移动通信技术的飞速发展,无线局域网也开始进入市场。无线局域网可提供移动接入的功能,给许多需要发送数据但又不能时常坐在办公室的人员带来了方便。这种方式不仅可以节省铺设线缆的投资,而且建网灵活、快捷、节省空间。

1998 年,IEEE 制定出无线局域网的协议标准 802.11,其射频传输标准采用跳频扩频(FHSS)和直接序列扩频(DSSS),工作在 2.400 0 ~ 2.483 5 GHz,在 MAC 层则使用 CSMA/CD 协议。802.11 标准主要用于解决办公室局域网和校园网中用户与用户终端的无线接入,业务主要限于数据存取,传输速率最高只能达到 2 Mbit/s。由于 802.11 在传输速率和传输距离上都不能满足人们的需要,此后 IEEE 又推出了 802.11b、802.11a、802.11g 和 820.1x 等,作为 802.11 标准的扩充,其主要差别在于 MAC 子层和物理层。

802.11b 采用 2.4 GHz 频带,调制方法采用补偿码键控(CKK),共有 3 个不重叠的传输信道。传输速率能够从 11 Mbit/s 自动降到 5.5 Mbit/s,或者根据直接序列扩频技术调整到 2 Mbit/s 和 1 Mbit/s,以保证设备正常运行与稳定。

802.11a 扩充了 802.11 标准的物理层,规定该层使用 5 GHz 的频带。该标准采用 OFDM(正交频分)调制技术,传输速率范围为 6 ~ 54 Mbit/s,共有 12 个不重叠的传输信道。这样的速率既能满足室内的应用,也能满足室外的应用。

802.11g 共有 3 个不重叠的传输信道,与 802.11a 一样,也运行于 2.4 GHz,调制方式为 OFDM,但网络的传输速率可以达到 54 Mbit/s。

802.1x 协议起源于 802.11,是一个基于端口的接入控制(Port – Based Network Access Control)标准,以解决无线局域网用户的接入认证问题,该标准通过对端口的控制以实现用户级的接入控制。

## 5.9.3　无线局域网络存取技术

目前厂商在设计无线局域网络产品时,有相当多种存取设计方式,大致可分为三大类:窄频微波(Narrow Band Microwave)技术、展频(Spread Spectrum)技术及红外线(Infrared)技术,每种技术皆有其优点与局限性。

1. 窄频微波技术

这种局域网使用微波无线电频带来传输数据,其带宽刚好能容纳信号,但这种网络产品通常需要申请无线电频谱执照,其他方式则可使用无须执照的 ISM 频带。电磁频谱的微波无线部分跨越了 107 ~ 1 011 MHz 的范围。如今大部分 WLAN 产品运行在 ISM (Industrial,Scientific and Medical,工业、科学和医药设备)波段(902 ~ 928 MHz,2 400 ~ 2 483.6 MHz,以及 5 725 ~ 5 850 MHz)。这些波段的特性大不相同,最明显的特点在于波段的频率越高、范围越宽,则通常能够提供更多的带宽,因此具有更高潜力提供高的数据传输速率。但是,波段的频率越高,用于通信的设备的实现越具有挑战性,价格也越高。在传输所能达到的范围方面,波段的频率越低,它所能到达的范围越广。

2. 展频技术

展频技术的无线局域网络产品是依据 FCC(Federal Communications Committee,美国联邦通信委员会)规定的 ISM(Industrial, Scientific and Medical),频率范围开放在 902 ~ 928 MHz 及 2.4 ~ 2.484 GHz 两个频段,所以并没有所谓使用授权的限制。展频技术主要分为跳频技术及直接序列两种方式。这两种技术是在第二次世界大战中军队所使用的,其目的是希望在恶劣的战争环境中,依然能保持通信信号的稳定性及保密性。

(1)跳频技术(FHSS)

跳频技术(Frequency-Hopping Spread Spectrum,FHSS)在同步且同时的情况下,接受两端以特定形式的窄频载波来传送信号,对于一个非特定的接收器,FHSS 所产生的跳动信号对它而言,也只算是脉冲噪声。FHSS 所展开的信号可依特别设计来规避噪声或 One-to-Many 的非重复频道,并且这些跳频信号必须遵守 FCC 的要求,使用 75 个以上的跳频信号,且跳频至下一个频率的最大时间间隔(Dwell Time)为 400 ms。

(2)直接序列展频技术(DSSS)

直接序列展频技术(Direct Sequence Spread Spectrum,DSSS)是将原来的信号"1"或"0",利用 10 个以上的 chips 来代表"1"或"0"位,使得原来较高功率、较窄的频率变成具有较宽频的低功率频率。而每个 bit 使用多少个 chips 称作 Spreading chips,一个较高的 Spreading chips 可以增加抗噪声干扰,而一个较低 Spreading chips 可以增加用户的使用人数。

基本上,在 DSSS 的 Spreading Ration 是相当少的,例如在几乎所有 2.4 GHz 的无线局域网络产品所使用的 Spreading Ration 皆少于 20。而在 IEEE 802.11 的标准内,其 Spreading Ration 约为 100。

(3)FHSS 和 DSSS 调变差异

无线局域网络在性能和能力上的差异,主要取决于是采用 FHSS 还是 DSSS 来实现,以及所采用的调变方式。然而,调变方式的选择并不是完全随意的,像 FHSS 并不强求某种特定的调变方式,而且大部分既有的 FHSS 都是使用某些不同形式的 GFSK,但是 IEEE 802.11 草案规定要使用 GFSK。至于 DSSS 则使用可变相位调变(如 PSK、QPSK、DQPSK),可以得到最高的可靠性及高数据速率性能。

在抗噪声能力方面,采用 QPSK 调变方式的 DSSS 与采用 FSK 调变方式的 FHSS 相比,可以发现这两种不同技术的无线局域网络各自拥有的优势。FHSS 系统选用 FSK 调变方式的原因在于 FHSS 和 FSK 内在架构的简单性,FSK 无线信号可使用非线性功率放大器,但却

计算机网络维护技术

牺牲了作用范围和抗噪声能力。而 DSSS 系统需要稍贵一些的线性放大器,但却可以获得更多的回馈。

3.红外线技术

因为红外无线局域网采用低于可见光的部分频谱作为传输介质,所以它的使用不受无线电管理部门的限制。如今使用 IR 传输技术的 WLA 产品运行在波长为 850 nm 的附近。IR 信号可以由半导体激光器二极管产生,也可以由 LED 产生。物理层采用红外传输方案的优势在于:可以提供比其他物理实现方案更高的数据传输能力;在这一波段,发送机和接收机的硬件实现更便宜,大气所带来的信号衰减更少;红外信号要求视距传输,检测和窃听困难,对邻近区域的类似系统也不会产生干扰。

IR 传输的缺点在于它会受到荧光的辐射波的影响,并且发射范围受限,会出现多径传播,导致信号间的干扰。

### 5.9.4　无线局域网络的应用领域

无线局域网与传统的局域网一样,可用于科研、教学、管理、生产、商业及生活的各个方面。其最典型的应用领域如下。

(1)接入 Internet

随着 Internet 的广泛应用,越来越多的企业或单位纷纷接入 Internet,但能够接入 Internet 的设备基本还局限在固定设备。通过无线局域网,对于使用便携机的人员来说,就可以在本单位内的任何地方享受 Internet 的服务,并搜索 Internet 上的资源。

(2)办公室环境

现在许多计算机网应用较多的办公室常常是电缆密布,环境显得杂乱,无线局域网的采用将会改变这种局面,可实现各种办公自动化系统,利于办公室环境的整洁。

(3)商业环境

构成无线的 DOS 系统和 MB 系统,利于购物环境的布局和管理。

(4)工业现场

在提高可靠性的前提下,用于工业自动化的管理,可减少对现场的改造,适应车间布局的变化。

### 5.9.5　无线局域网的特点

无线局域网的特点可以从传输方式、网络拓扑、网络接口及对移动计算的支持四个方面来描述。

1.传输方式

传输方式涉及无线局域网采用的传输媒体、选择的频段及调制方式。目前,无线局域网采用的传输媒体主要有无线电波和红外线。采用无线电波作为传输媒体的无线局域溺根据调制方式的不同,又可分为扩展频谱方式和窄带调制方式。

2.无线局域网的拓扑结构

无线局域网的拓扑结构可分为两类:无中心拓扑和有中心拓扑。

无中心拓扑的网络属于一个孤立的基本服务集。这种拓扑结构是一个全连通的结构,采用这种拓扑的网络一般使用公用广播信道(类似于以太网),各站点都可竞争公用信道,而信道接入控制协议大多采用 CSMA。这种结构的优点是网络抗毁性好、建网容易、费用较

· 114 ·

低,但它与总线网络具有相同的缺点,因此这种拓扑结构适用于用户数相对较少的工作群网络规模。

在有中心拓扑结构中,要求一个无线接入点(AP)充当中心站,所有节点对网络的访问均由其控制。这样,当网络业务量增大时,网络吞吐性能及网络时延性能的恶化并不剧烈。由于每个节点只需在中心站覆盖范围之内就可与其他站点通信,故网络中站点的布局受环境限制很小。此外,中心站为接入有线主干网提供了一个逻辑接入点。这种网络拓扑结构的弱点是抗毁性差,中心站点的故障容易导致整个网络瘫痪,并且中心站点的引入增加了网络成本。

3. 网络接口

网络接口涉及无线局域网中节点从哪一层接入网络系统的问题。一般来讲,网络接口可以选择在 OSI 参考模型的物理层或数据链路层。物理层接口指使用无线信道替代通常的有线信道,而物理层以上各层不变。这样做的最大优点是上层的网络操作系统及相应的驱动程序可不做任何修改。这种接口方式在使用时一般作为有线局域网的集线器和无线转发器,以实现有线局域网间的互联或扩大有线局域网的覆盖范围。

另一种接口方法是从数据链路层接入网络。这种接口方法并不沿用有线局域网的 MAC 协议,而采用更适合无线传输环境的 MAC 协议。在实现时,MAC 层及其以下层对上层是透明的,并通过配置相应的驱动程序来完成与上层的接口,这样可保证现有的有线局域网操作系统或应用软件可在无线局域网上正常运行。目前,大部分无线局域网厂商都采用数据链路层的接口方法。

4. 支持移动计算网络

在无线局域网发展的初期阶段,无线局域网的最大特征是用无线传输媒体替代电缆线,这样可省去布线的过程,而且网络安装简便。随着笔记本型、膝上型、掌上型电脑个人数字助手(PDA)及便携式终端等设备的普及应用,支持移动计算网络的无线局域网就显得尤为重要。

### 5.9.6 无线局域网的组建

1. 无线局域网的设备

目前市场上已有一些无线局域网设备可供选择。这些设备使用的接口可能并不相同,可能是串行口、并行口或者和一般的网卡一样。常见的无线网络器件有以下几种。

(1)无线网络网卡

无线网络网卡多数与普通有线网卡不兼容,但也有一些公司生产的无线以太网卡与普通有线网卡兼容。无线网络网卡上通常集成了通信处理器和高速扩频无线电单元,它采用多种总线,800 Kbit/s~45 Mbit/s 左右的传输速率,发射功率为 1 VA,在有障碍的室内通信,距离为 60 m 左右,而在无障碍的室内通信距离为 150 m 左右。

(2)无线网络网桥

无线网络网桥作为无线网络的桥接器,用于数据的收发,又称为无线接入点(AP)。一个 AP 能够在几十至上百米的范围内连接多个无线用户,在同时具有有线与无线网络的情况下,AP 可以通过标准的以太网电缆与传统的有线网络连接,作为无线和有线网络之间连接的桥梁。AP 也可以桥接两个远距离的有线网络(相距 300 m~30 km),比较适合于建筑物之间的网络连接。

2.无线局域网的组建形式

无线局域网的组建通常包含下面几种形式。

（1）全无线网

全无线网比较适用于还没有建网的用户，在建网时只需要将购置的无线网卡插入到网络节点中即可。由于无线网卡的作用范围有限，所以在网上合适的位置通常还应增设无线中继站，以扩大辐射范围。

（2）无线节点接入有线网

对于一个已存在有线网的用户，若要再扩展节点，为了便于移动计算，可考虑扩展无线节点的方式，通常是在有线网中接入无线网 AP，无线网节点可以通过无线网 AP 与有线网相连。

（3）两个有线网通过无线方式相连

这种组网形式适用于将两个或多个已建好的有线局域网通过无线的方式互联，例如，两个相邻建筑物中的有线网无法用物理线路连接时，就可以采用这种方式。通常需要在各有线网中接入无线路由器。

# 第6章　计算机广域网

广域网(Wide Area Network,WAN)是指在一个广泛范围内建立的计算机通信网。广泛的范围是指地理范围,可以超越一个城市、一个国家,甚至全球,因此对通信的要求高,复杂性也较高。

**本章提要**

· 广域网概述;
· 窄带数据网;
· 宽带数据网;
· 无线数据网;
· 企业联网方式。

## 6.1　广域网概述

在实际应用中,广域网可与局域网(LAN)互联,即局域网可以是广域网的一个终端系统。组织广域网,必须按照一定的网络体系结构和相应的协议进行,以实现不同系统的互联和相互协同工作。

与覆盖范围较小的局域网相比,广域网具有以下特点。

(1)覆盖范围广,可达数千甚至数万千米。

(2)数据传输速率较低,通常为几千位每秒至几兆位每秒。

(3)使用多种传输介质,例如,有线网络有光纤、双绞线、同轴电缆等,无线网络有微波、卫星、红外线、激光等。

(4)数据传输延时大,如卫星通信的延时可达几秒。

(5)数据传输质量不高,如误码率提高。

(6)广域网管理、维护困难。

## 6.2　窄带数据网

目前,中国电信市场开展了多种数据接入业务网络,包括模拟专线、分组交换网、DDN、帧中继及 ISDN 等。这几种网络到底各有什么特点,面对的用户群体有何不同呢?

在这五类网络中,由于模拟专线基于过去的模拟技术,线路的品质及传输速率都明显处于劣势;分组交换网虽具有数据包交换的功能优势,但为用户提供的接入速率较低。因此,我们主要针对传输速率较高的 DDN、帧中继及 ISDN 进行说明。

### 6.2.1　DDN

DDN(Digital Data Network)是以数字交叉连接为核心技术,集合数据通信技术、数字通信技术、光纤通信技术等,利用数字信道传输数据的一种数据接入业务网络。它主要完成 OSI 七层协议中物理层和部分数据链路层协议的功能。用户端设备(主要为网关路由器)一般通过基带 Modem 或 DTU 利用市话双绞线实现网络接入。DDN 的主要优势如下。

(1)传输质量高、时延短、速率高。它可为用户提供误码率小于 $10^{-6}$ 的数字信道。同时,由于不必对所传数据进行协议封装,也不必进行分组交换式的存储转发,故网络时延很短,端到端的数据传输时延一般不大于 40 ms。它提供的接入速率范围也较宽,一般为 9.6 Kbit/s ~ 2.048 Mbit/s。

(2)提供的数字电路为全透明的半永久性连接。DDN 的一个重要技术优势是网络传输的透明性。所谓透明传输,是指经过传输通道后数据比特流没有发生任何协议上的变化。这样,在 DDN 网上即可传输两端认可的任何通信协议和各种通信业务。半永久性连接指信道一旦由网管生成后,用户两端之间的连接便是固定不变的,直到用户提出业务变更时,网管才进行相关数据变动。

(3)网络的安全性很高。由于 DDN 的传输中继采用光纤,自身又为点对点的通信方式,因而通信的安全性很好。另外,安全性很好也指网络各节点间一般都存在着数条通信路由,当前路由发生故障时,网络节点会自动倒换到下一条可选路由以保证通信正常。

(4)可以很方便地为用户组建 VPN(Virtual Private Network)。由于 DDN 专线提供点到点的通信,信道固定分配,通信可靠,不会受其他客户使用情况的影响,因此通信保密性强,特别适合金融、保险客户的需要。DDN 网络覆盖范围很大,至今,全国绝大多数县以上地方及部分发达地区的乡镇皆已开放 DDN 业务。它可广泛用于跨省市大范围组网。由于能提供具有以上特点的优质数字电路,DDN 常常被用作其他电信业务网,如 163 网、169 网、帧中继、分组交换网及用户专网等的传输中继和接入电路。对于数据业务量较大、通信时间较长、通信实时性要求很高、需跨市或跨省进行组网互联的广大企事业单位用户,皆非常适合利用 DDN 开展各种数据业务。因此,DDN 拥有众多的用户群,在广大用户中也享有良好的口碑。

DDN 的不足之处如下。

(1)对于部分用户而言,费用相对偏高。虽然 DDN 具有以上优势,但对于通信时间较短的用户,或者没有充分利用 DDN 业务特性的用户,费用相对偏高,这一点是由 DDN 的特点所造成的。它提供的数字电路为半永久性连接,即无论用户是否在传输数据,此数字连接一直存在。

(2)网络灵活性不够高。由于 DDN 自身的特点——以数字交叉连接方式提供半永久性连接电路,不提供交换功能,因而它只适合为用户建立点对点和多点对点的通信连接。

### 6.2.2　帧中继

帧中继(Frame Relay)是在分组交换网的基础上,结合数字专线技术而产生的数据业务网络。在某种程度上它可被认为是一种"快速分组交换网"。它是当前数据通信中一项重要的业务网络技术。用户的 LAN 一般通过网关路由器接入帧中继网;若路由器不具有标准的帧中继 UNI 接口规程,则在路由器和帧中继网间还须增加帧中继拆/装设备(FRAD)。帧中继的主要优势表现如下。

(1)同分组交换网相比,它简化了相关协议,提高了传输速率。它只完成 OSI 七层协议中物理层和数据链路层的功能,而将流量控制、纠错等功能留给智能终端完成。故其数据链路层协议(LAPD 协议)在可靠的基础上相对简化,从而减小了传输时延,提高了传输速率(速率范围一般为 9.6 Kbit/s~2.048 Mbit/s)。另外,它所采用的链路层协议能够顺利承载 IP、IPX、SNA 等常用协议。

(2)采用了 PVC 技术。帧中继网络可提供的基本业务有两种:PVC(Permanent Virtual Circuit)和 SVC(Switched Virtual Circuit),但目前的帧中继网络只提供 PVC 业务。所谓 PVC 是指在网管定义完成后,通信双方的信道在用户看来是永久连接的,但实际上只有在用户准备发送数据时网络才真正把传输带宽分配给用户。

(3)采用了统计复用技术。它使帧中继的每一条线路和网络端口都可由多个终端用户按信息流(即 PVC)实现共享,即能在单一物理连接上提供多个逻辑连接。显然,它大大提高了网络资源的利用率。

(4)用户费用相对低廉。由于网络的信息流基于数据包,采用了 PVC 技术和统针复用技术,其电路租用费用低廉,其费率一般仅为同速率 DDN 电路的 40%,用户不仅可使用预定带宽,还可在有空余带宽时,超过预定值"偷占"更多的带宽,而只需付预定带宽的费用。这对于经常传递大量突发性数据的用户而言,非常经济。

(5)便于向统一的 ATM 平台过渡。中国电信于 1997 年建成了基于 ATM 平台的全国帧中继骨干网。帧中继利用 ATM 提供的高速透明传输通道为用户提供通信业务。这种结构便于帧中继融合到统一的 ATM 网络之中。

但帧中继也有不足之处:它自身没有足够的流量控制功能,当同一网络端口的各 PVC 同时传输的数据流量很大时,可能造成拥塞;技术上缺乏对 SVC 的支持也使它丧失了部分应用上的优势,影响了业务的进一步推广;采用 PVC 和统计复用技术可以提高网络的利用率,但同时,一旦物理线路或物理端口出现故障,将会有多条 PVC 同时受到影响;它的网络规模在我国普遍比 DDN 小。不难看出,帧中继适合突发性较强、速率较高、时延较短且要求经济性较好的数据传输业务,如公司间进行网络互联、开放远程医疗等多媒体业务,进行电子商务及 VPN 组网等。

### 6.2.3　ISDN

ISDN(Integrated Service Digital Network)是综合业务数字网,它利用公众电话网向用户提供端对端的数字信道连接,用来承载包括语音和非语音在内的各种电信业务。现在普遍开放的 ISDN 业务为 N－ISDN,即窄带 ISDN,故我们只分析 N－ISDN(下面的 ISDN 即指 N－ISDN)。

ISDN 业务俗称"一线通",它有两种速率接入方式:BRI(Basic Rate Interface),即 2B＋D;PRI(Primary Rate Interface),即 30B＋D。BRI 接口包括两个能独立工作的 B 信道(64 Kb/s)和一个 D 信道(16 Kb/s),其中 B 信道一般用来传输语音、数据和图像,D 信道用来传输信令或分组信息(尚未开放业务)。PRI 接口的 B 和 D 皆为 64 Kb/s 的数字信道。

2B＋D 方式的用户设备通过 NTI 或 NTI Plus 设备实现联网;30B＋D 方式的用户设备则通过 HDSL 设备(利用市话双绞线)或光 Modem 及光端机(利用光纤)实现网络接入。

同 DDN 和帧中继相比,ISDN 的主要优势如下。

(1)业务实现方便,提供的业务种类丰富。ISDN 基于现有的公众电话网,凡是普通电话覆盖到的地方,只要电话交换机有 ISDN 功能模块,即可为用户提供 ISDN 业务。而对于 DDN 和帧中继,则需自己的系统节点机。ISDN 业务的种类繁多,包括普通电话、联网、可视电话等基本业务及主叫号码显示等许多补充业务。

(2)用户使用非常灵活便捷。对于 2B + D,用户既可作为两部电话同时使用,一个 64 Kbit/s 用于联网,另一个 64 Kbit/s 用于普通电话;还可根据需要以 128 Kbit/s 速率联网。而 30B + D 可使用户灵活、高速联网。

(3)适宜的性价比。因为 ISDN 按使用的 B 信道进行通信计费,而 1B 信道的国内通信费率等同于普通电话通信费率(按应用最为广泛的电路交换方式),不难发现,对于通信量较少、通信时间较短的用户,选用 ISDN 的费用远低于租用 DDN 专线或帧中继电路的费用。对于电信运营商,也可以较小的投资对现有的模拟用户外线进行数字化改造。从其自身特点分析,ISDN 适合于个人家庭用户或 SOHO 用户接入因特网、中小企事业单位 LAN 联网、连锁店的销售联网,以及在公网开放可视电话、会议电视等增值业务,或被各中小企事业单位用为 DDN、帧中继等专线电路的备用方式。

因 ISDN 基于现有的电话交换网而产生,而传统电话网主要是为语音业务设计的,即按普通电话呼叫平均时长 3 ~ 5 min,忙时 9 min 设计的;但利用 ISDN 进行数据通信的时间显然较长,如用它上网的平均时长可达 30 ~ 50 min。故在大力发展 ISDN 业务的同时,必须及时考虑对现有电话网进行系统改造,如在 ISDN 接入网络的局端处实行话音数据业务分流等。

# 6.3　宽带数据网

以上几种数据接入网络皆为窄带数据网。随着世界范围内信息技术的飞速发展,广大用户对通信带宽需求的不断加大,数据网络已开始由现在广泛应用的窄带网逐步向宽带网过渡。可以肯定的是,IP 协议在未来网络中,特别是在面向用户接入方面,将扮演极为重要的角色。也就是说,宽带接入将主要指用户通过什么样的物理媒介,以什么样的方式接入 IP 网。

我们为广大用户所提供的最为广泛的、距离用户最近的接入线路资源为铜质电话双绞线。采取 XDSL、HFC 和 ATM 等技术,使这些过去仅用于传输话音、提供窄带通信的线路就可以开展诸如远程医疗、VOD(Video on Demand)等宽带业务。

## 6.3.1　XDSL

XDSL 是 HDSL、ADSL、VDSL 等技术的统称。在 XDSL 的这几项技术中,HDSL 主要支持 2 Mbit/s 及以下的速率;VDSL 提供的速率虽然很高(可达 25 Mbit/s 以上),但线路长度较短(25 Mbit/s 时约为 1 km),且部分技术尚未完全确定。因此在实际使用中,ADSL(Asymmetric Digital Subscriber Line)相对最为普遍。

ADSL 为非对称数字用户环路,在两个传输方向上的速率是不一样的。它使用单对电话线,为网络用户提供很高的传输速率,下行速率为 32 Kbit/s ~ 8.192 Mbit/s,上行速率为 32

Kbit/s ~ 1.088 Mbit/s,同时在同一根线上可以提供语音电话服务,支持同时传输数据和语音。

　　ADSL 的调制技术主要有离散多音频调制技术(DMT)和无载波调幅调相技术(CAP)两种。CAP 是最早的标准,已推向市场的 ADSL 产品大部分采用 CAP 调制方式。DMT 把数字信号进行分段调制以实现更高的带宽,它的性能更强,而且可以实现不同厂家 ADSL 设备之间的互联。考虑到不同用户,DMT 有两个标准,一个是全频段的 G. DMT(下行速率 8 Mbit/s,上行速率 1.088 Mbit/s),另一个是简化版的 G. Lite(下行速率 1.5 Mbit/s,上行速率 640 Kbit/s)。采用 DMT 技术的 ADSL 的下行速率已达 9 Mbit/s。ADSL 本身具有一路对一路的特点,即用户端的一个 Modem 对应中心设备端的一个相应的端口,因此,发展 ADSL 时,在某一用户处采用某一标准并不影响在另一用户处采用另一标准。若中心设备端设备采用 CAP,则用户端设备也采用 CAP;若中心端采用 DMT,则用户端也应是 DMT。采用 CAP 的用户和采用 DMT 的用户是没有关系的。所以,ADSL 与 56 K Modem 等其他技术不同,无须所有标准统一就能提供服务。

　　ADSL 具有下面的特点。

　　(1)仅使用一对用户线,以相应减轻用户的压力,其市场主要是分散的住宅居民用户,也可以扩展至企业集团用户。

　　(2)具有普通电话信道,即使 ADSL 设备出现故障也不影响普通电话业务。

　　(3)下行速率大,不但能够满足目前的 Internet 用户的需要,而且还可满足将来广播电视、视频点播以及多媒体接入业务的需要。

　　ADSL 服务的典型结构是:在用户端安装 ADSL 调制解调设备时,用户数据经过调制变成 ADSL 信号,可以通过普通双绞铜线传送;如果要在铜线上同时传送电话,就要加一个分离器,分离器能将语音信号和调制好的数字信号放在同一条铜线上传送。信号传送到交换局,再通过一个分路器将语音信号和 ADSL 数字调制信号分离出来,把语音信号交给中心局交换机。ADSL 数字调制信号交给 ADSL 中心设备,由中心设备处理,变成信元或数据包后再交给骨干网,如图 6-1 所示。

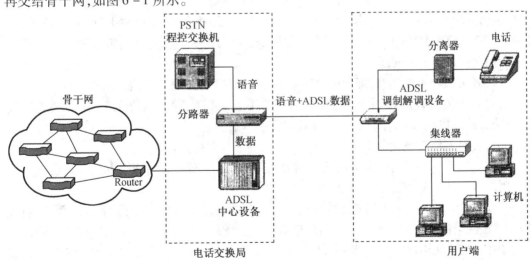

图 6-1　ADSL 的典型连接结构

### 6.3.2  HFC 方式

HFC(Hybrid Fiber - Coax)，即网络传输主干为光纤，到用户端为同轴电缆的用户网络接入方式。我国各城市的有线电视网按照电信网络的要求进行一定的升级改造，即可为用户提供 HFC 接入，实现普通电话、VOD、远程医疗等窄带和宽带业务。

利用 HFC 方式实现宽带接入，有线网的优势主要表现如下。

(1)其信号的通频带宽为 750 MHz，是市话双绞线所无法比拟的。

(2)充分适应信息网络的发展，易于过渡为最终的 FTTH/FTTO(光纤到家/光纤到办公室)方式。如现有有线电视网络的一个节点所带的用户数可由现在的数百户逐渐减少，直至最终仅带一个用户，此时 HFC 方式即过渡为最终的 FTTH/FTTO 方式。

(3)同利用 ADSL 等电信网络实现宽带接入的成本相比，HFC 方式的费用很低。

因此，由 HFC 方式提供宽带接入的费用会明显低于 XDSL 等的接入费用，这是它在应用中最大的优势。

但同时，现有的有线网同 ADSL 相比，也存在一些劣势，表现如下。

(1)有线电视网的带宽为所有用户所共享。即每一用户所占的带宽并不固定，它取决于某一时刻对带宽进行共享的用户数。随着用户的增加，每个用户分得的实际带宽将明显降低，甚至低于用户独享的 ADSL 带宽。

(2)由于它为共享型网络，数据传送基于广播机制，通信的安全性不够高。

(3)它主要铺设在住宅小区，显然不及市话双绞线覆盖的范围广泛。

### 6.3.3  ATM

1. B - ISDN 的引入

随着社会的进步、经济的发展和教育的普及，信息在人们的工作、学习和生活中发挥着越来越重要的作用，也出现了更多的通信业务，如高清晰度电视、电视会议、可视电话、点播电视、远程教育、远程医疗、家庭购物和高速数据传输等。对这些多功能化的需求，现今的任何网(包括电话网、用户电报网、公共分组交换数据网、电路交换数据网、数字数据网、LAN、WAN、MAN、ISDN 和 CATV 等)都无法完成，因为这些网都是面对特定业务类型设计的，它们存在以下几个问题。

(1)各网资源不能共享，即使一个网络中有空闲资源也不能被其他网络中的业务使用。

(2)大量的网络和不同硬件使维护、管理费用居高不下，同时维护管理人员需熟悉不同业务网的操作规程，因而不利于形成高效的管理体系。

(3)各种网络专业化程度高，不利于综合新业务和多媒体通信的发展。

(4)同时要求多种通信业务的用户需要有多个用户号码、多种接续方式和多台通信终端，用户不仅投资大，而且使用不方便。

总之，这些专业网既不能满足未来用户对业务的高速度、多样化及灵活性的要求，也克服不了在网络的维护和管理上给网络经营者带来的困难，更重要的是无法适应未来网的发展。因此，无论从用户的角度还是从网络经营者的角度，都希望建立一个单一的网络。要求这个网络既能传送低速信号，又能传送高速信号；既能适应语音信号时延特性，又能适应数据信号误码特性，进而也能适应图像信号时延和误码两种特性；这个网便是宽带综合业务数字网(B - TSDN)。

2. ATM 的概念及特点

异步转移模式(ATM)的研究始于 20 世纪 80 年代初,在欧洲将其名称定为 ATD(异步时分复用),在美国则称 FPS(快速分组交换)。1988 年,ITU－T 在蓝皮书中正式将其定名为 ATM,并将它确定为 B－ISDN 的信息传递方式。

ATM 是一种面向连接的高速交换和多路复用技术,它使用固定长度的信元,可以同时传送各种信息,包括图像、声音和数据。

ATM 采用统计时分复用的方式,将来自不同信息源的信元汇集到一起,在一个缓冲器内排队,队列中的信元逐个输出到传输线路,在传输线路上形成首尾相接的信元流。信元的信头中写有信息的标志,说明信元所去的地址,网络根据信头中的标志来传送信元。

由于信息源传输信息是随机的,信元到达队列也是随机的——速率高的业务信元来得十分频繁;速率低的业务信元来得很稀疏。这些信元按照 FIFO(先进先出)的原则在队列中进行排队。队列中的信元按输出次序复用在传输线路上,信元在传输线路上并不对应某个固定的时隙,也不是按周期出现的。正是由于采用了统计时分复用方式,使得 ATM 具有很大的灵活性:任何业务都按实际需要来占用资源,对特定业务,传送的速率随信息到达的速率而变化,因此,网络资源可以得到最大限度的利用。另外,ATM 网络可以适用于任何业务,不论其特性如何,网络都按同样的模式来处理,以做到完全的业务综合。

ATM 综合了电路交换和分组交换的优点,它既具有电路交换的可靠性和低时延,又具有分组交换的高效性。ATM 具有如下的优点。

(1)灵活性和适应性强,能够适应将来新业务的要求和新技术的发展。

(2)能够有效地利用资源。在 ATM 网中,所有的资源都能被任何业务所使用,分配资源的方法是根据信息传送的需要随机地分配。

(3)ATM 网络是一个单一的通用网络,这个网络能够提供所有的业务,节省了网络设计、安装和维护的费用。

3. ATM 原理概述

由于 ATM 采用面向连接的传输方式,因此,在各个 ATM 端点之间进行通信之前需要通过虚连接进行交换。一个 ATM 的传输过程可以包括虚连接建立、数据传输和虚连接终止三个阶段。

ATM 网络是网状拓扑结构,由多个 ATM 交换机组成。ATM 网络与用户之间的接口称为用户网络接口(UNI);ATM 交换机与 ATM 交换机之间的接口称为网络与网络接口(NNI)。

ATM 中的虚连接由虚通路(Virtual Path,VP)和虚通道(Virtual Channel,VC)组成,分别用 VPI(Virtual Path Identifier)和 VCI(Virtual Channel Identifier)来标识。多个虚通道可以复用一个虚通路,而多个虚通路又可以复用一条传输链路。在一个传输链路上,每个虚连接可以用 VPI 和 VCI 的值唯一标识。VP、VC 和传输链路的关系如图 6－2 所示。

当发送端希望与接收端建立虚连接时,它首先通过 UNI 向 ATM 交换机发送一个建立连接的请求。在接收端接到该请求并同意建立连接后,一条虚连接才会被建立。虚连接用 VPI/VCI 来标识。连接建立后,虚连接上的所有中继交换机中都会建立连接映像表。当信元经过交换机时,其信头中 VPI/VCI 的值将根据要发送的目的地参照连接映像表被映射成新的 VPI/VCI。这样,通过一系列 VP、VC 的交换,信元被准确地传送到目的地,如图 6－3 所示。

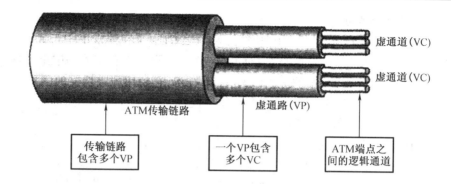

图 6 - 2　虚通道、虚通路和传输链路的关系

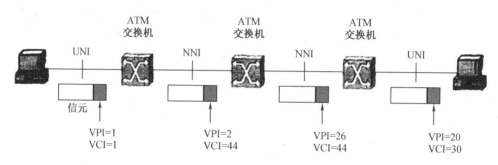

图 6 - 3　ATNI 交换的原理

　　虚连接有永久虚连接(PVC)和交换虚连接(SVC)两种。PVC 和 SVC 的不同点在于 SVC 是在进行数据传输之前通过信令协议自动建立的,数据传输之后便被拆除;PVC 是由网络管理等外部机制建立的虚拟连接,该连接在网络中将一直存在,每个 ATM 虚连接都有一个服务质量(QoS)参数来标定所传输的数据。QoS 参数主要包括数据传输所需要的带宽、数据负载类型(恒定比特率(CBR)或可变比特率(VBR)等)以及数据优先级和时延等。

　　ATM 中的信息传输采用固定长格式,一律为 53 字节,其中包括 48 个字节的数据和 5 个字节的信元头。ATM 信元长度的选择考虑因素有传输速率、打包时延、在交换机中的排队时延以及交换机中存储器的大小等。ATM 信元头的功能很有限,主要用来标识虚连接,另外,它也完成一些功能有限的流量控制、拥塞控制和差错控制等功能,虚连接由信元头中的 VPI/VCI 来标识。

　　ATM 的概念可以概括为,ATM 可以看作是一种特殊的分组型传递方式,它建立在统计时分复用的基础上,并使用固定长度的信元。当用户希望通过 ATM 网络传输数据时,首先通过信令向目的站点提出建立虚连接的请求,同时给出该连接所需要的 QoS 参数。若这些要求能够被满足,则连接被建立,发送端得到一个 VPI/VCI。这时,发送端就可以通过这条虚连接将数据发送给接收端。当数据经过 ATM 交换机时,要进行 VP、VC 交换,此时,信元头中的 VPI、VCI 被赋予新值。数据传输结束后,虚连接被拆除。

　　ATM 的这种传输机制使得 ATM 网络具有其他网络所不能比拟的优点:能适应高带宽应用的需求,能同时传输多种数据信息;具有良好的可扩展性;局域网和广域网具有统一的结构以及为应用提供 QoS 参数等。这些特点使 ATM 网络得到人们的重视。

# 6.4 无线数据网

前面介绍的广域网接入技术都属于有线网络。近些年来,无线广域网的应用也在逐渐展开,随着无线技术的不断成熟,它将会成为未来最有前途的网络手段。无线广域网中用无线电、微波和卫星进行通信。无线电通信的拓扑结构要求将 LAN 连接到无线的网桥上,再由网桥连接到天线上。天线向远方的天线发送信号,远方的这个天线也是连接在网桥上,它接收发过来的包并将其放在本地的局域网上。这种通信类型称为分组无线网(Packet Radio),在无线电频率非常高的时候使用。如图 6-4 所示为一个连接两个 LAN 的无线广域网的拓扑结构。

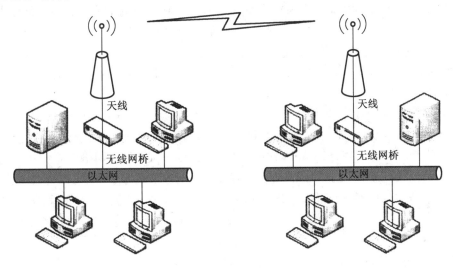

图 6-4 无线广域网拓扑结构

微波通信的频率比无线电波通信的频率更高。在微波通信的拓扑结构中,包含着一个与 LAN 连接的微波天线,它将信号发送到远方的微波天线上,再由这个微波天线将信号转换到网络分组通信中。

在卫星通信中,某一位置上使用碟形卫星电视天线,将信号发送到空间的卫星中,信号再从卫星上重新发送回地面的某个位置上,接收信号的地方也许与发送信号的地方距离较远。卫星其实是创建 WAN 来连接 LAN 的通信方法中最昂贵的一种,而在无线通信中,无线电波是相对便宜的。

无线广域网则可为用户提供几乎不受范围、场所限制的无线上网方式。利用现成的手机信号网络,我们就可以实现无线上网。目前此方式在我国有 GPRS 和 CDMA 1X 两种,它们的缺点是上网的速度比较慢。GPRS 由中国移动提供信号,在一般环境下上网速度只有30~40 Kb/s;CDMA 1X 则快些,它的信号由中国联通提供,最高速度可达 153 Kb/s,几乎是GPRS 速度的四倍,不过它们比起无线局域网最高达 11 Mb/s 的速度来说,还是有比较大的差距。无线上网卡目前主要有 USB 和 PC 智能卡两种接口方式。

# 6.5 企业联网方式

前几节所介绍的几种广域网接入方式,从现在看,主要用于未来的普通家庭个人用户上网、中小企业开展增值业务等。用户群体基本同于窄带网中 ISDN 的用户群体。但以上方式又显然不太适合对通信能力要求较高的企事业单位进行组网。那么,他们的组网方式又是什么呢?

我们知道,现有的计算机网、电信网和有线电视网将逐渐趋于融合,最终整合成为一个统一的信息网络。对计算机网络,现有的网络模式主要为以太网和快速以太网,基本构架为第二层交换机(或集线器)和网关路由器;网关路由器的出口主要为同 DDN、帧中继或分组交换网等 WAN 相接的串口,同 ISDN 相接的 BRI 和 PRI 口及通道化的 E1 口;网络大都处于 WAN 的接入层(Access Layer)。未来计算机网络的应用范围将由现在 WAN 的接入层扩展进入到整个电信网络的汇聚层和骨干核心层。在接入层和汇聚层,网络模式将主要为快速以太网和千兆以太网,以第二层高速交换机和用于网络出口的宽带路由器或者直接以第三层高速 IP 交换机为基本构成。

网络的网关出口不仅能支持原有的 PRI 口、通道化的 E1 口,还能支持 HSSI 口(高速串口)、快速以太网口及 ATM 等其他高速接口,速率也相应增大为 E1、E3、100 Mb/s 甚至 OC－3(155 Mb/s)、OC－12(622 Mb/s)等。现在来看,在核心层,其网络模式将主要为千兆以太网,以第三层高速 IP 交换机或高速交换路由器等为基本构成;网关出口主要为 ATM 接口(IP over ATM 方式)和 POS 接口(IP over SDH 方式)等;速率主要为 OC－12、OC－48(2.5 Gb/s)或更高。对于传统电信网,包括现有的公众电话网、分组交换网、DDN、帧中继等窄带网络,以及 XDSL,HFC 等宽带接入网络都将逐步向统一的 ATM 宽带平台转移,ATM 交换普遍存在于电信网络的骨干核心层及汇聚层,网络中继也将由现在常用的以 E1、E3 为主发展为 OC－3、OC－12 或更高速率的光纤中继电路。

而作为计算机网络应用中最为广泛的以太型网络和 IP 协议,将从电信网络的核心层开始,同 ATM 相融合。另据业界专家分析,随着 IP 协议的进一步发展和完善,QoS(服务质量)、安全性以及计费等功能的进一步成熟,IP 协议极有可能最终取代 ATM 而成为未来信息网络的主流协议,占据未来信息网络的核心层、汇聚层(分发层)及接入层。

对于大中企事业单位,他们也会根据自己的需要,逐步按照以上方向建造自己的 LAN。因为千兆以太网易于从现有的以太网和快速以太网升级而来,比较简单,性价比明显优于用 ATM 组建 LAN,在实际中应用更为广泛,故他们会主要以千兆以太网模式进行 LAN 组网。网关出口则主要通过光纤(即 FTTH/FTTO 方式)或 5 类电缆(即 FTTB＋LAN 方式)实现对 WAN 的高速接入。而对于目前使用以太网或快速以太网的中小企业,实现网络宽带化,仅在于按照实际信息需求将原有的窄带网关路由器替换为宽带网关路由器,将以前租用的 DDN 或帧中继专线替换为 HSSI、E3 等接口的高速率传输中继。

同现在 DDN 和帧中继提供的 VPN 业务相比,未来信息网络将提供更加丰富的 VPN 业务。未来企业组建 VPN 的解决方案包含三种不同的 VPN 业务:接入 VPN、企业内联网(Intranet)的 VPN 和外联网(Extranet)的 VPN。接入 VPN 指利用拨号、ISDN、XDSL、移动 IP 和有线技术等为固定用户、移动用户很经济地提供各种业务访问连接。

企业内联网和外联网 VPN 的组建主要有以下三种方式。

(1)在公众 IP 网络上,基于如 IPSec(IP 安全协议)等协议创建 IP 通道,建立安全的点对点连接,即所谓的"隧道技术"(Tunneling)。

(2)基于 ATM 或帧中继的 PVC。

(3)支持使用 IP 技术或 IP 和 ATM 集成技术的、基于 MPLS(多协议标记交换)的 VPN 业务。

其中,第一种方式为世界各大同类电信设备提供商所公认,他们也纷纷提出类似的 VPN 解决方案。显然,未来的 VPN 组网会更加灵活,使用会更加便捷。

作为 DDN 为用户提供半永久性连接电路的核心技术——数字交叉连接技术,由于具有简洁的优势而继续存在,但同时也将从现在的 E1 范围内提升到更高层次、更高速率的范围内,如在光纤传输中的交叉连接设备(OXC)。帧中继的技术则完全融合到统一 ATM 网络中。现在的 ISDN 将朝着更适合于多种宽带业务同时传输的方向(即 B – ISDN)发展。

另外,由于无线接入具有投资收益快和高利润等明显的优势,人们需密切关注无线接入技术(包括固定无线接入和卫星接入)的发展,特别是应用于现在和未来移动通信网中的 WAP(Wireless Application Protocol)及相关网络技术的发展。随着传输带宽很窄的瓶颈逐渐得以消除,以及接入价格的逐步降低,无线接入在移动数据领域发展的势头,将会类似现在在话音通信领域中移动电话的发展势头——用户持续激增,业务量在短短十几年内超过固定电话,也因此,无线接入为国内外新兴的网络运营商摆脱传统电信运营商的接入制约提供了非常便捷和高效的方法。

# 第7章  网络操作系统

随着计算机技术的快速发展,计算机软件包括系统软件也以惊人的速度在不断的发展和更新。就操作系统类软件而言,世界几大著名软件公司如微软、Novell 公司等都把很大一部分的研发人员和巨额的资金投入到操作系统软件的开发上。为了满足当今网络快速发展之后用户对于专门用于管理网络资源的网络操作系统提出的更高的要求,各种网络操作系统也在不断地推陈出新。网络操作系统以其高性能、稳定性好、功能强大、便于管理等诸多特性,越来越多地受到欢迎。

**本章提要**

· 网络操作系统概述;
· 典型的网络操作系统;
· 网络系统的结构、网络操作系统提供的各种服务功能;
· 常用服务器技术。

## 7.1  网络操作系统概述

### 7.1.1  网络操作系统的基本概念

1. 网络操作系统的定义

操作系统(OS)是计算机软件系统中的重要组成部分,它是计算机与用户之间的接口。单机的操作系统必须要能实现以下两个基本功能。

(1)合理地组织计算机的工作流程,有效地管理系统各类软、硬件资源。

(2)为用户提供各种简便有效的访问本机资源的手段。

为了实现上述功能,程序设计员需要在操作系统中建立各种进程,编制不同的功能模块,按层次结构将功能模块有机地组织起来,以完成处理器管理、作业管理、存储管理、文件管理和设备管理等功能。但是单机操作系统只能为本地用户使用本机资源提供服务,不能满足开放网络环境的要求。如果用户的计算机已连接到一个局域网中,但是没有安装网络操作系统,那么这台计算机也不可能提供任何网络服务功能。对于联网的计算机系统,它们不仅要为使用本地资源和网络资源的用户提供服务,还要为远程网络用户提供资源服务,因此网络操作系统的基本任务是,屏蔽本地资源与网络资源的差异性,为用户提供各种基本网络服务功能,完成网络共享系统资源的管理,并提供网络操作系统的安全性服务。

我们通常将网络操作系统(NOS)定义为:使网络上各计算机能够方便而有效地共享网络资源,并为网络用户提供所需的各种服务的软件与协议的集合。

NOS 与一般单机 OS 的不同在于它们提供的服务有差别。一般来说,网络操作系统偏重于将与网络活动相关的特性加以优化,即经过网络来管理诸如共享数据文件、软件应用和外设之类的资源。而单机操作系统则偏重于优化用户与系统的接口,以及在其上面运行的各种应用程序。因此,网络操作系统实质上是管理整个网络资源的一种程序。

网络操作系统管理的资源有工作站所访问的文件系统、在网络操作系统上运行的各种共享应用程序、共享网络设备的输入/输出信息、网络操作系统进程间的 CPU 调度等。

2. 网络操作系统的特点

网络操作系统是网络用户与计算机网络之间的接口。网络用户通过网络操作系统请求网络服务。网络操作系统具有处理机管理、存储器管理、设备管理、文件管理、作业管理以及网络管理等功能。而早期的网络操作系统只能算是一个最基本的文件系统,在这样的网络操作系统上,网上各站点之间的互访能力非常有限,用户只能进行有限的数据传送,或运行一些专门的应用,如电子邮件等,满足不了用户的需要。随着计算机网络的发展和广泛应用,网络操作系统也不断在发展,并具备如下的特点。

(1)从体系结构的角度看

网络操作系统具有所有操作系统的职能,如任务管理、缓冲区管理、文件管理以及磁盘、打印机等外设管理。

(2)从操作系统的观点看

网络操作系统是多用户共享资源的操作系统,包括磁盘处理、打印机处理、网络通信处理等面向用户的处理程序和多用户的系统核心调度程序。

(3)从网络的观点看

在物理层和数据链路层,一般网络操作系统支持多种网卡,如 Intel、3Com、Novell 公司以及其他厂家的网卡,其中有基于总线的,也有基于令牌环的网卡。从拓扑结构来看,网络操作系统可以运行于总线型、环型和星型等多种形式的网络之上。

在网络层,为了提供网络的互联性,一般网络操作系统也提供了路由功能,可以将具有相同或不同的网卡、协议、拓扑结构的网络连接起来。

因此,一个典型的网络操作系统一般具有以下特征。

①与硬件无关　网络操作系统可以在不同的网络硬件上运行,例如使用不同的网卡。

②广域网连接　可以通过网桥、路由器与别的网络连接。

③多客户端支持　可以连接多个客户端。

④多用户支持　网络操作系统应能同时支持多个用户对网络的访问。

⑤网络管理　支持网络应用程序及其管理功能,如系统备份、安全管理和性能控制等。

⑥系统容错　防止主机系统因故障而影响网络的正常运行,通常采用 UPS 电源监控保护、双机热备份、磁盘镜像和热插拔等措施。

⑦安全性和存取控制　对用户资源进行控制,并提供控制用户对网络访问的方法。

⑧用户界面　网络操作系统提供给用户丰富的界面功能,具有多种网络控制方式。

## 7.1.2　网络操作系统的服务功能

不同的网络操作系统功能和特点不尽相同,但是一般来说,网络操作系统都具有以下几个基本功能。

## 1. 文件服务

文件服务是网络操作系统操作中最重要、最基本的网络服务。文件服务器以集中的方式管理共享文件，为网络提供完整的数据、文件、目录服务。用户可以根据所规定的权限对文件进行建立、打开、读写、删除等操作。

## 2. 数据库服务

随着局域网应用的深入，用户对网络数据库服务的需求也日益增加。客户机/服务器工作模式以数据库管理系统（DBMS）为后援，将数据库操作与应用程序分离开来，分别由服务器端数据库和客户端工作站来执行。用户可以使用结构化查询语言（SQL）向数据库服务器发出查询请求，由数据库服务器完成查询后再将结果传送给用户。客户机/服务器工作模式优化了网络操作系统的协同操作性能，有效地增强了网络操作系统的服务功能。

## 3. 打印服务

打印服务也是网络操作系统所提供的基本网络服务功能。共享打印服务可以通过设置专门的打印服务器来实现，打印服务器也可由文件服务器或工作站兼任。局域网中可以设置一台或多台共享打印机，向网络用户提供远程共享打印服务。打印服务主要实现对用户打印请求的接收、打印格式的说明、打印机的配置、打印队列的管理等功能。

## 4. 通信服务

局域网提供的通信服务主要有工作站与工作站之间的对等通信、工作站与主机之间的通信服务等功能。

## 5. 信息服务

局域网可以用存储转发方式或对等的点到点通信方式完成电子邮件服务，目前已经发展为文本文件、二进制数据文件以及图像、数字视频与语音数据的同步传输服务。

## 6. 分布式服务

网络操作系统为支持分布式服务功能提出了一种新的网络资源管理机制，即分布式目录服务。它将分布在不同地理位置的互联局域网中的资源组织在一个全局性的、可复制的分布数据库中，网中多个服务器都有该数据库的副本，用户在一个工作站上注册，便可与多个服务器连接。对于用户来说，一个局域网系统中分布在不同位置的多个服务器资源对他都是透明的，用户可以用简单的方法去访问一个大型互联局域网系统。

## 7. 域名服务

在使用网络提供的各种服务时，用户很少使用网络层的地址（IP 地址），而通常使用ASCII 字符串来表示一个目的地址，然而网络设备本身只能识别二进制表示的地址，因此，网络操作系统提供域名服务，用来实现 ASCII 字符串和二进制 IP 地址之间的转换。

## 8. 网络管理服务

网络操作系统提供了丰富的网络管理服务工具，可以提供网络性能分析、网络状态监控和存储管理等多种管理服务。

## 9. Internet 与 Intranet 服务

为适应 Internet 与 Intranet 的应用，网络操作系统一般都支持 TCP/IP，提供各 Internet 服务，支持 Java 应用开发工具等，使局域网服务器很容易地成为 Web Server，以全面支持 Internet 与 Intranet 访问。

# 7.2　典型的网络操作系统

随着计算机网络的飞速发展,在市场上出现了多种网络操作系统,目前较常见的网络操作系统主要包括 Unix、NetWare、Windows NT Server、Windows 2003 Server、Windows 2003 Advanced Server 和 Windows. NET Server,另外还有发展势头强劲的 Linux 等。作为几大网络操作系统,它们有许多共同点,同时又各具特色,被广泛地应用于各类网络环境中,并都占有一定的市场份额。网络建设者应熟悉这几种网络操作系统的特征及优缺点,并应根据实际的应用情况以及网络使用者的水平层次来选择合适的网络操作系统。下面我们将对常用的几种网络操作系统分别做详细的介绍。

## 7.2.1　Windows 类网络操作系统

### 1. Windows 操作系统的发展

对于这类操作系统相信用过电脑的人都不会陌生,这是全球最大的软件开发商——Microsoft(微软)公司开发的。微软公司的 Windows 系统不仅在个人操作系统中占有绝对优势,它在网络操作系统中也具有非常强劲的力量。1983 年 11 月,Microsoft 公司推出了第一个 Windows 产品——Windows 1.0 操作系统。Windows 1.0 操作系统的主要功能是为当时已十分流行的 MS – DOS 操作系统提供图形用户界面。1987 年 12 月,Microsoft 公司推出了 Windows 2.0。它在技术上已有了明显的进步,它弥补了 1.0 版本中的一些不足。1990 年 5 月,Microsoft 公司推出了 Windows 3.0 操作系统,Windows 3.0 操作系统在许多方面对 Windows 2.0 进行了改进。1992 年 4 月,Microsoft 公司推出了更为稳定的 Windows 3.1 操作系统。1992 年 5 月,Microsoft 公司针对工作组网络市场推出了 Windows for Workgroup 3.1 操作系统。

1993 年 5 后,Microsoft 公司针对服务器市场,推出了与 Unix、NetWare 和 OS/2 操作系统等竞争的全新的 Windows NT 3.1 操作系统,它与 DOS 脱离,采用了面向对象等新技术,在稳定性、可扩展性、可移植性和兼容性等方面对内核完全进行了重新设计。1994 年 9 月,Microsoft 公司推出了 Windows NT 3.5 操作系统,Windows NT 3.5 操作系统对 Windows NT 3.1 操作系统进行了改进,如降低了对内存资源的要求、增加了与 Unix 和 NetWare 操作系统等的连接和集成。更为重要的是,与 Windows NT 3.5 操作系统同时发布的 BackOffice 应用包中包括企业计算需要的一些关键产品,如 SQL Server、Exchange 等,改变了 Windows NT 操作系统缺乏关键应用软件的状况,Windows NT 3.5 操作系统在市场上取得了很好的成绩,奠定了 Windows NT 操作系统在服务器市场中的重要地位。

1996 年 7 月,Microsoft 公司推出了 Windows NT 4.0 操作系统。Windows NT 4.0 操作系统在产品上分为了两个,它们是适合于客户机的 Windows NT workstation 4.0 操作系统和适合于服务器的 Windows NT Server 4.0 操作系统。

2000 年,Microsoft 公司又推出了 Windows 2000 操作系统。与 Windows NT 4.0 操作系统相比,Windows 2000 操作系统几乎在产品的各个方面都取得了极大的进步。从功能上看,Windows 2000 操作系统已经能够适应个人和企业对操作系统的各种需要。作为个人或企业的客户机,它比 Windows 98 操作系统更便于使用和管理;作为文件服务器,它比

Windows NT 4.0 操作系统更具有伸缩性和灵活性;作为应用服务器,它支持大量的数据集合;作为 Internet/Intranet 服务器,它更安全、更基于标准。此后,Microsoft 公司又在 2001 年发布了新一代的个人操作系统 Windows XP,操作系统,它不断改善了用户对 PC 的体验,还通过设备、数字媒体和 Web 服务扩展了 PC 的功能,为用户提供更为丰富的使用体验。2003 年 5 月,Microsoft 公司发布了新的网络操作系统 Windows 2003,它在 Windows 2000 操作系统的基础上又新增了很多特性。

2. Windows 2000 Server 的特点

(1)易于安装、管理和使用

Windows 2000 Server 结合了大家所熟悉的 Windows 95/98 用户界面,在桌面计算机和服务器中提供了一致的界面外观。基于任务的管理向导把常用的服务器管理工具集成在一起,逐步引导网络管理员完成加入用户、创建和管理用户组、管理网络客户端对文件和文件夹的访问等操作步骤,使得整个管理工作比以前更加方便。

Windows 2000 Server 中内置的任务管理器和网络监视器这样的管理工具可以大大地简化日常的网络服务器管理。任务管理器主要负责监视 Windows 2000 Server 的应用程序、任务和关键性能参数。提供每个运行于系统中的应用程序和过程的详细信息。通过这些信息,网络管理员可以快速地终止没有响应的过程,及时改善系统的运行状态。

Windows 2000 Server 中另一个强大的诊断工具是网络监视器,它可以按信息包级别来检测网络上工作站与服务器的通信状况,并且还记录下这些信息,便于以后分析,使排除网络上潜在问题的过程更加容易。

(2)灵活的网络服务器体系结构

Windows 2000 Server 提供了与 Microsoft 系列应用软件,如电子邮件、文件服务器、数据库和通信平台的无缝集成。另外,通过对超过 5 000 个硬件平台的支持,Windows 2000 Server 能够运行在比同类产品多得多的平台上。Windows 2000 Server 与当前所有的网络协议都兼容,包括 TCP/IP,IPX/SPX,NetBEUI,AppleTalk,DLC,HTTP,SNA,PPP,PPTP 等。对于客户端的兼容性来说,Windows 2000 Server 是当时最灵活的网络操作系统,它能与许多客户机操作系统协同工作,包括 Windows 3.x,Windows 95/98,Windows NT Workstation 等。

(3)内置的通信服务

各类商业用户,如商务人员、在家办公或出差在外的企业员工以及其他移动用户都可以使用远程访问服务(RAS)连接到 Windows 2000 Server。这个特征允许远程用户拨号进入网络。Microsoft 公司与其他的公司合作,引入了点对点通道协议(PPTP)。PPTP 允许远程用户拨号到本地的 Internet 服务供应商(ISP),然后通过一个安全的通道来访问他们自己的网络,就好像在自己的桌面上一样。PPTP 还为 RAS 连接提供了协议封装和数据加密的功能,允许用户在公共的数据网络(如 Internet)中创建虚拟专用网(VPN)。

(4)完善的网络操作平台

Windows NT Server 是当时唯一带有内置 Web 服务器(Internet Information Server)的网络操作系统。IIS 和 Windows 2000 Server 的集成意味着 Web 服务器的安装和管理是操作系统工作的一部分。通过对 IIS 的安装,Windows 2000 Server 为 Internet 和 Intranet 计算环境提供了一个功能强大的平台。用户可以通过 IIS 从任何一个有 Web 浏览器的 PC 机上远程管理自己的 Web 节点。在 Windows 2000 Server 中,内置有一个功能全面的 Web 页面编写工具——Microsoft FrontPage,用户可利用其丰富的模板来创建 Web 页,审核和检查页链接,管理所创建的 Web 节点,等等。Microsoft FrontPage 的设计既考虑了个人用户,也考虑了开发合作组织,它使得没有开发经验的用户和有经验的开发者都能够创建和管理专业质量的节点。

Microsoft Index Server 是可以从网上自由下载的组件,它能够自动检索各类服务器上各种文件(包括 HTML 格式文件)的内容和属性。文档搜索服务允许对 HTML 和 Office 文档的内容进行检索和搜索,扩展 Web 服务器的信息和数据收集的能力。

3. Windows 2003 产品系列

Windows 2000 产品系列包括适应于桌面的 Windows 2000 Professional 操作系统和适应于各种不同规模服务器的 Windows 2000 Server, Windows 2000 Advanced Server 及 Windows 2000 Datacenter Server 四种产品。Windows Server 2003 的产品系列如下。

(1)Windows Server 2003 Standard Edition(标准版)

Windows Server 2003 标准版采用了 Windows 2000 Server 的技术,从而更加容易实现网络的部署、管理和使用,可用性和可伸缩性比较高。Windows Server 2003 标准版提供了高级联网功能,例如 Internet 身份验证服务(IAS)、网桥功能和 Internet 连接共享(ICS),能够支持四路对称多重处理(SMP)和最大 4 GB 的扩展物理内存。

(2)Windows Server 2003 Enterprise Edition(企业版)

Windows Server 2003 企业版提供了比标准版更高的性能,可以集群服务器,以便处理更大的负荷,更大程度地实现了可靠性。它能够提供八路对称多重处理的能力,支持 8 个节点的集群,最高支持 32 GB 的扩展物理内存。除了网络负载平衡、服务器集群和 Active Directory 服务技术外,还引入了一些新技术,例如公共语言运行时,用于防止网络受到恶意代码或设计较差的代码的影响。在安全功能上,企业版还改进了 IIS、公钥基础结构(PKI)和 Kerberos 的安全性,并增加了对智能卡和生物特征识别技术的支持等。

(3)Windows Server 2003 Datacenter Edition(数据中心版)

Windows Server 2003 数据中心版实现最高可伸缩性和可靠性的设计,支持数据库的关键业务解决方案、企业资源计划软件、大量实时事务处理。Windows Server 2003 Datacenter Edition 可以提供 32 位和 64 位两个版本,由数据中心服务提供商集成硬件、软件和服务产品。Windows Server 2003 数据中心可以支持 32 路对称多重处理,64 GB 的扩展物理内存,适合于大规模数据仓库、计量经济学分析、大规模科学和工程计算、事务处理以及大规模的 ISP 等应用。

(4)Windows Server 2003 Web Edition(Web 版)

Windows Server 2003 Web 版是针对专用的 Web 服务和宿主设计的,为 Internet 服务提供商、应用程序开发人员以及其他使用或部署特定 Web 功能的人提供了一个较好的解决方案。它利用 Internet Information Services(IIS)6.0, Microsoft ASP. NET 和 Microsoft. NET Framework 中的改进,使构建和承载 Web 应用程序、网页和 XML Web 服务更加容易;支持双向对称多重处理(SMP)的专用 Web 服务功能,2 GB 的 RAM。

4. Windows 2003 操作系统的功能特性

(1)网络及系统管理

Windows Server 2003 在网络和系统管理方面的活动目录作了很大的改进。活动目录(AD)使 Windows Server 2003 能更有效地安装、配置和管理系统和网络。

**活动目录**　活动目录是一个可升级的面向企业用户的目录服务,它采用了 Internet 技术并集成到了操作系统的内部。活动目录改进了查询能力,并具有支持权限委托的管理、简单的域管理和单一的网络登录等特性。通过活动目录,网络用户登录一次后就可以访问网络中任何地方的资源,而与哪个服务器实际拥有用户账号无关。与 Windows 2000 操作系统相比,Windows Server 2003 增强了管理员的能力,使其即便在包含多个森林、域及站点的大企业中也能有效地配置和管理活动目录,而改进的迁移和管理工具连同重命名域的功能,使得部署活动目录任务更简化。

**组策略编辑器** 使用"组策略编辑器",系统管理员能够根据应用的要求在活动目录中为用户和组设置站点、域及组织。基于策略的管理能够自动处理任务,例如,操作系统更新、应用软件的安装和用户的说明等操作。Windows Server 2003 也提供了新的组策略管理工具,由组策略管理控制台(GPMC)管理所有与组策略相关的任务,它也可以让系统管理员在一个森林中的多个站点或域中来管理组策略。

**应用软件安装服务** 应用软件安装服务允许系统管理员指定一个对用户或用户组永远可用的应用集合。Windows Server 2003 的应用软件安装服务使系统管理员能对应用程序进行远程安装和维护。它能有效地减少动态链接库的冲突,并能对桌面应用进行更好的管理。

**智能镜像** 智能镜像管理技术包括一系列的特征,这些特征使得用户在从一个桌面移到另一介桌面、从一个城市移到另一个城市时,他的数据和应用程序、操作系统设置等能保持不变,这一功能是通过智能高速缓存和集中式同步来实现的。这意味着用户访问了他的信息和应用后,不论是否继续连接在网络上都能确保数据在服务器上的安全。

(2)存储管理及文件系统支持

Windows Server 2003 在存储管理方面引入了新的增强功能,这使得管理及维护磁盘和卷、备份和恢复数据以及连接存储区域网络(Storage Area Networks,SAN)更为简易和可靠。它提供了动态卷管理、共享文件夹、可移动存储、远程存储、加密文件系统、NTFS 扩展等存储管理和文件服务。

**远程存储服务(RSS)** 通过 RSS,可以在不加硬盘的前提下使用户方便地增加磁盘可用空间。RSS 会自动地监测本地硬盘中的可用空间,当主硬盘的可用空间低于需要时,RSS 就自动地删除已经被复制到远地存储中的本地数据,从而提供用户需要的可用空间。

**可移动的存储管理(RSM)** RSM 能方便用户对各种可移动的存储媒体的在线管理。它为媒体库等提供了一个公共界面,使得多个应用能在单个服务器系统中共享本地的库、磁盘或磁带的驱动程序和控制可移动的媒体。

**动态卷管理(DVM)** DVM 便得不需要重启系统就能管理服务器的存储。这个新组件实现了在线磁盘管理、磁盘自描述等功能。

磁盘限额支持 Windows Server 2003 对于由 NTFS 5.0 格式化的卷可以实现限额管理,可以使用该功能限制用户可使用的磁盘空间。

**NTFS 文件系统** Windows Server 2003 增强了 NTFS 文件系统的功能,它提供了文件的加密支持和不需要重启动就能在 NTFS 卷中增加磁盘空间等功能,而且还提供了能监测每个用户占用的磁盘空间、限制用户能用的磁盘空间等功能。

**分布文件系统(DFS)** Windows Server 2003 的分布文件系统是一个网络服务器组件,它可以在多重物理系统之外创建逻辑文件系统,便于用户使用。通过 DFS 用户可以创建单一的在组、部门或企业内的包括多重文件服务器的文件共享目录树,使用户能够轻松地寻找分布在网络任何地方的文件或文件夹。

(3)Web 与网络服务

在 Windows 2003 Server 中,新的 Web 使网络管理更加灵活、更加方便,并能使终端用户更好地利用 Internet 和 Intranet 资源。Windows 2003 Server 的应用服务则为应用程序提供了各种组件和管理工具,从而使用户能更方便地开发各种应用,如利用索引服务能更快、更方便地在网络上查询信息。

**内置 IIS6.0**　利用 Windows 2003 Server 中内置的 Web 服务 Internet Information Services 6.0(IIS6.0)可以在公司或企业的 Internet 和 Intranet 上方便地分布文档和信息。IIS6.0 完全与活动目录集成在一起,使创建 Web 应用更加方便,而 ASP. NET 在 IIS6.0 中的集成,也支持了多重应用池。IIS6.0 也提供了增强的安全特性,包括可选择的加密服务、高级摘要身份验证以及可设定的权限控制流程等。

**动态的域名服务(DNS)**　每当 DNS 客户配置发生变化时,动态的 DNS 就通过减少每次的人工编辑和复制 DNS 数据库操作来减轻网络管理员的负担。

远程访问服务 Windows 2003 Server 的远程访问服务提供了与直接拨号和 VPN 访问的集成。这样就提供了使用直接拨号和基于 Internet 的 VPN 的灵活性。

**DHCP 服务**　Windows 2003 Server 的 DHCP 服务器与动态 DNS 和活动目录集成在一起,它们为地址的管理和动态赋值提供了方便。

**Web 应用服务**　使用活动的服务器页面(ASP),用户能方便地为现存的基于服务器的应用创建一个基于 Web 的前端应用。

**索引服务**　使用集成的索引服务,能够安全地为用户提供一个快速简便的查询网络信息方式,不管存储在 Web 上的内容或者文件是否共享,用户仍能以不同的格式和语言使用这种服务进行文件查询。

**媒体服务**　媒体服务能为 Internet 和 Intranet 上的用户传输高质量的流媒体,它由服务器和工具组件构成,用于传输音频、视频和网络上的其他媒体类型文件。在 Windows 2003 Server 中,还包括了新版的 Windows 媒体播放器、Windows 媒体编辑器、音频/视频编码解码器以及 Windows 媒体软件开发工具包。

(4)企业级的安全性

Windows 2003 Server 中集成了强大的安全机制。它可以对不同的应用和环境提供不同级别的安全机制,这种多级别的安全机制优于过去使用的单级别的安全机制,大大提高了操作系统的安全防范措施。

**安全配置编辑器**　安全配置编辑器是一个"一次定义多次应用"的技术,它使管理员能将安全定义设置为模板,然后将此模板应用到选定的计算机上。

**Kerberos 认证**　Windows 2003 Server 完全支持 Kerberos 版本 5 的协议。

**公共钥匙认证服务器**　Windows 2003 Server 集成了公共钥匙认证服务,它对于那些要对其用户下传公共钥匙认证的组织团体是十分方便的。

**口安全协议**　IP 安全协议是一个对 TCP/IP 传输加密了的 IETF 标准,Windows 2003 Server 在系统方案管理中集成了 IPSec,以对终端用户增强系统间的加密技术,IPSec 能用于在 Internet 上的安全通信及 Internet 上创建"虚拟专用网"。

**加密文件系统(EFS)**　改进的 EFS 为灵敏的数据提供了额外的保护,它能实施到每个文件和每个目录上。使用的加密技术是公共的、基于钥匙的,并运行到集成的系统服务中,这就使得系统易于管理难于受到攻击,且对用户又是透明的。

**Internet 连接防火墙(ICF)** 小型企业使用设计 ICF 为直接连接到或通过 LAN 连接到 Internet 上的计算机提供基本的保护。LAN、拨号、VPN 或 PPPOE 连接都可以应用 ICF。ICF 与 ICS 或路由远程访问服务整合在一起。

### 7.2.2 NetWare 操作系统

NetWare 操作系统虽然远不如早几年那么风光,在局域网中早已失去了当年雄霸一方的气势,但是 NetWare 操作系统仍以对网络硬件的要求较低(工作站只要是 286 机就可以了)而受到一些设备比较落后的中、小型企业,特别是学校的青睐。人们一时还忘不了它在无盘工作站组建方面的优势,还忘不了它那毫无过分需求的大度。

1. Netare 操作系统的发展

NetWare 操作系统的发展起源于 1981 年,当时,Novell 公司首次提出了 LAN 文件服务器的概念,树立起 NetWare 开放系统计划下的第一个里程碑。1983 年,Novell 公司开发了基于 Motorola MC 68000(操作系统为 CP/M)的网络操作系统 Novell SHARE – NET。1984 年,Novell 公司推出了以 MS – DOS 为环境的网络操作系统 NetWare1.0。不久以后,Novell 公司推出了 Advanced NetWare 1. X,它增加了多任务处理功能,完善了低层协议;并支持基于不同网卡的节点互联。到了 1986 年,Novell 公司又推出 Advanced Netware 2.0,扩充了虚拟内存工作方式,并且内存寻址突破 640 KB。

1987 年,Novell 公司在 NetWare 文件服务器增加了系统容错机制(SFT),包括热修复、磁盘镜像和磁盘双工等特性,系统升级为 NetWare2.1。同年,Novell 公司又推出了低端产品 ELS NetWare,该产品提供 SFT 的功能,并且支持较少的并发用户,具有较低的价格。

1988 年,Novell 公司推出了运行在 DEC VAX 机上的 NetWare for VMS,使得 DEC 小型机可以作为文件服务器,而且推出的 NetWare 2.15 加入了对 Apple Macintosh 的支持,提供 Apple Talk 文件协议(AFP),使得 MAC 机可以作为 NetWare 的工作站。

1989 年,Novell 公司提出 Portable NetWare 的策略,鼓励第三方硬件制造商开发运行在他们的主机平台上的 NetWare 操作系统,同时推出基于 80386CPU 的全服务器操作系统,提高了安全性、可靠性和灵活性等综合能力。

1990 年,Novell 公司修改了 3.0 版本存在的问题,在网络整体性能、系统的可靠性、网络管理和应用开发平台等方面予以增强,推出了 NetWare 3.1 操作系统。1991 年,Novell 公司在 3.1 的基础上推出了 NetWare 3.11 操作系统,并加入了对 TCP/IP 和 IBM SAA(系统应用体系结构)的支持,使得 DOS, OS/2, Windows, Unix 和 Macintosh 工作站以及基于 PC 和小型机的服务器可以集成于同一个局域网中,并提供强有力的网络服务支持。同年,Novell 公司在 NetWare 2.15 操作系统的基础上推出了 NetWare 2.2 操作系统,支持对等的网络服务,不需要专门的文件服务器,网上的每个节点既可以作为服务器,又可以当作工作站使用,从而满足了低端用户的需求,降低了组网成本。

1993 年,Novell 公司在 NetWare 3.11 操作系统的基础上增加了目录服务和磁盘文件压缩等功能,推出了 NetWare 4.0 操作系统。1994 年,Novell 公司调整了 NetWare 结构,在 NetWare 3.11 操作系统的基础上增加了客户机服务器模式和基本的信息处理服务等,推出了 NetWare 3.12 操作系统。同年,在 NetWare 4.0 操作系统的基础上,集成了 NetWare 3. X 的所有功能推出了 NetWare 4.1 操作系统,它具有良好的可靠性、易用性、可缩放性和灵活性。

1998 年 9 月,Novell 公司发布了 NetWare5 操作系统,更大程度地支持和加强了 Internet/Intranet 以及数据库的应用与服务。

2. NetWare 操作系统的特点

(1)支持多种用户类型

在 NetWare 网络中,网络用户可以分为以下四类。

①网络管理员

网络管理员对网络的运行状态与系统安全负有重要责任。网络管理员负责创建和维护网络文件的目录结构,负责建立用户与用户组,设置用户权限,设置目录文件权限与目录文件属性,完成网络安全保密、文件备份、网络维护与打印队列管理等任务。

②组管理员

对于一个大型的 NetWare 网络系统,为了减轻网络管理员的工作负担,NetWare 增加了组管理员用户。组管理员可以管理自己创建的用户与用户组,以及管理用户与用户组使用的网络资源。

③网络操作员

网络操作员是指具有一定特权的用户,通常包括 FCONSOLE 操作员、队列操作员和控制台操作员等。

普通网络用户

普通网络用户简称为用户。用户是指由网络管理员或有相应权限的用户创建,并对网络系统有一定访问权限的网络使用者。每个用户都有自己的用户名、口令及各种访问权限,用户信息与用户访问权限由网络管理员设定。

(2)强有力的文件系统

在一个 NetWare 网络中,必须有一个或一个以上的文件服务器。文件服务器对网络文件访问进行集中、高效的管理。用户文件与应用程序存储在文件服务器的硬盘上,以便于其他用户的访问。为了能方便地组织文件的存储、查询、安全保护,NetWare 文件系统通过目录文件结构组织文件。用户在 Netware 环境中共享文件资源时,所面对的就是这样的一种文件系统结构:文件服务器、卷、目录、子目录、文件的层次结构。每个文件服务器可以分成多个卷;每个卷可以分成多个目录;每个目录又可以分成多个子目录;每个子目录也可以拥有自己的子目录,每个子目录可以包含多个文件。

(3)先进的磁盘通道技术

NetWare 文件系统所有的目录与文件都建立在服务器硬盘上。在网络环境中,硬盘通道的工作十分繁重,这是因为硬盘文件的读写是文件服务最基本的操作。由于服务器 CPU 与硬盘通道两者的操作是异步的,因此当 CPU 在执行其他任务的同时,就必须得保持硬盘的连续操作。为了做到这一点,NetWare 文件系统采用了多路硬盘处理技术和高速缓冲算法来加快硬盘通道的访问速度。

当多个用户进程访问硬盘时,并不是按照请求访问进程到达的时间先后顺序来排队,而是按所需访问的物理位置和磁头径向运动的方向来排队。只有当磁头运动在同一方向上没有请求时,磁头才反向,这样减少了磁头的反向次数和移动距离,从而有效地提离了多个站点访问服务器硬盘的响应速度。另外,NetWare 还采用了目录 Cache、目录 Hash、文件 Cache、后台写盘、多硬盘通道等硬盘访问机制,从而可以大大提高硬盘通道总的吞吐量,提高文件服务器的工作效率。

（4）NetWare 的安全性

NetWare 的安全性措施建立在 NetWare 网络操作系统的最基本的层次上,而不是加在操作系统的应用程序里。由于 NetWare 使用特殊的文件结构,因此即使是与服务器在物理上连接的用户,也不能通过 DOS, Unix 或其他操作系统存取 NetWare 的网络文件,NetWare 提供了四种安全保密措施:注册安全性、权限安全性、属性安全性和文件服务器安全性。

①注册安全性

需要注册的用户必须在注册时提供用户名和口令。通过系统设置可以限定口令的变更时间,以防止非法用户入网。

②权限安全性

通过将文件服务器中的目录和文件的存取权限授予指定的用户,从而确保了其余入网用户不能对目录和文件进行非法存取。

③属性安全性

属性安全性是指给每个目录和文件指定适当的性质。

④文件服务器安全性

文件服务器操作员或系统管理员可以通过封锁控制台防止文件服务器的非法侵入。依靠上述安全性措施,可全面保证网络系统不被非法侵入。其中,用户的口令是以加密的格式存放在网络硬盘上的。口令字从工作站传输到服务器时,在电缆上也是加密的,从而避免了口令在电缆上被搭线窃取的可能。而且,网络管理员可以限制某个用户登录的时间、地点和日期,对非法入侵加以检测和封锁,及时提醒网络管理员防范任何未经授权的用户访问网络的企图。

（5）NetWare 的系统容错技术

NetWare 操作系统的系统容错（SFT）技术是非常典型的,系统容错技术主要有以下三种。

①级容错机制

NetWare 第一级系统容错（SFT Ⅰ）主要是针对硬盘表面磁介质可能出现的故障设计的,用来防止硬盘表面磁介质因频繁进行读写操作而损坏造成的数据丢失,它采用双重目录与文件分配表、磁盘热修复与写后读验证等措施。NetWare 第二级系统容错（SFT Ⅱ）主要是针对硬盘或硬盘通道故障设计的,用来防止硬盘或硬盘通道故障造成数据丢失,它包括硬盘镜像与硬盘双工功能。NetWare 第三级系统容错（SFT Ⅲ）提供了文件服务器镜像（File Server Mirroring）功能。

②事务跟踪系统

NetWare 的事务跟踪系统（Transaction Tracking System, TTS）用来防止在写数据库记录的过程中因系统故障而造成数据丢失、TTS 将系统对数据库的更新过程看作是一个完整的"事务"来处理,一个"事务"要么全部完成,要么返回到初始状态。这样可以避免在数据库文件更新过程中,因为系统硬件、软件、电源供电等意外事故而造成数据的不完整。

③UPS 监控

SFT 与 TTS 考虑了硬盘表面磁介质、硬盘、硬盘通道、文件服务器与数据库文件更新过程中的系统容错问题,还有一类问题是网络设备供电系统的保障问题。为了防止网络供电系统电压波动或突然中断,影响文件服务器及关键网络设备的工作,NetWare 操作系统提供了 UPS 监控功能。

（6）开放式的系统体系结构

NetWare 设计最重要的原则就是开放式系统体系结构,具体体现在以下几方面。

①持多种计算机操作系统。例如 MS – DOS, OS/2, Macintosh, Unix 等操作系统。

②利用 STREAMS 接口可支持多种网络通信协议,例如 IPX/SPX,NetBEUI, TCP/IP 议。

③支持不同类型的硬盘。

④支持多种网络适配卡。

⑤采用可安装模块。用户可以根据需要安装自己所需的模块。

### 7.2.3　Unix 操作系统

1. Unix 操作系统的发展

严格地说,Unix 不是网络操作系统,但由于它能支持通信功能,并能够提供一些大型服务器的操作系统的功能,因此也可把它作为网络操作系统。在 20 世纪 80 年代,Unix 是用于小型计算机的操作系统,以替代一些专用的操作系统。在这些系统中,Unix 作为一种多用户操作系统运行,应用软件和数据集中在一起,经过不断的发展,Unix 已成为可移植的操作系统,能运行在范围广阔的各种计算机上,包括大型主机和巨型计算机,从而大大扩大了应用范围。目前,Unix 又成为高性能图形工作站的标准操作系统。

与此同时,由于 PC 迅速的发展,功能不断增强,价格也不断下降,Unix 操作系统的 PC 版本的开发为 Unix 操作系统在商业和办公室的应用方面开辟了新的市场。Unix 的一个新的角色是作为服务器操作系统,以支持在局域网上的众多 PC 访问各种应用。它采用了相应的通信技术,特别是 TCP/IP 以反网络文件系统（NFS）TCP/IP 提供了在非 Unix 计算机和 Unix 主机之间通信和传送数据的功能,NFS 使得各种应用能访问和修改 L 血操作系统上的文件。

然而,Unix 并不提供操作系统的全部功能,对运行在局域网上的客户机/服务器上的各种应用并未优化。因为在客户机/服务器模式下,服务器完成客户桌面工作站上的各种应用,在客户机 PC 上无须运行任何的 Shell 部件。在 Unix 操作系统中,运行在 PC 上的应用如使用 NFS 这些标准协议向 Unix 服务器发出请求。NFS 是由 Sun Microsystems 公司开发的,是使 Unix 操作系统能被众多计算机共享文件的一个十分重要的系统,且使 Unix 操作系统在功能上更像网络操作系统,它使众多 PC 共享文件,而这些文件是由局域网上的中央服务器的操作系统管理的。

Unix 操作系统虽然并不具有网络操作系统的全部功能,但它提供了网络操作系统的基础,并具有成熟的应用开发环境,因此,它比传统的主机操作系统具有更广泛的发展前景。

2. Unix 操作系统的特点

Unix 经历了一个辉煌的历程。成千上万的应用软件在 Unix 系统上开发并适用于几乎每个应用领域。Unix 的出现不仅大大推动了计算机系统及软件技术的发展,从某种意义上说,Unix 的发展对推动整个社会的进步也起到了重要的作用。Unix 能获得如此巨大成功的原因,可归结为它具有以下一些基本特点。

（1）多用户、多任务环境

Unix 系统是一个多用户、多任务的操作系统,它既可以同时支持数十个乃至数百个用户,通过各自的联机终端同时使用一台计算机,而且还允许每个用户同时执行多个任务。例如,在进行字符图形处理时,用户可建立多个任务,分别用于处理字符的输入、图形的制作和编辑等任务。与一般操作系统一样,Unix 操作系统也负责管理计算机的硬件与软件资源,并向应用程序提供简单一致的调用界面,控制应用程序的正确执行。

（2）功能强大、实现高效

Unix 系统提供了精选的、丰富的系统功能,它使用户能方便、快速地完成许多其他操作系统所难于实现的功能。Unix 已成为世界上功能最强大的操作系统之一,它在许多功能的实现上都有其独到之处,并且是高效的。例如,Unix 的目录结构、磁盘空间的管理方式、I/O 重定向和管道功能等。其中,很多功能及其实现技术已被其他操作系统所借鉴。

（3）开放性

人们普遍地认为,Unix 是开放性极好的网络操作系统。它遵循世界标准规范,并且特别遵循了开放系统互联 OSI 国际标准。Unix 能广泛地配置在微型机、中型机、大型机等各种机器上,而且还能方便地将已配置了 Unix 的机器进行联网。

（4）通信能力强

Open Mail 是 Unix 的电子通信系统,是为适应异构环境和巨大的用户群而设计的。Open Mail 可以安装到许多操作系统上,不仅包括不同版本的 Unix 操作系统,也包括 Windows NT,NetWare 等其他一些网络操作系统。

（5）丰富的网络功能

Unix 系统提供了十分丰富的网络功能。各种 Unix 版本普遍支持 TCP/IP 协议,并已成为 Unix 系统与其他操作系统之间联网的最基本的选择。在 Unix 中包括了网络文件系统 NFS 软件,客户/服务器协议软件 LANManaer Client/Server,IPX/SPX 软件等。通过这些产品可以实现在 Unix 系统之间,Unix 与 NetWare,MS－Windows NT,IBM LAN Server 等网络之间的互联。

（6）强大的系统管理器和进程资源管理器

Unix 的核心系统配置和管理是由系统管理器（SAM）来实施的。SAM 使系统管理员既可采用直观的图形用户界面,也可采用基于浏览器的界面（它引导管理员在给定的任务里做出种种选择）来对全部重要的管理功能执行操作。SAM 是为一些相当复杂的核心系统管理任务而设计的,例如,在给系统配置和增加硬盘时,利用 SAM 可以大大简化操作步骤,从而显著提高系统管理的效率。

Unix 的进程资源管理器则可以为系统管理提供额外的灵活性,它可以根据业务的优先级,让系统管理员动态地把可用的 CPU 周期和内存的最少百分比分配给指定的用户群和一些进程。这样,一些即使要求十分苛刻的应用程序也能够在一个共享的系统上,获得其所需的资源。

### 7.2.4　Linux 操作系统

这是一种新型的网络操作系统,它的最大的特点就是源代码开放,可以免费得到许多应用程序。目前也有申文版本的 Linux,如 REDHAT（红帽子）,红旗 Linux 等。在国内得到了用户充分的肯定,主要体现在它的安全性和稳定性方面,它与 Unix 有许多类似之处。但目前这类操作系统仍主要应用于中、高档服务器中。

1. Linux 操作系统的发展

Linux 最早是由芬兰的一位研究生 Linus B. Torvalds 于 1991 年为了在 Intel 的 X86 架构上提供自由免费的类 Unix 而开发的操作系统。Linux 虽然与 Unix 操作系统类似,但它并非是 Unix 的变形版本。从技术上讲,Linux 是一个内核。"内核"是指一个提供硬件抽象层、磁盘及文件系统控制、多任务等功能的系统软件。Torvalds 从开始编写内核代码时就效仿 Unix,使得几乎所有的 Unix 工具都可以运行在 Linux 上。因此,凡是熟悉 Unix 的用户都能够很容易地掌握 Linux。

后来,Torvalds 将 Linux 的源代码完全公开并放在芬兰最大的 FTP 站点上。这样,世界各地的 Linux 爱好者和开发人员都可以通过互联网加入 Linux 的系统开发中来,并将开发的研究成果通过 Internet 很快地散布到世界的各个角落。

2. Linux 操作系统的特点

目前,Linux 操作系统已逐渐被国内用户所熟悉。它是一个免费软件包,可将普通 PC 机变成装有 Unix 系统的工作站。总的来看,Linux 主要具有以下一些基本特点。

(1)符合 POSIX1003.1 标准

POSIX1003.1 标准定义了一个最小的 Unix 操作系统接口,任何操作系统只有符合这一标准才有可能运行 Unix 程序。Unix 具有丰富的应用程序。当今绝大多数操作系统都把满足 POSIX1003.1 标准作为实现目标,Linux 也不例外,它完全支持 POSIX1003.1 标准。

(2)支持多用户访问和多任务编程

Linux 是一个多用户操作系统,它允许多个用户同时访问系统而不会造成用户之间的相互干扰3 另外,Linux 还支持真正的多用户编程,一个用户可以创建多个进程,并使各个进程协同工作来完成用户的需求。

(3)采用页式存储管理

页式存储管理使 Linux 能更有效地利用物理存储空间,页面的换人换出为用户提供了更大的存储空间,并提高了内存的利用率。

(4)支持动态链接

用户程序的执行往往离不开标准库的支持,一般的系统往往采用静态链接方式,即在装配阶段就已将用户程序和标准库链接好。这样,当多个进程运行时,可能会出现库代码在内存中有多个副本而浪费存储空间的情况。Linux 支持动态链接方式,当运行时才进行库链接,如果所需要的库已被其他进程装入内存,则不必再装入,否则才从硬盘中将库调入。这样能保证内存中的库程序代码是唯一的,从而节省了存储空间。

(5)支持多种文件系统

Linux 能支持多种文件系统。目前支持的文件系统有 EXT2, EXT, XIAFS, ISOFS, HPFS,MSDOS,UMSDOS, PROC, NFS,SYSV,MINIX,SMB,UFS,NCP,VFAT,AFFS。Linux 最常用的文件系统是 EXT2,它的文件名长度可达255 个字符,并且还有许多特有的功能,使它比常规的 Unix 文件系统更加安全。

(6)支持 TCP/IP, SLIP 和 PPP

在 Linux 中,用户可以使用所有的网络服务,如网络文件系统、远程登录等。SLIP 和 PPP 能支持串行线土的 TCP/IP 协议的使用,这意味着用户可用一个高速 Modem 通过电话线连入。

(7)支持硬盘的动态 Cache

这一功能与 MS - DOS 中的 Smart drive 相似。所不同的是,Linux 能动态调整所用的 Cache 存储器的大小,以适合当前存储器的使用情况。当某一时刻没有更多的存储空间可用时,Cache 容量将被减少,以补充空闲的存储空间;一旦存储空间不再紧张,Cache 的容量又将会增大。

# 7.3 网络系统结构概述

计算机网络中有两种基本的网络结构类型:对等网络和基于服务器的网络。由于计算机网络的主要功能是实现资源的共享,因此,从资源的分配和管理的角度来看,对等网络和基于服务器的网络最大的差异就在于共享网络资源是分散到网络的所有计算机上,还是使用集中的网络服务器。对等网络采用分散管理的结构,基于服务器的网络采用集中管理的结构。对于这两种结构的网络,网络中各台计算机使用的操作系统也是各不相同的。需要说明的是,无论是对等网络还是基于服务器的网络,都需要计算机之间的物理网络连接(如使用同轴电缆或双绞线等),而且要求在同一个网络中的各计算机采用相同的网络协议(如TCP/IP 或 IPX/SPX 等),从这些角度来讲,两种类型的网络关系之间不存在差异。

## 7.3.1 对等网络

对等网络又称工作组,网上各台计算机有相同的功能,无主从之分,任一台计算机都是既可作为服务器设定共享资源供网络中其他计算机所使用,又可以作为工作站,没有专用的服务器,也没有专用的工作站。对等网络是小型局域网常用的组网方式。在对等网络中,网络上的计算机平等地进行通信。每一台计算机都负责提供自己的资源,供网络上的其他计算机使用。可共享的资源可以是文件、目录、应用程序等,也可以是打印机、Modem或传真卡等硬件设备。另外,每一台计算机还负责维护自己资源的安全性。对等网络的结构如图 7 – 1 所示。

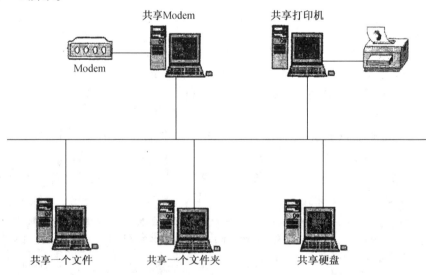

图 7 – 1 对等网络结构图

1. 对等网络的优点

(1)计算机硬件的成本低

对等网络的结构非常简单,网络对硬件的需求比较低。由于对等网络中的资源被分布到许多计算机中,因此不需要高端服务器,节省了网络成本。

(2)易于管理

针对网络用户较少的网络,对等网络很容易安装和管理。每一台机器都可以对本机的资源进行管理,如设置网络上其他用户可以访问的本地资源以及设置访问密码等。管理网络的工作被分配给每台计算机的用户。

(3)不需要网络操作系统的支持

对等网络并不需要使用网络操作系统,只要每台计算机安装有支持对等联网功能的操作系统就可以实现对等网络。支持对等网络的操作系统有 Windows95/98, Windows NT Workstation, Windows2000 Professional 和 Windows XP 等,使用 Macintosh 计算机也可以建立一个对等网络。这些操作系统都包括完成这些任务所需的所有功能。

2. 对等网络的缺点

如果一个网络的用户多、规模大或者是网络复杂、要求较高时,对等网络的缺点就显得很突出了。

(1)影响用户计算机的性能

由于对等网络中的每台计算机都以前后台的方式工作,前台为本地用户进行数据处理,后台为其他网络用户提供访问资源的服务。如果网络中某些计算机中包含有频繁使用的资源,当网络上的用户频繁使用这些资源时,势必导致这台计算机的性能下阵,无法进行本地的数据处理工作。

(2)网络的安全性无法保证

在网络规模较大时,由于对等网采用分散的资源管理,不可能保证每台计算机的用户都能很好地管理计算机的资源,网络的安全性是一个很大的问题。另外,由于联网的操作系统自身的一些特性,也使得对等网络的安全性不高,如早期操作系统 Windows95/98 采用的是"共享级"的安全特性,它要求用户在对资源进行访问之前知道该资源的访问密码,可以试想一下,若不同计算机上资源的访问密码各不相同,当某个用户访问网络上的所有资源时,必须要记住这些资源的访问密码,难度非常大。另外,如果非法的用户获取了某个资源的访问密码,那么,管理该资源的用户就必须马上更改密码并把新密码通知所有合法的用户,这也是很困难的事。因此,对等网结构适合于规模小的网络,例如网络中只有十几台计算机。

(3)备份困难

由于对等网中的资源分布在所有的计算机中,因此,备份所有工作站上的数据非常困难。

## 7.3.2　基于服务器的网络

在基于服务器的网络中,通常使用一台高性能的计算机用于存储共享资源,并向用户计算机分发文件和信息。在网络中,用户计算机通常也被称为客户机或工作站,而高性能的计算机使用的是专用网络服务器,如图 7-2 所示。服务器的处理速度快,且具有更多的存储空间,以容纳更多有用的数据供客户机或工作站使用。网络资源由服务器集中管理,服务器控制数据、打印机以及客户机需要访问的其他资源,当客户机或工作站需要使用共享资源时,可以向服务器发出请求,要求服务器提供服务。

实际上,在基于服务器的网络中,客户机与服务器的角色各不相同,而且网络中每台服务器所完成的功能也各不一样,例如有文件服务器、数据库服务器等。需要指出的是,通常所说的客户机服务器网络并不是一种特定的硬件产品或服务器技术,而是一种体系结构,体现了网络的计算模式。

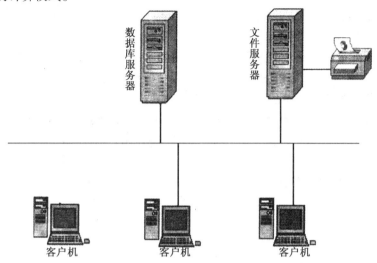

图 7 - 2　基于服务器的网络结构

1. 基于服务器的网络的优点

(1)安全性高

在基于服务器的网络中,共享资源可能集中在网络中的一台或几台服务器上,管理这些资源要比管理十台或数百台计算机容易得多。另外,服务器上安装的网络操作系统也具有良好的安全性。网络管理员可以在服务器中创建和维护用户账号,并限制这些账号所能访问资源的权限,这种安全类型也被称为用户级安全。这比各用户都使用一个密码来访问资源的对等网络要安全得多。

物理安全是网络安全的一个重要方面。在物理环境中,服务器通常被放置在一个安全的位置(例如在一个专用的机房中),且实行专人管理,而这是对等网络所无法达到的。

(2)更好的性能

虽然专用服务器比客户机昂贵,但它们也提供了更好的性能,在进行服务器优化后,可以同时处理多个用户的需求。

(3)集中备份

网络上的服务器存储了网络中的所有重要信息,因此,只需要对服务器进行备份即可,备份工作可以选择在晚上进行,因为这个时候,大多数服务器都处于空闲的状态。另外,可以将某台服务器中的重要数据复制到网络中的其他服务器上,以防止此台服务器出现故障而造成无法弥补的损失。

(4)可靠性高

网络服务器通常是为了实现特定的功能,只需完成相对简单的工作,所以复杂性低,但可靠性高。此外,由于采用了很多服务器技术,如热插拔技术、容错技术、磁盘阵列技术等,使得网络中的服务器比标准的客户机具有更高的性能和可靠性。

2. 基于服务器的网络的缺点

基于服务器的网络同样存在着一些缺点,与对等网相比,由于投入了专用的网络服务器和配件(如大容量硬盘、内存等),且安装了网络操作系统,造成了整个网络的成本较高。另外,基于服务器的网络通常需要一定水平的专业管理,即便是网络中只有几台计算机也是一样,网络管理人员需要了解网络操作系统、网络的管理等知识。

# 7.4　网络服务器的种类

服务器是网络环境下为客户提供某种服务的专用计算机。因为服务器在网络中是连续不断地工作的,且网络数据流在这里形成了一个瓶颈,所以服务器的数据处理速度和系统可靠性要比普通的计算机高得多。在计算机网络中,随着网络规模的扩大,可能需要多台服务器来处理客户机的服务请求,且有可能每台服务器完成的任务各不相同。因此,根据服务器所完成的任务不同,可以将服务器分为文件服务器、应用服务器和特殊服务器。

## 7.4.1　文件服务器

以文件数据共享为目标,将供多台计算机共享的文件存放于一台计算机中。这台计算机就被称为文件服务器。文件服务器主要通过提供共享的硬盘来存储数据和应用程序,以便向客户机分发这些资源。当一台客户机需要使用文件服务器上的资源时,客户机首先将所需的文件复制到客户机本地,然后再对这些资源进行处理。在服务器上,不进行应用程序的处理。所有任务都在客户机本地进行。例如,在文件服务器上存储着用户所需的某个应用程序的安装软件,用户可以连接到服务器上,并访问存储在文件服务器上的安装文件,但该文件的安装都是在客户机上完成的。文件服务器的功能有限,它只是简单地将文件在网络中传来传去,给局域网增加了大量不必要的流量负载。

## 7.4.2　应用服务器

通常,在客户机和应用服务器上都运行有应用程序。客户机运行本地的程序,向服务器发出服务请求,要求服务器对某个数据进行处理,而服务器会将处理后的信息返送给客户机。通过这种方法,客户机几乎不处理信息,所有的任务都由服务器来处理。

例如,数据库服务器就是一种应用服务器。客户机上带有客户端的数据库应用程序(主要是作为访问服务器上的数据库的接口)。当客户机端的用户需要数据库中的信息时,客户机将向服务器发送一条指令,指示服务器要查找的信息,随后服务器在整个数据库中挑选、查找所请求的信息,然后将答复发送回客户机。

## 7.4.3　特殊服务器

在计算机网络中,还会有一些具有特殊用途的服务器,它们主要是针对某种特定的应用,属于特定的应用服务器,具体如下。

**邮件服务器**　邮件服务器专为处理客户机电子邮件的需要而建立,它为客户机提供发送和接收电子邮件的环境。

**Web 服务器**　Web 服务器广泛应用于 Internet 和 Intranet,用户通过客户机上的浏览器应用程序浏览 Web 服务器上的信息。

**视频/流媒体服务器**　视频服务器可以提供视频点播业务,同时支持多个视频流的单播或广播。

# 7.5 服务器技术

服务器有别于 PC 机,主要是因为它们的设计思想不同,具体的来看就是它们各部分所采用的部件技术是有很大区别的。了解这些技术细节也能方便我们在建设信息系统时,根据实际应用选择服务器。

## 7.5.1 多处理器技术

中央处理器(CPU)是决定服务器性能好坏的重要因素之一。虽然服务器对其他组件的性能要求也很高,但处理器对于决定服务器的性能仍然是很重要的。服务器可以使用一个或多个处理器来运行。

SMP 是 SyHlmetricMulti ProCessing 的简称,意为对称多处理系统,内有许多紧耦合多处理器,这种系统的最大特点就是共享所有资源。另外与之相对的标准是 MPP( Massively Parallel Processing),意为大规模并行处理系统,这样的系统是由许多松耦合处理单元组成的,要注意的是这里指的是处理单元而不是处理器。每个单元内的 CPU 都有自己私有的资源,如总线、内存、硬盘等。在每个单元内都有操作系统和管理数据库的实例复本。这种结构最大的特点在于不共享资源。

SMP 的全称是"对称多处理"技术,是指在一个计算机上汇集了一组处理器(多 CPU),各 CPU 之间共享内存子系统以及总线结构。它是相对非对称多处理技术而言的、应用十分广泛的并行技术。在这种架构中,一台电脑不再由单个 CPU 组成,而同时由多个处理器运行操作系统的单一复本,并共享内存和一台计算机的其他资源。虽然同时使用多个 CPU,但是从管理的角度来看,它们的表现就像一台单机一样。系统将任务队列对称地分布于多个 CPU 之上,从而极大地提高了整个系统的数据处理能力。所有的处理器都可以平等地访问内存、I/O 和外部中断。在对称多处理系统中,系统资源被系统中所有 CPU 共享,工作负载能够均匀地分配到所有可用处理器之上。

我们平时所说的双 CPU 系统,实际上是对称多处理系统中最常见的一种,通常称为"2路对称多处理",它在普通的商业、家庭应用之中并没有太多实际用途,但在专业制作,如 3DMax Studio,Photoshop 等软件应用中获得了非常良好的性能表现,是组建廉价工作站的良好伙伴。随着用户应用水平的提高,只使用单个的处理器确实已经很难满足实际应用的需求,因而各服务器厂商纷纷通过采用对称多处理系统来解决这一矛盾。在国内市场上这类机型的处理器一般以 4 个或 8 个为主,有少数是 16 个处理器。但是一般来讲,SMP 结构的机器可扩展性较差,很难做到 100 个以上多处理器,常规的一般是 8 个到 16 个,不过这对于多数的用户来说已经够用了。这种机器的好处在于它的使用方式和微机或工作站的区别不大,编程的变化相对来说比较小,原来用微机工作站编写的程序如果要移植到 SMP 机器上使用,改动起来也相对比较容易。SMP 结构的机型可用性比较差,因为 4 个或 8 个处理器共享一个操作系统和一个存储器,一旦操作系统出现了问题,整个机器就完全瘫痪了。而且由于这个机器的可扩展性较差,不容易保护用户的投资。但是这类机型技术比较成熟,相应的软件也比较多,因此现在国内市场上推出的并行机大多是这一种。PC 服务器中最常见的对称多处理系统通常采用 2 路、4 路、6 路或 8 路处理器。目前 Unix 服务器可支持最多 64 个 CPU 的系统,如 Sun 公司的产品 Enterprise 10000。SMP 系统中最关键的技术是如何 更好地解决多个处理器的相互通讯和协调问题。

### 7.5.2　总线能力

对于大多数服务器来说,可能需要传输大量的数据。例如,文件服务器要为多个用户 同时提供多种文件服务,并且为所有这些用户协调和处理数据。数据库服务器可能管理着 大型的数据库,而且必须能够在很短的时间内从数据库中检索出大量的数据,并将其提供 给用户。应用程序服务器可能在向终端用户提供应用程序服务的同时执行大量的处理器 和磁盘操作。

服务器为了完成上述的工作,就必须依靠服务器的高速总线来完成任务。总线是计算 机系统中的数据传送的"主干线路",处理器、内存和其他的设备组件都连接到总线上。在 某一时刻,服务器可能将大量的数据从磁盘传送到网卡、处理器和系统内存,并在处理完数 据后将其传送回磁盘。所有这些组件都通过系统总线连接在一起。实际上,总线处理的数 据可能比系统中的其他组件多 5 倍,并且需要总线快速地完成任务。虽然先进的 32 位 PCI 总线能够达到 33 MHz 的速度,但这对于高端服务器来说是不够的。许多服务器必须处理 多块网卡和多个大容量硬盘,如果这些设备在同一时刻都很忙,那么 PCI 总线也将迅速 饱和。

服务器制造商为解决总线的速度限制使用了很多方法。一种方法是在一个单独的系 统中使用多个总线 3 例如,某些厂家的服务器中使用了多个 PCI 总线,它们可以同时高速的 运行,不同的外设使用不同的总线,这样可以使系统的整体性能大大提高。另外,由 Compaq,HP,IBM,DELL 以及其他一些公司共同组成的协会也在开发 PCI 增强总线"PCI - X",它是一个 64 位、133 MHz 的总线,传输速率高达 1 Gbit/s 左右。

### 7.5.3　内存

服务器中另一个重要部分是内存,即随机访问存储器(RAM)。为了达到最佳性能,大 多数网络操作系统都会将某些存储的文件目录缓存到 RAM 中,而且对于服务器频繁使用 的数据也会被长时间地保留在高速缓存中,以便进行快速的存取操作。此外,通过 RAM 中 的写高速缓存区(Write - cache)存储对系统磁盘的写操作,并异步执行实际的磁盘写操作。 对于大多数服务器来说,256 MB 的 RAM 应该是足够了,但对于要支持大量用户的任务繁重 的数据库服务器来说,有可能需要安装 1 GB 以上的 RAM 才能达到最佳的性能。

内存分为非奇偶校验 RAM、奇偶校验 RAM 以及带有错误检查和更正(ECC)的 RAM。 奇偶校验 RAM 对每一个字节使用一个附加位来存储该字节内容的校验和。在读取内存 时,如果校验和不匹配,系统将会停止,并报告内存错误。非奇偶校验内存去掉了奇偶校验 位,因而不能检测任何的内存错误,通常,客户机使用的基本上是非奇偶校验 RAM。

使用奇偶校验的内存存在两个问题。首先,它只能检测内存错误,而不能更正这些错 误。其次,由于它只检测出一个比特的错误,如果两个比特同时出错,则奇偶校验系统失 效,而 ECC 内存就可以解决这些问题。ECC 内存可以检测并更正 1 位内存错(98% 的内存 出错都是 1 位错),并且能检测出所有的 2 位内存错,但只能更正其中的一部分。ECC 内存 还能检测出 3 或 4 位内存错。使用了 ECC 内存的服务器将能避免绝大多数由内存错误引起的系统失效。64 位的数据需要 8 个校验位,因此 ECC 内存上常有奇数个内存模块。普通的 ECC 内存纠错 1 位、发现 2 位错误,用于中低端服务器;多位 ECC 可纠正 x 位错误,发现 2x 位错误,用于高端服务器。由于 ECC 的算法比较复杂,为了纠正 1 位的错误需要消耗一定的时间,结果是整个系统的性能要下降 2% ~3% 。但是由于这种内存在整个系统中比较稳定,所以仍被用作网络核心设备的服务器。

### 7.5.4 磁盘接口技术

服务器中第四个重要的部分就是硬盘驱动器。服务器的大多数工作都涉及硬盘,而硬盘的速度也是决定服务器性能的重要因素。

目前,计算机系统基本上采用两种硬盘接口,即 EIDE(Enhanced Integrated Drive Electronics)和 SCSI(Small Computer Systems Interface)。对于使用 Windows95/98 操作系统的客户机,通常便用的是 EIDE 接口的硬盘;对于运行 WindowsNT/2000/2003 或 Novell NetWare 服务器,SCSI 硬盘具有明显的性能优势。

SCSI,中文名为小型计算机系统接口,除了硬盘之外,它还能连接 CD - ROM、打印机、扫描仪及网络设备,已被广泛地用于各种网络和计算机系统中。

基于 SCSI 的硬盘系统有多种标准,而且在不断地发展。SCSI 系列标准如下。

(1)SCSI - 1

SCSI - 1 是最基本的 SCSI 技术规范,它使用 8 位的数据带宽,以大约 5 Mbit/s 的传输速率将数据读出或写入硬盘。由于 SCSI 技术的不断发展,使得 SCSI - 1 基本上不再使用了。

(2)SCSI - 2

SCSI - 2 扩展了 SCSI 技术规范,而且使 SCSI 添加了许多特性,它还允许更快的 SCSI 连接。另外,SCSI - 2 大大提高了不同 SCSI 设备制造商之间的 SCSI 兼容性。

(3)FAST - SCSI

FAST - SCSI 使用了基本的 SCSI - 2 技术规范,它将 SCSI 总线的数据传输速率从 5 Mbit/s 增加到 10 Mbit/s。FAST - SCSI 也被称为“Fast NARROW - SCSI”。

(4)WIDE - SCSI

WIDE - SCSI 也是基于 SCSI - 2 的技术,它将 SCSI - 2 从 8 位增加到 16 位或 32 位的数据带宽。使用 16 位的 WIDE - SCSI 最高数据传输速率可以达到 20 Mbit/s。

(5)Ultra - SCSI

Ultra - SCSI 也被称为“SCSI - 3”,它将 SCSI 总线的数据传输速率增加到 20 Mbit/s。使用 8 位的总线时,Ultra—SCSI 可以达到 20 Mbit/s 的传输速率,使用 16 位总线时,传输速率可以提高到 40 Mbit/s。

(6)Ultra2 - SCSI

Ultra2 - SCSI 是 SCSI 标准的另一个发展,Ultra2 - SCSI 使 Ultra - SCSI 的性能再次提高。Ultra2 - SCSI 系统使用 16 位的总线,传输速率可达到 80 Mbit/s。

(7)Ultra3 - SCSI

Ultra3 - SCSI 使得 Ultra2 - SCSI 的性能再一次提高到 160 Mbit/s 的传输速率。Ultra320—SCSI 可以将数据传输速率提高到 320 Mbit/s。

### 7.5.5 磁盘阵列技术

RAID 是英文 Redundant Array of Independent Disks 的缩写,翻译成中文意思是"独立磁盘冗余阵列",有时也简称磁盘阵列(Disk Array)。是由美国加州大学伯克利分校的 D. A. Patterson 教授在 1988 年提出的,简单地说,RAID 是一种把多块独立的硬盘(物理硬盘)按不同的方式组合起来形成一个硬盘组(逻辑硬盘),从而提供比单个硬盘更高的存储性能和提供数据备份技术。组成磁盘阵列的不同方式成为 RAID 的级别(RAID Levels)。

数据备份的功能是在用户数据一旦发生损坏后,利用备份信息可以使损坏数据得以恢复,从而保障了用户数据的安全性。在用户看起来,组成的磁盘组就像是一个硬盘,用户可以对它进行分区,格式化,等等。总之,对磁盘阵列的操作与单个硬盘一模一样。不同的是,磁盘阵列的存储速度要比单个硬盘高很多,而且可以提供自动数据备份。

RAID 技术的两大特点:一是速度、二是安全。由于这两项优点,RAID 技术早期被应用于高级服务器中的 SCSI 接口的硬盘系统中,随着近年计算机技术的发展,PC 机的 CPU 的速度已进入 GHz 时代。IDE 接口的硬盘也不甘落后,相继推出了 ATA66 和 ATA100 硬盘。这就使得 RAID 技术被应用于中低档甚至个人 PC 机上成为可能。RAID 通常是由在硬盘阵列塔中的 RAID 控制器或电脑中的 RAID 卡来实现的。

RAID 技术经过不断的发展,现在已拥有了从 RAID 0 到 5 六种基本的 RAID 级别。另外,还有一些基本 RAID 级别的组合形式,如 RAID 10(RAID 0 与 RAID 1 的组合),RAID 50(RAID 0 与 RAID 5 的组合)等。不同 RAID 级别代表着不同的存储性能、数据安全性和存储成本。RAID 级别的选择有三个主要因素:可用性(数据冗余)、性能和成本。如果不要求可用性,选择 RAID 0 以获得最佳性能。如果可用性和性能是重要的而成本不是一个主要因素,则根据硬盘数量选择 RAID 1。如果可用性、成本和性能都同样重要,则根据一般的数据传输和硬盘的数量选择 RAID 3,RAID 5。

1. RAID 0

RAID 0 采用数据分割技术,将所有硬盘构成一个磁盘阵列,可以同时对多个硬盘进行读写操作,但 RAID 0 阵列中的一个驱动器出错将会导致所有硬盘上的数据全部丢失,因此可靠性最差。RAID 0 价格便宜,适用于改进性能,且只用于非重要数据的环境。如图 7-3,所示,RAID 0 阵列将数据分成多个数据块,并将数据分块分布在两个或更多的硬盘上。

2. RAID 1

RAID 1 又称为 Mirror 或 Mirroring,它的宗旨是最大限度地保证用户数据的可用性和可修复性。RAID 1 的操作方式是把用户写入硬盘的数据百分之百地自动复制到另外一个硬盘上。当读取数据时,系统先从 RAID 0 的源盘读取数据,如果读取数据成功,则系统不去管备份盘上的数据;如果读取源盘数据失败,则系统自动读取备份盘上的数据,不会造成用户工作任务的中断。RAID 曼的可靠性较高,但硬盘的使用效率较低。图 7-4 所示为采用 RAID 1 的磁盘镜像。另外,磁盘镜像还有一个缺点是两个硬盘使用同一个硬盘控制器,若控制器损坏,则两个硬盘上的数据都将无法使用。针对这个问题,RAID 1 使用了磁盘复用的方法,即每个硬盘都使用各自的控制器实现磁盘镜像,即便一个控制器出现问题,还有另外一个可以继续工作。由于磁盘镜像和磁盘复用的成本较高,RAID 1 很少应用于备份服务器上的所有磁盘,仅仅用于备份系统盘。

另外,也可以组合使用 RAID 0 和 RAID 1,以提供 RAID 0 的性能优势和 RAID 1 的高可靠性。假设一个 RAID 0 阵列包含 5 块硬盘,在所有磁盘上分块分布数据,再使用另外 5 块硬盘,实现两个 RAID 0 阵列,并使用 RAID 1 彼此镜像。这个技术也被称为 RAID 10 (10 表示 RAID 1 和 RAID 0 的组合)。

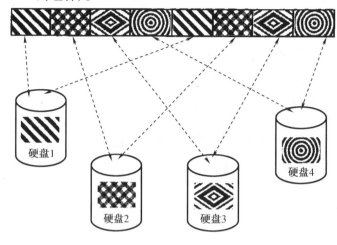

图 7 - 3　RAID 0 技术

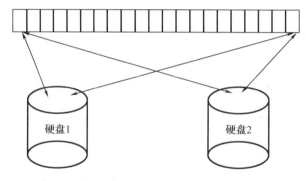

图 7 - 4　RAID 1 技术

### 3. RAID 2

RAID 2 只是一种技术规范,它在多个磁盘上分块分布数据,并将数据存储在特定的硬盘中。由于 RAID 2 效率太低,因而未被使用。

### 4. RAID 3

RAID 3 采用数据交错存储技术,它在多个数据磁盘上分块分布数据,然后对各个数据磁盘上存储的所有数据使用异或操作,以产生一个校验数据(ECC 数据),并将这个数据存储到一个校验硬盘(ECC 硬盘)上。如果其中一个存储数据的硬盘发生故障,导致了数据出错或丢失,那么 RAID 3 先读出其余硬盘上的数据,再读出 ECC 硬盘上的校验数据,就可以恢复出错或丢失的数据。图 7 - 5 所示为一个 RAID 3 阵列,它使用 4 个数据硬盘和一个 ECC 硬盘保护数据。

### 5. RAID 4

RAID 4 也是个未被使用的 RAID 标准。它与 RAID 3 相似,但数据不是在不同的数据驱动器之间分块分布。实际上,每一块数据都被完全写入到一个硬盘中,而另一块被写入到下一个硬盘中,依此类推。RAID 4 也使用了 ECC 硬盘,但是它的效率非常低。

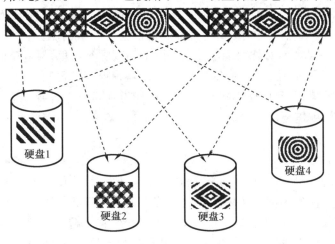

图 7 – 5 　RAID 3 技术

**6. RAID 5**

前面提到 RAID 3 是将数据分块存储在一组硬盘中,而将校验数据存储在一块 ECC 硬盘中。而 RAID 5 对 RAID 3 技术进行了改进,除了保持分块存储数据的功能外,它将校验数据存放在所有的硬盘中,如图 7 – 6 所示。RAID 5 的好处在于,不必依赖一个 ECC 驱动器来进行所有写操作(这也是 RAID 3 性能不高的原因)。RAID 5 的所有硬盘都共享 ECC 工作,因此,RA_ID 5 的性能要比 RAID 3 稍高一些,如果任何一个硬盘出现故障,可以将其替换,且数据也能够恢复。RAID 5 能够将 3 ~ 32 个硬盘组合到一个阵列中。值得一提的是,无论是 RAID 3 还是 RAID 5,若一个硬盘的数据出错或丢失时,系统会对数据进行恢复,这一过程会导致系统运行速度降低。

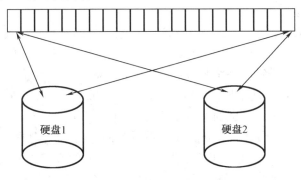

图 7 – 6 　RAID 5 技术

### 7.5.6　服务器集群技术

随着网络的普及,网络服务器需要为越来越多的用户提供服务,在这种条件下,即使单台服务器性能再高,所能提供的服务也是有限的,因此,人们使用多台服务器为众多用户提供服务,但希望这些内部设置对用户透明,即对外表现的如同一台服务器一样。因此,人们就借鉴了并行计算技术研究中的有关技术,形成了目前的服务器集群技术。

1. 基础:同样的服务环境

为了使得多台系统能表现的如同一台服务器系统一样,那么必须具备一个基本条件,就是这么多台服务器系统,每台单独运行,都能提供完全一致的服务,否则,不同的服务器提供不一致的服务,又如何对外表现出完全一致的表现呢?这里,最简单的例子是 Web 服务器,我们可以设置 Web 服务器,使多个 Web 服务器中保存的网页文件内容完全一致,这样,无论访问哪个服务器,只要使用同样的 URL 就能得到同样的结果。因此,在这个阶段要保证内容的一致性,就需要使用诸如服务器之间的同步镜像、网络存储系统 NAS 或 SAN、数据库的同步复制等技术。

2. 实现:任务调度

当所有的服务器都具备一致性的表现,接下来的任务是将任务按照一定的方式分配给这些服务器,这就是任务调度。实现任务调度首先需要特任务尽可能地按照小粒度分割,每个粒度应该是能够在不同服务器上单独执行的最小单位。粒度划分的越小,任务分割得越平均,因而整体效果就越好。但粒度的划分是有一定条件的,粒度越小,粒度之间的关联就越紧密,例如在 SMP 多处理器的计算机系统中,任意一个线程都可以在任一个处理器上执行,因此执行粒度可以划分为线程,但是线程之间是共享内存的,这已经在理论上提出,并在并行计算机上实现,但在不同服务器之间目前还是不现实的。由于大多数网络服务都是基于 TCP 网络连接的,因此最简单的考虑,可以按照 TCP 连接划分任务粒度,这适合包括 Web 服务,数据库连接等绝大多数情况。实现任务调度的方式有很多种,一种方法是在系统内部完成,所有的服务器能够自我协调,完成任务调度,这种方法要涉及所有的服务器,依赖于具体的应用系统,因而更为复杂。另一种方法是不在服务器之间实现调度,而依赖于外部的任务调度设备执行调度。无论哪种任务调度方式,最大的问题就是害怕任务调度本身带来的额外消耗或性能瓶颈,因此使用硬件设备和单一的高效率系统作为外部任务调度设备,成为集群的首选方案。

3. 外部任务调度:负载平衡和虚拟服务器

使用外部任务调度设备时任务按照网络连接进行分配,这种情况通常被称为网络服务器的负载平衡。外部任务调度设备有很多种,例如基于 BSD/OS 的巧,CISCO 的 Local Director,以及一些七层交换机,例如 Foundry 的交换机,等等。目前,除了一些基于硬件交换机设备之外,完全软件的实现中最为流行的就是 LVS, Linux Virtual Server,作为一个开放源代码的项目,它得到了 Linux 社区的大力支持,并用于大部分 Linux 集群设备中。LVS 是由国防科技大学的章文松提出的一个开放源代码项目,事实上这也是国内 Linux 开发工作中最被国际认可的一个工作,这也标志着国内在这个方向上的研究并不次于国际同行。LVS 中最为优秀的特点是实现了策略路由的观念,它允许一个 TCP 连接由任务分配设备分配给后端服务器中之后,后端服务器使用不同的路由,不再经过任务分配器,而是直接返回给客户,这种方式需要后端服务器也是 Linux 设备,因此不是简单的任务调度。

4. 服务器负担:容错与监控

任务调度的关键是将所有的任务平均地分配给所有的服务器,如果不能做到合理的分配,就会出现部分服务器上的拥塞现象,此时还可能有后台服务器类型差异造成的处理能力的不一致等情况。为了达到这个任务分配的目的,必须使用一种方法来获得服务器状态,这里就有几种不同的方法。最简单的方法是按照当前服务器的任务数量来衡量服务器负荷,通常就是按照网络连接的数量来衡量,这种方法应该是比较模糊的,因此不同的连接对服务器造成的压力是不同的,例如一个静态网页的处理和一个后台 CGI 程序的处理,服务器负担就绝对不同。一些负载均衡设备通过测量设备对网络连接响应时间来判断服务器的负荷,这基本上能够反映一些情况,但也并非绝对如此,因为优秀的服务器对于基本的网络响应是迅速地,但对于后面的处理过程则受系统负荷的影响。因此,一些系统甚至引入了客户/服务器机制,在后台服务器中安装代理来完成探测系统性能的任务。当任务调度设备能够精确的了解服务器负荷的时候,它显然就能够了解后台服务器的可用性,就是说任务调度设备能够检测出某些后台服务器不能正确运行,从而避开这个服务器,将任务分配给其他设备,达到容错的目的。

5. 共享数据:会话管理

还是以 Web 访问为例,对于普通的网页,不同的 HTTP 连接就可以认为是不同的任务。但是,对于更复杂的应用. 例如需要用户登录,并根据不同用户提供不同服务的情况呢? 此时,如果仍然还是要把不同的 HTTP 连接看作不同的任务,那么这些连接之间实际上还是有一定关系的,事实上每个用户从登录到退出,可以被看作一个完整的 HTTP 会话。由于这些会话必须保存的数据比较少,例如仅仅是用户名和简单的一些秘密设置,任务调度的时候可以不考虑这些会话,那么就可能发生这样的情况,同一个会话的不同 HTTP 连接可能在不同的后台服务器上进行处理,因此这就需要进行这些服务器之间的数据共享。数据共享可以通过多种方式,通过共享的存储空间,通过独立的服务程序,通过数据库,甚至通过共享网络间内存,等等。虽然任务调度程序可以不理会这种会话,不同服务器之间可以共享,但如果能够支持会话功能,使得同一个会话可以被同一个服务器所处理,这样会带来效率上的提高。因此,一些任务调度设备提出了"黏滞"的概念,能够根据 Cookie 或其他标记判断会话,并导向同一个服务器。

6. 相关技术

虽然目前用于解决网络服务的集群技术,在技术层次上比较简单,事实上只是应用了此前并行计算技术研究的一些简单方面,但在实用化方面的作用还是很明显的。但在理论上,目前所使用网络服务器集群技术还是有很大的挖掘之处,例如,目前的任务调度的粒度是基于 TCP 连接的,如何更细化。目前,在并行计算领域,人们使用 PVM 和 MPI,允许运行在不同计算机上的多个进程进行协同,在进程之内可以进行任务调度,粒度被切割到更细致的计算单元,如果能将这些概念应用于集群系统,必然能更好地解决对大负载任务的处理任务,缩减处理时间。此外,目前一旦任务调度设备将任务分配给一个服务器,那么这个任务就一定在这个服务器上运行,直到完成。有时,人们需要将一个任务从一个服务器透明的迁移到另一个服务器正常执行,目前,在 Linux 上的 Mosix 能达到这个目标。事实上,PVM, MPI, Mosix 等技术,都是构建用于计算目的的 Linux 集群计算机的有效工具。用于处理计算的 Linux 集群计算机是由多台 Linux 节点构成的超级计算机,主要用来处理计算任务,他们处理的任务通常要比用于网络服务的集群计算机更为复杂,使得节点之间的 I/O 非常频繁,造成了相当多的额外负荷(例如一个进程从一个节点迁移到另一个节点上的网络负荷)。因此,对于处理网络服务来讲,由于服务类型简单,目前的这种集群方式还是比较实用的。

## 7.5.7  热插拔技术

我们都知道,即使再高的服务器可用性也有可能出现故障的时候,只不过不知道它何时出现而已。然而一旦服务器出现故障,通常不太可能像 PC 机那样停下机来进行长时间的维修(除非迫不得已),而是采用在线更换故障配件来进行维护的,这就是"热插拔"(Hot Plug)技术诞生的初衷。

热插拔技术就是指在服务器系统正常开机、运行的状态下,对故障配件进行更换,或者添加新的配件,涉及三个方面的专业术语,那就是热替换(Hot Replacement)、热添加(Hot Expansion)和热升级(Hot Upgrade)。

热插拔技术其实很早就有了,最早的是 SCSI 硬盘的热插拔技术,我们最容易想起的也是它。那是因为当时在整个服务器配件中,出现故障概率最大的就是硬盘,而当时的服务器硬盘接口基本上都是 SCSI 接口类型,所以在 SCSI 硬盘上实现热插拔就成为当时之急需了。随着硬盘阵列技术的日益成熟,热插拔 SCSI 硬盘阵列也就成了服务器热插拔硬盘的代名词。它可以实现在在线情况下更换故障硬盘、添加新的硬盘进阵列中,极大地方便了服务器硬盘阵列系统的维护。

然而随着服务器应用的深入,服务器所承受的负荷远远走出了当时的情形,而且由于用户对网络的依赖性比以前更强了,所以对服务器系统的稳定性要求也较以前大大提高了。这样一来,对其他配件支持热插拔技术的呼声也就越来越高了,因为现在服务器系统主要出现故障的配件不再仅是硬盘系统了,而更多的可能是内存、PCI 适配器、电源和风扇等。

有的甚至支持 CPU 和服务器本身热插拔,当然这主要是在高端多路处理器服务器系统和群集服务器系统中。现在,热插拔技术在确保服务器系统可用性已显得越来越重要了,已成为服务器的标准技术。尽管不同档次的服务器所支持的热插拔配件并不完全一样,但对于像硬盘、电源和风扇的热插拔技术支持已成为最基本的服务器技术配置了。

不过要说明的是,热插拔技术现在已不再是服务器系统所专用,在 PC 系统也开始得到应用,但并不主要是出现系统维护方面考虑的,如支持热插拔的 USB 接口。需要连接 USB 外设时,只需把它插入到计算机的 USB 接口即可,而不管计算机当前是否正在运行。

# 第8章　计算机网络互联

随着社会经济及文化的迅速发展和计算机、通信、微电子等技术的不断进步,计算机网络日益深入到现代社会的各个角落。在强大的社会需求的刺激和相关领域技术不断进步的支持下,网络技术本身也以前所未有的速度飞快地发展,快速以太网、吉比特以太网、10吉比特以太网和 ATM 网络等技术层出不穷,而对于这些网络的互联也需要使用相关的技术和设备。掌握网络互联的基本知识是进一步深入学习网络应用技术的前提。本章将从介绍网络互联的基本概念入手,详细讨论网络互联的类型与层次,并对各典型网络互联设备(中继器、网桥、路由器等)的功能、类型以及工作原理进行全面的探讨。

## 本章提要

· 网络互联的基本概念;

· 网络互联的类型和层次;

· 网络互联的基本设备。

## 8.1　网络互联的基本概念

### 8.1.1　什么是网络互联

网络互联是指将分布在不同地理位置的网络、设备连接起来,以构成更大规模的网络,最大限度地实现网络资源的共享。互联网络的概念是随着对数据传输和资源共享要求的不断增长而出现的,它实质上是隐去了特定网络硬件的具体细节,且提供了一种高层的通信环境,其最终的目的是实现网络最大限度地互联。对于互联网络,有 3 个基本的网络概念,即网络连接、网络互联和网络互通。

1. 网络连接

网络连接是指网络在应用级的互联。它是一对同构或异构的端系统,通过由多个网络或中间系统所提供的接续通路来进行连接,目的是实现系统之间的端到端的通信。因此,网络连接是对连接于不同网络的各种系统之间的互联,它主要强调协议的接续能力,以便完成端到端系统间的数据传递。

2. 网络互联

网络互联是指不同的子网间借助于相应的网络设备,如网桥、路由器等来实现各子网间的互相连接,目的是解决子网间的数据交互,但这种交互尚未扩大到系统与系统间。在这种情况下,可把一个子网看成一条链路,把子网间的连接(中间系统)看作交换节点,从而形成一个超级网络。

3. 网络互通

网络互通是指网络不依赖于其具体连接形式的一种能力。它不仅是指两个端系统间的数据传输和转移,还表现出各自业务间相互作用的关系。网络连接和网络互联是解决数据的传送,而网络互通是各系统在连通的条件下,为支持应用间的相互作用而创建的协议环境。

## 8.1.2 网络互联的优点

1. 扩大资源共享的范围

多个计算机网络互联起来,就构成一个更大的网络——互联网。在互联网上的用户只要遵循相同的协议,就能相互通信,并且互联网上的资源也可以被更多的用户所共享。

2. 提高网络的性能

总线型网络随着用户数的增多,冲突的概率和数据发送延迟会显著增大,网络性能也会随之降低。但如果采用子网自治以及子网互联的方法就可以缩小冲突域,有效提高网络性能。

3. 降低联网的成本

当同一地区的多台主机希望接入另一地区的某个网络时,一般都采用主机先行联网(构成局域网),再通过网络互联技术和其他网络连接的方法,这样可以大大降低联网成本。例如,某个部门有 N 台主机要接入公共数据网,它可以向电信部门申请 N 个端口,连接 N 条线路来实现联网的目的,但成本远比 N 台主机先行联网,再通过一条或少数几条线路连入公共数据网要高。

4. 提高网络的安全性

将具有相同权限的用户主机组成一个网络,在网络互联设备上严格控制其他用户对该网的访问,可以提高网络的安全机制。

5. 提高网络的可靠性

设备的故障可能导致整个网络的瘫痪,而通过子网的划分可以有效地限制设备故障对网络的影响范围,将故障限定在故障设备所在的子网内。

## 8.1.3 网络互联的要求

互联在一起的网络要进行通信,会遇到许多问题需要解决,例如,不同的寻址方式,不同的分组限制,不同的访问控制机制,不同的网络连接方式,不同的超时控制,不同的路由选择技术,不同的服务(面向连接服务和无连接服务),等等。因此网络互联除了要为不同子网之间的通信提供路径选择和数据交换功能之外,还应采取措施屏蔽或者容纳这些差异,力求在不修改互联在一起的各网络原有结构和协议的基础上,利用网间互联设备协调和适配各个网络的差异。另外,网络互联还应考虑虚拟网络的划分、不同子网的差错恢复机制对全网的影响、不同子网的用户接入限制以及通过互联设备对网络的流量控制等问题。

在网络互联时,还应尽量避免为提高网络之间的传输性能而影响各个子网内部的传输功能和传输性能。从应用的角度看,用户需要访问的资源主要还是集中在子网内部,一般而言,网络之间的信息传输量远小于网络内部的信息传输量。

# 8.2　网络互联的类型和层次

## 8.2.1　网络互联的类型

由于网络的规模变化很大,小到几台计算机就可以连接成一个对等网络,进行文件传输;中到一个办公室或一幢楼连成一个局域网,进而在一个校园内建成校园网,在各个部门的局域网之间共享资源;大到地区、全国乃至全球范围的网络。由于网络按照覆盖范围可以划分为局域网、城域网和广域网,因此,网络的互联也就涉及局域网、城域网和广域网之间的互联。

1.局域网—局域网互联(LAN – LAN)

一般来说,在局域网的建网初期,网络的节点较少,相应的数据通信量也较小,但随着业务的发展,节点的数目不断增加,相应的数据通信量也随之增加:当一个网络段上的通信量达到极限时,网络的通信效率会急剧下降:此外,LAN – LAN 互联还可能是以下的情况。

(1)在一栋大楼的每个楼层上都有一个或多个局域网,各个楼层之间需要用数据速率更高的骨干局域网络将它们连接起来。

(2)在多个分布距离不远的建筑物之间也需要将各个建筑物内的局域网互联起来,如校园网。

根据局域网使用的协议不同,LAN – LAN 互联可分为以下两类。

(1)同构网的互联

符合相同协议的局域网的互联叫作同构网的互联。例如,两个以太网的互联或者两个令牌环网的互联,都属于同构网的互联。同构网的互联比较简单,常用的设备有中继器、集线器、交换机和网桥等,而网桥(Bridge)则可以将分散在不同地理位置的多个局域网互联起来。

(2)异构网的互联

异构网的互联是指两种不同协议的局域网的互联。例如,一个以太网与一个令牌环网的互联。异构网的互联可以使用网桥、路由器等设备。

2.局域网 – 广域网互联(LAN – WAN)

LAN – LAN 互联是解决几个小区域范围内相邻的几个楼层或楼群之间以及在一个组织机构内部的网络互联,而 LAN – WAN 互联扩大了数据通信网络的连通范围,可以使不同单位或机构的局域网连入范围更大的网络体系中,其扩大的范围可以超越城市、国界或洲界,从而形成世界范围的数据通信网络。

LAN – WAN 互联的设备主要包括网关和路由器,其中路由器最为常用,它提供了若干个使用不同通信协议的端口,可以连接不同的局域网和广域网,如以太网、令牌环网、FDDI、DDN、X.25 和帧中继等。

3.广域网—广域网互联(WAN – WAN)

WAN – WAN 一般在政府的电信部门或国际组织间进行。它主要是将不同地区的网络互联以构成更大规模的网络,例如,全国范围内的公共电话交换网(PSTN)、数字数据网(DDN)、分组交换网 X.25、帧中继网和 ATM 网等。除此之外,WAN – WAN 的互联还涉及网间互联,即将不同的广域网互联。WAN－WAN 互联主要使用路由器来实现。

网间互联的复杂性取决于要互联的网络的帧、分组、报文和协议的差异程度。由于一般的 LAN－LAN 互联是在网络层以下,可以采用中继器和网桥,但在局域网中为了优化网络和实现信息隔离,也常采用路由器作为互联方案;而对于 LAN－WAN 互联和 WAN－WAN 互联,由于协议差异较大,多采用路由器,对于协议差别较大的网络高层应用系统,需要用到特定的网关。

4.局域网－广域网－局域网互联(LAN－WAN－LAN)

LAN－WAN－LAN 是将两个分布在不同地理位置的局域网通过广域网实现互联,也是常见的网络互联方式,局域网－广域网－局域网互联可以通过路由器(Router)和网关(Gateway)实现。

### 8.2.2　网络互联的层次

网络互联从通信协议的角度来看可以分成 4 个层次,如图 8－1 所示。

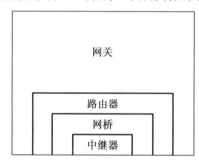

图 8－1　网络互联的层次

1.物理层互联

在不同的电缆段之间复制位信号是物理层互联的基本要求。物理层的连接设备主要是中继器(Repeater)。中继器是最低层的物理设备,用在局域网中连接几个网段,只起简单的信号再生、放大和整形作用,用于延伸局域网的长度。严格地说,中继器是网段连接设备而不是网络互联设备,随着集线器等互联设备的功能拓展,中继器的使用正在逐渐减少。物理层的互联如图 8－2 所示。

2.数据链路层互联

数据链路层互联要解决的问题是在网络之间存储转发数据帧。互联的主要设备是网桥(Bridge)。网桥在网络互联中起到数据接收、地址过滤与数据转发的作用,它用来实现多个网络系统之间的数据交换。一用网桥实现数据链路层互联时,互联网络的数据链路层与物理层协议可以相同,但也可以不同。数据链路层的互联如图 8－3 所示。

3.网络层互联

网络层互联要解决的问题是在不同的网络之间存储转发分组。互联的主要设备是路由器(Router)。网络层互联包括网络互联、路由选择、拥塞控制、差错处理与分段技术等。如果网络层协议相同,则互联主要是解决路由选择问题;如果网络层协议不同,则需使用多协议路由器。用路由器实现网络层互联时,允许互联网络的网络层及以下各层协议是相同的,也可以是不同的。网络层的互联如图 8－4 所示。

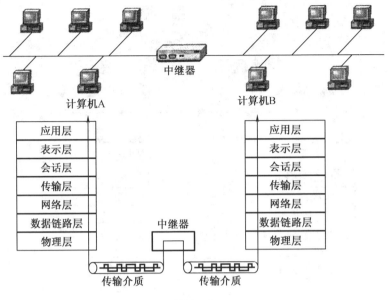

图 8－2

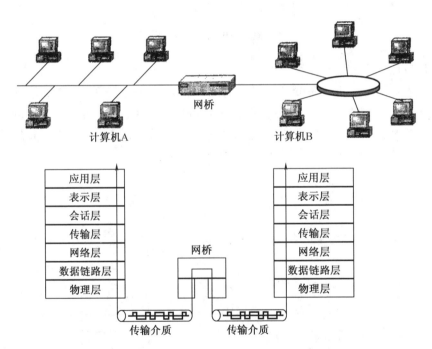

图 8－3　使用网桥实现数据链路层的互联

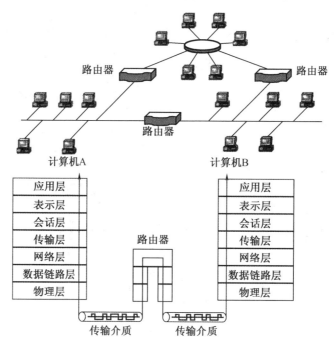

图 8 - 4　使用路由器实现网络层互联

### 4. 高层互联

传输层及以上各层协议不同的网络之间的互联属于高层互联。实现高层互联的设备是网关(Gateway)。高层互联使用的网关很多是应用层网关,通常简称为应用网关。如果使用应用网关来实现两个网络高层互联,那么允许两个网络的应用层及以下各层网络的协议是不同的。使用网关实现的高层互联如图 8 - 5 所示。

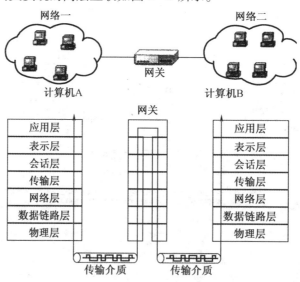

图 8 - 5　使用网关实现的高层互联

# 8.3 网络互联的基本设备

网络互联的目的是为了实现网络间的通信和更大范围的资源共享。但是不同的网络所使用的通信协议往往也不相同,因此网络间的通信必须要依靠一个中间设备来进行协议转换,这种转换既可以由软件来实现,也可以由硬件来实现。但是由于软件的转换速度较慢,因此,在网络互联中,往往都使用硬件设备来完成不同协议间的转换功能,这种设备就叫网络互联设备。网络互联的方式有多种,相应的网络互联的设备也不相同。常用的网络互联设备有中继器、网桥、路由器和网关等。

## 8.3.1 中继器

1. 中继器的功能和特点

中继器是最简单的网络互联设备,常用于两个网络节点之间物理信号的双向转发工作。它工作在 OSI 参考模型的最低层——物理层,所以只能用来连接具有相同物理层协议的局域网。由于数据信号在长距离的传输过程中存在损耗,因此在线路上传输的信号功率会逐渐衰减,衰减到一定程度时将造成信号失真或消失,从而导致接收错误。中继器就是为解决这一问题而设计的,它的主要作用就是负责将一个网段上传输的数据信号进行复制、整形和放大后再发送到另一个网段上去,以此来延长网络的长度。

从理论上讲中继器的使用是无限的,网络也因此可以无限延长。但事实上还是不可能的,因为网络标准中都对信号的延迟范围作了具体的规定,中继器只能在此规定范围内进行有效的工作,否则会引起网络故障。例如,在 10BASE-5 粗缆以太网的组网规则中规定:每个网段的最大长度为 500 m,最多可用 4 个中继器连接 5 个网段,其中只有 3 个网段可以挂接计算机终端,延长后的最大网络长度为 2 500 m。

中继器的主要特点可以归结为以下几点。

(1)中继器在数据信号传输过程当中只是起到一个放大电信号、延伸传输介质、将一个网络的范围扩大的作用,它并不具备检查错误和纠正错误的功能。

(2)中继器工作在物理层,主要完成物理层的功能,所以中继器只能连接相同的局域网,即用中继器互联的局域网应具有相同的协议(如 CSMA/CD)和速率。

(3)中继器既可用于连接相同传输介质的局域网(如细缆以太网之间的连接),也可用于连接不同传输介质的局域网(如细缆以太网与双绞线以太网之间的连接)。

(4)中继器支持数据链路层及其以上各层的任何协议。

2. 集线器(Hub)

集线器是一种特殊的中继器,它是一种多端口中继器,用于连接双绞线介质或光纤介质以太网系统,是组成 10BASE-T,100BASE-T 和 10BASE-F,100BASE-F 以太网的核心设备。

集线器的使用起源于 20 世纪 90 年代初 10BASE-T(双绞线以太网)标准的应用。由于双绞线的价格较低,而且集线器的可靠性和可扩充性很强,因此得到了迅速的普及。集线器除了能够进行信号的转发之外,它还克服了总线型网络的局限性,提高了网络的可靠性。例如,在使用总线连接时,往往会因为 T 型接头的接触不良或者碰线,使得整个网络无法正常工作,改用集线器就可以保证连接的可靠性,减少节点之间的互相干扰。

集线器有无源集线器、有源集线器和智能集线器。无源集线器的功能是只负责将多段传输媒体连在一起,而不对信号本身做任何处理,这样它对每一段传输媒体,只允许扩展到最大有效距离的一半(通常为 100 m)。有源集线器和无源集线器相似,但它还具有信号放大,延伸网段的能力,起着中继器的作用。智能集线器除具有有源集线器的全部功能外,还将网络的很多功能集成到集线器中,如网络管理功能、网络路径选择功能等。

### 8.3.2  网桥(Bridge)

1. 网桥的适用场合

网桥作为互联设备之一,工作在 OSI 参考模型的数据链路层,以实现不同局域网的互联。网桥可以连接两个或多个局域网网段,对各网段的数据帧进行接收、存储与转发,并提供数据流量控制和差错控制,把两个物理网络(段)连接成一个逻辑网络,使这个逻辑网络的行为看起来就像一个单独的物理网络一样。

网桥常用的场合有以下几种。

(1)一个单位的很多部门都需要将各自的服务器、工作站与微机互联成网,不同的部门根据各自的需要选用了不同的局域网,而各个部门之间又需要交换信息、共享资源,这样就需要把多个局域网互联起来。

(2)一个单位有多幢办公楼,每幢办公楼内部建立了局域网,这些局域网需要互联起来,似构成支持整个单位管理信息系统的局域网环境。

(3)在一个大型的企业或校园内,有数千台计算机需要联网,如果将它们用一个局域网连接起来,则局域网的负荷增加、性能下降。可行的办法是将数千台计算机按地理位置或组织关系划分为多个网段,每个网段是一个局域网,然后将多个局域网互联起来构成一个大型的企业网或校园网。

(4)如果联网计算机之间的距离超过了单个局域网的最大覆盖范围,可以先将它们分成几个局域网组建,然后再把这几个局域网互联起来。

2. 网桥的功能和特点

网桥是一种在 OSI 参考模型的数据链路层实现局域网之间互联的设备。它在数据链路层对数据帧(Frame)进行存储转发,将两个以上独立的物理网络连接在一起,构成一个单个的逻辑局域网络,以实现网络互联。

网桥连接的两个局域网可以基于同一种标准(如 802.3 以太网之间的互联),也可以基于不同类型的标准(如 802.3 以太网与 802.5 令牌环网之间的互联),而且这些网络使用的传输介质可以不同(如粗、细同轴电缆以太网和光纤以太网的互联)。

网桥的主要作用是通过将两个以上的局域网互联为一个逻辑网,来达到减少局域网上的通信量,提高整个网络系统性能的目的。网桥并不是复杂的网络互联设备,其工作原理也比较简单。当网桥收到一个数据帧后,首先将它传送到数据链路层进行分析和差错校验;根据该数据帧的 MAC 地址段,来决定是删除这个帧还是转发这个帧。如果发送方和接收方处于同一个物理网络(网桥的同一侧),网桥将该数据帧删除,不进行转发。如果发送方和接收方处于不同的物理网络,网桥则进行路径选择,通过物理层传输机制和指定的路径将该帧转发到目的局域网。在转发数据帧之前,网桥对帧的格式和内容不做或只做少量的修改。

网桥的特点包括以下几个方面。

(1)使用网桥互联两个网络时,必须要求每个网络在数据链路层以上的各层中采用相同或兼容的协议。

(2)网桥可互联两个采用不同数据链路层协议、不同传输介质与不同传输速率的网络,例如,用网桥可以把以太网和令牌环网连接起来。

(3)网桥以接收、存储、地址过滤与转发的方式实现两个互联网络之间的通信,并实现大范围局域网的互联。当某个局域网已达到最大连接限制时,可使用网桥来扩展距离,而且连接的网络距离几乎是无限制的。

(4)网桥可以分隔两个网络之间的通信量,有利于改善互联网络的性能。当网桥收到一个数据帧后,先读取地址信息,以决定是将其复制转发还是丢弃,如果网桥连接的是以太网,它将判断收到的帧的目的节点地址与发送帧的源节点地址是否在同一段,若目的地址在本段网络,就不需要复制和转发,从而减轻了网络的压力,保证了网络性能的稳定。此外,当以太网上的某一个工作站发送的数据包出错时,网桥不会转发这些数据包,从而起到隔离的作用。

由于网桥需对数据包进行处理,以决定转发情况,因此,网桥对数据包的处理需要一定的时延。另外,值得注意的是,由于网桥传递网络中节点发出的广播信息,当两个局域网之间采用两个或两个以上的网桥互联时,由于网桥转发广播数据包,使得广播数据包在网络中不断地循环,造成广播风暴,图 8 - 6 所示。因此,现在的网桥都使用"生成树算法",以避免出现这个问题。

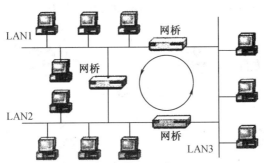

图 8 - 6 网桥产生的广播风暴

广播风暴是指过多的广播数据包占用了网络带宽的所有容量,使网络的性能变得非常差。引起广播风暴的原因可能是网络适配器或集线器出现故障,从而发出很多的广播数据包;也可能是由于网络病毒的泛滥,从而造成网络中出现大量的广播数据包。

和中继器相比,网桥的主要特点可以归结为以下几点。

(1)网桥可实现不同结构、不同类型局域网络的互联,并在不同的局域网之间提供转换功能;而中继器只能实现同类局域网的互联。

(2)网桥不受定时特性的限制,可互联范围较大网络(比如,它可将多个距离较远的网络连接到主干网上,最远可达 10 km);而中继器受 MAC 定时特性的限制,一般只能连接 5 个网段的以太网,且不能超过一定距离。

(3)通过对网桥的设置,可起到隔离错误信息的作用,保证网络的安全;而中继器只能作为数字信号的整形放大器,并不具备检错、纠错功能。

（4）利用网桥可增加网上工作站的数目，因为网桥只占一个工作站地址，而它可将另一个网络上的许多工作站连接在一起；而用中继器互联的以太网，随着用户数的增加，总线冲突增大，网络的性能必然会大大降低。

3．网桥的分类

（1）透明网桥、源路由网桥

根据网桥的路径选择方法分为透明网桥（Transparent Bridge）和源路由网桥（Source Routing Bridge）。

透明网桥类似于一个黑盒子，它的存在和操作对网络主机完全是透明的。它的主要优点是易于安装，在使用时不用做任何配置，桥就能正常工作。透明网桥与现有的 IEEE 802 产品完全兼容，它能连接不同传输介质、不同传输速率的以太网，是当今应用最为广泛的一种网桥。但是透明网桥由各网桥自己来决定路由选择，网络上的各节点不负责路由选择，因而不能获得最佳的数据传输路径。

源路由网桥要求网络各节点都参与路由选择，详细的路由信息放在数据帧的首部，这样网络上的每个节点在发送数据帧时，都已经清楚地知道发往各个目的节点的路由了。从理论上讲，源路由网桥能够选择最佳的数据传输路径，但是实际实现起来并不容易。

（2）本地网桥和远程网桥

根据两个局域网距离的远近，将网桥分为本地网桥和远程网桥。本地网桥常用于直接连接两个相距很近的局域网，如图 8 - 7 所示，通过网桥划分网段以提高网络性能。远程网桥用来连接两个远距离的网络，为了减少成本，可通过一根串行电路来连接网桥；通常，可以利用公用网来连接分布在不同地理位置的网桥，以形成单个大型的网络，如图 8 - 8 所示。远程网桥也可通过路由器来实现。

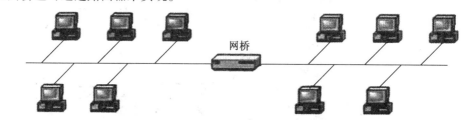

图 8 - 7　本地网桥连接两个距离较近的网络

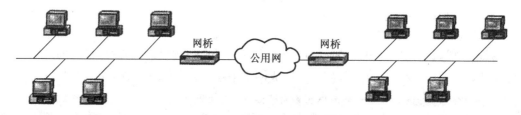

图 8 - 8　本地网桥通道公用网连接的网络

（3）内桥和外桥

根据网桥是运行在服务器上还是作为服务器外的一个单独的物理设备，将网桥分为内桥和外桥。

内桥又称为内部网桥，它安装在文件服务器中，作为文件服务器的一部分来运行。实际上内桥是在服务器内插入多块网卡，每个网卡与子网相连，由网络操作系统管理。内桥安装方便,组网灵活,但使用时网桥软件会占用件服务器的资源,从而导致服务器性能下降。

外桥又称为外部网桥,它是作为一个独立设备的桥,即通过微机或工作站内的专用硬件和固化软件来实现网络间的互联。外桥的优点是从一个网络转发到另一个网络的数据包全由硬件来完成,速度比内桥更快,并且也不会影响文件服务器的性能。但是外桥作为一台专门的外设来使用,需要增加额外的投资。

(4)级联和多端口网桥

某些网桥只能连接两个网络段,这种网桥用于级联网络段。例如,网桥 A 连接 LAN1 和 LAN2,网桥 B 连接 LAN2 和 LAN3 。一个来自 LAN1 的数据帧必须穿过网桥 A 和网桥 B 才能到达 LAN3,如图 8 - 9 所示。还有一些网桥是多端口网桥,它们可将几个网段连接在一起,如图 8 - 10 所示。

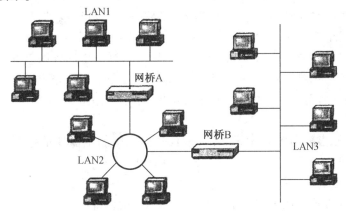

图 8 - 9　网桥级联

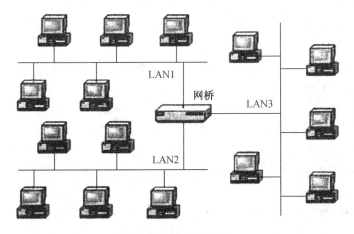

图 8 - 10　多端口网桥

需要说明的是,网桥在网络发展的早期主要是对网络进行分段,通过分隔通信量实现网络距离的扩展和网络的互联。随着计算机网络的发展,网桥这种应用更多地被交换机与路由器取代,但是在无线网络环境和一些简单的网络中,桥接的网络仍然被广泛采用,由于不涉及网络层的路由与交换,所以费用相对低廉。

1.路由器的功能和基本工作原理

路由器工作在 OSI 参考模型的网络层,属于网络层的一种互联设备。一般说来,异种网络互联与多个子网互联都是采用路由器来完成的。全球最大的互联网 Internet 就是使用路由器加专线技术将分布在各个国家的几千万个计算机网络互联在一起的。

路由器的主要功能就是为经过路由器的每个数据包寻找一条最佳传输路径,并将该数据包有效地传送到目的站点,因此选择最佳路径的策略,即路由算法是路由器的关键所在。为了路由选择这项工作,在路由器中保存着各种传输路径的相关数据——路由表(Routing Table),供路由选择时使用。路由表中保存着子网的标志信息、网上路由器的个数以及下一个路由器的地址等内容。路由表一般分为静态路由表和动态路由表。

路由器的另一个重要功能是完成对数据包的传送,即数据转发。网络上各类信息的传送都是以数据包为单位进行的,数据包中除了包括要传送的数据信息外,还包括要传送信息的目的 IP 地址(网络层地址)。当一个路由器收到一个数据包时,它将根据数据包中的目的 IP 地址查找路由表,根据查找的结果将此数据包送往对应端口。下一个路由器收到此数据包后继续转发,直至到达目的地。通常情况下,为每一个远程网络都建立一张路由表是不现实的,为了简化路由表,一般还要在网络上设置一个默认路由器。一旦在路由表中找不到目的口地址所对应的路由器,就将该数据包交给网络的默认路由器,让它来完成下一纹的路由选择。

路由器还可充当数据包的过滤器,将来自其他网络的不需要的数据包阻挡在网络之外,从而减少网络之间的通信量,提高网络的利用率。

路由器的特点如下。

(1)路由器是在网络层上实现多个网络之间互联的设备。

(2)路由器为两个或三个以上网络之间的数据传输解决最佳路径选择。

(3)路由器与网桥的主要区别是:网桥独立于高层协议,它把几个物理子网连接起来,向用户提供一个大的逻辑网络,而路由器则是从路径选择角度为逻辑子网节点之间的数据传输提供最佳的路径。

(4)路由器要求节点在网络层以上的各层中使用相同或兼容的协议。

2.路由器的相关概念

(1)路由表

路由器一般至少连接两个网络,并根据它所连接网络的状态决定数据包的传输路径。而且路由器会生成一个"路由表",这个路由表会跟踪记录着相邻其他路由器的地址和状态信息。路由器使用路由表并根据传输距离和通信费用等要素通过优化算法来决定一个特定的数据包的最佳传输路径。

路由器通过定期与其他路由器和网络节点交换地址信息而自动更新路由表。此外,路由器还定期交换有关网络交通、网络布局及网络链路状态等信息。

(2)静态路由和动态路由

静态路由是通过网络管理员设置路由表来完成的,在任意两个路由器之间都有固定的路径。当某个网络设备或网络链路出故障时,网络管理员就要手工更新路由表。静态路由器可以确定某条网络链路是否关闭,但若没有网络管理员的干预,它就不能自动选择正常的链路进行路由。

动态路由的产生不需要网络管理员的介入。动态路由器监控网络变化、更新它们的路由表并在需要时重新配置网络路径。当一个网络链路出故障时,动态路由器将自动检测到故障并建立一条最有效的新路径。新路径的选择取决于对网络负载、电路类型和带宽的综合考虑。

(3)路由协议

最普通的路由协议是路由信息协议和开放最短路径优先协议。

①由信息协议(Routing Informnation Protocol,RIP)

RIP 是推出时间最长的路由协议,也是最简单的路由协议,它最初是为 Xerox 网络系统而设计的,是 Internet 中常用的路由协议。RIP 是一种距离矢量协议,它根据源节点与目的节点之间的路由器或路程段的数目(也称为跳数)来决定发送数据包的最佳途径。RIP 很容易实现,它是目前最常用的路由协议,但其缺点是,当路由器发送更新消息时,它把整个路由表也发送出去。为了保持最新的更新,路由器以有规律的固定时间间隔广播更新信息,如 30 s 的间隔。由于路由器频繁地广播整个路由表,因而产生了大量的网络通信量,占用了更多的带宽,适用于小规模网络。另外,当存在两条或多条不同速率的线路时,RIP 就不能根据线路速率、延迟和带宽等因素确定最佳路径。另外,RIP 最大跳数为 15,因此,该协议只适用于规模较小的网络。

②开放最短路径优先(Opening Shortest Path First,OSPF)协议

OSPF 协议是一种链路状态路由协议,除了路由器的数目外,OSPF 协议还可以通过判断路程段之间的连接速率和负载平衡来确定发送数据包的最佳途径。

OSPF 协议可以支持大型的互联网络,它将网络划分为多个区域,采用层次型的路由选择。每个运行 OSPF 协议的路由器都保存其所在区域内的一个链路状态数据库(路由表),只有当检测到其链路状态发生变化时才传送路由消息,以更新每台路由器的数据库。每台路由器只发送与其自身相连的网络状态的信息,而不是整个路由表。通常情况下,用于更新链路状态的数据包很小,且发送并不频繁,因而大大减少了由此产生的网络通信量,减少了网络拥塞。在运行 OSPF 协议的网络里,各区域之间会进行路由选择,每个区域的内部路由选择是在区域内部进行,当某个区域存在链路故障又恢复的问题时,其他区域内的路由器则不会受影响,无须不断运行 OSPF 算法。

注　网络拥塞是指网络中的通信量较大,从而造成网络的某一部分或整个网络性能下降 e 造成网络拥塞的原因很多,例如,由于网络的设计不正确、网络的主干带宽不够;网络适配器出现故障,发送许多不必要的数据包;网络用户(网络节点)数目的日益增长等。

③BGP 路由协议

BGP 是为 TCP/IP 互联网设计的外部网关协议,用于多个自治域之间。它既不是基于纯粹的链路状态算法,也不是基于纯粹的距离向量算法。它的主要功能是与其他自治域的BGP 交换网络可达信息,各个自治域可以运行不同的内部网关协议。BGP 更新信息包括网络号/自治域路径的成对信息,自治域路径包括到达某个特定网络须经过的自治域串,这些更新信息通过 TCP 传送出去,以保证传输的可靠性。

3.路由器的分类

(1)单协议和多协议路由器

一般情况下,经常使用的是单协议的路由器。当两个网络通过单协议路由器互联时,由于路由表中只有一种地址格式,因此,每个路由器在网络层中应该使用相同的协议,例如,都使用 IP 或 IPX(网际包交换)。然而,当需要路由器为使用不同网络协议的数据包提

供路由选择时,就需要使用多协议路由器提供多协议路由表。例如,对于一个同时提供 IP 和 IPX 的路由器,它既可以发送、接收和处理使用 IP 的数据包,也可以发送、接收和处理使用 IPX 的数据包,此时,在这个路由器中应该具有两个路由表,一个支持 IP,另一个支持 IPX,如图 8 - 11 所示。

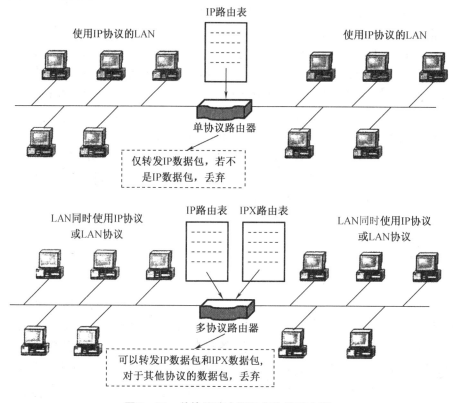

**图 8 - 11 单协议路由器和多协议路由器**

（2）桥路由器

桥路由器(Brouters)本身是一一种路由器,不过由于使用的场合不同,有时作为路由器使用,有时却作为网桥来使用。对于桥路由器,如果接收到一个使用与路由器具有相同协议的数据包时,就作为路由器使用,否则,就作为网桥来转发数据。

（3）本地路由器和远程路由器

本地路由器是指连接同一座大楼内的网络或连接同一校园网内邻接网络的路由器。本地路由器可支持不同的网络协议,如 TCP/IP,IPX/SPX(顺序包交换)等。本地路由器监控整个网络,包括链路速率、网络负载、网络编址及网络拓扑方面的变化,用以更新路由表。

远程路由器用于连接相距较远的网络。例如,位于大学主校园内的远程路由器与广域网的路由器相连。远程路由器通常要支持多种协议和多种接口,以便连接到广域网上,如连接 ISDN,X.25 和 DDN 等网络。远程路由器可设置过滤输入和输出的数据包,使网络管理员能控制网络负载和确定哪些网络节点能访问给定的网络。本地路由器如图 8 - 12 示,远程路由器如图 8 - 13 示。

4.由器的发展

路由器作为互联网络的重要设备,在实现 LAN - LAN 互联、LAN - WAN 互联和 WAN -

WAN 互联方面占有举足轻重的地位,而且作为网络互联的核心,它也正在不断朝着速度更快、服务质量(QoS)更好和更易于综合化管理的三个方向发展。

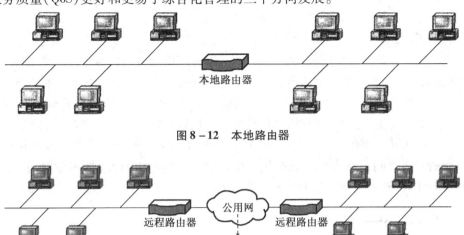

图 8 - 12　本地路由器

图 8 - 13　远程路由器

（1）速度更快

在传统意义上,路由器通常被认为是网络速度的瓶颈。在局域网速度早已达到上百兆时,路由器的处理速度至多却只有几十兆。但随着计算机网络的发展,尤其是 Internet 的发展,对路由器研究的重点便体现在提高其处理速度上。由于高速路由器引入了交换的结构,这使骨干路由器的接口速度达到 10 Gbit/s,这些路由器也被称为吉比特交换路由( Gigabit SMtch Router,GSR)和太位交换路由器(TSR)。

（2）QoS 更好

路由器在速度上的提高虽然能适应数据流量的急剧增加,而其发展趋势更本质、更深刻的变化是:以 IP 为基础的数据包交换,在未来几年内将迅速取代已发展了近百年的电路交换通信方式,并成为通信业务模式的主流。这意味着,IP 路由器不仅要提供更快的速度以适应急剧增长的计算机数据流量,而且 IP 路由器也将逐步提供原有电信网络所提供的各种业务。但是传统的 IP 路由器一般只是按先进先出的原则转发数据包,因此,语音数据、实时视频数据和因特网浏览数据等各种业务类型的数据都被同等对待。由此可见,IP 路由器要想提供包括电信广播在内的所有业务,提高 QoS 是其关键。这也正是目前各大网络设备厂商所努力推进的方向。在各大厂商新推出的高、中、低档路由器中都不同程度地支持QoS,例如,CISCO 公司的高档 12000 系列,从硬件和软件协议两方面都对 QoS 有很强的支持,而其推出的低端产品 2600 系列也支持语音电话这样的新业务应用。事实上,QoS 不仅是路由器的一个发展趋势,以路由器为核心的整个 IP 网络都在朝这个方向发展。

注　对 QoS 的支持来自软件和硬件两个方面。从硬件方面说,更快的转发速度和更宽的带宽是基本前提。从软件协议方面看,体现在如下几个方面。

①对 IP 数据包优先级的标识,根据优先级,IP 路由器可以决定不同 IP 包的转发优先顺序,从而实现不同业务的 QoS。

②RSVP(资源预留协议)及相应的协议。传统 IP 路由器只负责 IP 包的转发,通过路由协议知道邻近路由器的地址,而 RSVP 则类似于电路交换系统的协议,为一个数据流通知其

所经过的每个节点(IP 路由器),与端点协商为此数据流提供质量保证。

③多协议标记交换(MPLS),其覆盖范围是核心网络路由器。为建立合理的核心路由器间的交换路径,核心路由器间需要定时交换流量等状况信息。

(3)管理更加智能化

随着网络流量的爆炸性增长、网络规模的日益膨胀以及对网络服务质量的要求越来越高,路由器上的网络管理系统变得日益重要,网络连接已成为日常工作和生活中不可缺少的部分。在保证质量的情况下最大限度地利用带宽,及早发现并诊断设备故障,迅速方便地根据需要改变配置,这些管理功能都日益成为直接影响网络用户和网络运营商利益的重要因素。智能化又体现在两个方面:一是网络设备(路由器)之间信息交互的智能化;二是网络设备与网络管理者之间信息交互的智能化。在网络管理智能化的大趋势中,"基于策略的管理"和"流量工程"这两个技术概念较为普通。

### 8.3.4 网关(Gateway)

网关是让两个不同类型的网络能够互相通信的硬件或软件。在 OSI 参考模型中,网关工作在 OSI 参考模型的 4~7 层,即传输层到应用层。它是实现应用系统级网络互联的设备。Internet 互联网是由无数相互独立的网络连接在一起构成的,大多数接入 Internet 的网络使用计算机网络技术基础的通信协议都是 TCP/TP 协议簇,可以直接与 Internet 上的主机进行通信,这样的网络要连入 Internet 通过路由器即可办到,但也有一些网络使用的不是 TCP/IP 协议簇,或者不能运行 TCP/IP 协议簇,这样的网络要连接到 Internet 上,就必须经过某种转换。而实现这种转换功能的模块可以是硬件也可以是软件,统称为网关。因此,网关不仅具有路由器的功能,还能实现异种网之间的协议转换。这就好比人们之间要进行语言交流就必须使用相同的语言,而当语言不通时,就必须有一个翻译来进行两种语言的转换。在互联网中,网关的作用就相当于语言交流中的翻译。

前面我们所介绍的中继、网桥和路由器都是属于通信子网范畴的网间互联设备,它们与实际的应用系统无关,而网关在很多情况下是通过软件的方法予以实现的,并且与特定的应用服务一一对应。换句话说,网关总是针对某种特定的应用,通用型网关是根本不存在的这是因为网关的协议转换总是针对某种特殊的应用协议或者有限的特殊应用,如电子邮件、文件传输和远程登录等。

网关的主要功能是完成传输层以上的协议转换,它一般有传输网关和应用程序网关两种。传输网关是在传输层连接两个网络的网关,应用程序网关是在应用层连接两部分应用程序的网关。网关既可以是一个专用设备,也可以用计算机作为硬件平台,由软件实现其功能。

目前,网关技术已成为网络用户使用大型主机资源的通用的和经济的工具,例如,在一台计算机上安装网关软件,通过专用接口卡和通信线路与大型主机连接,其他网络用户可以使用仿真软件成为该主机的终端并通过该网关访问大型主机,共享大型主机的资源(如交换文件、打印报表和处理数据等)。

# 第 9 章 Internet 和 Intranet

Internet 作为全球最大的互联网络,其规模和用户数量都是其他任何网络所无法比拟的,Internet 上的丰富资源和服务功能更是具有极大的吸引力。本章将以 Internet 为主线,着重介绍与 Internet 相关的一些概念、技术、服务与应用。

## 本章提要

· Internet 的资源与应用;

· Internet 中的域名系统;

· 主机配置协议;

· SNMP 管理模型;

· WWW 服务、电子邮件服务及其相关协议;

· 文件传输服务、远程登录服务及其相关协议;

· 用户接入 Internet 的技术;

· 企业内联网 Intranet 的相关概念及技术。

## 9.1 Internet 概述

Internet 是由成千上万的不同类型,不同规模的计算机网络和计算机主机组成的覆盖世界范围的巨型网络。Internet 的中文名称为"因特网"。

从技术角度来看,Internet 包括了各种计算机网络,从小型的局域网、城市规模的城域网,到大规模的广域网。计算机主机包括 PC、专用工作站、小型机、中型机和大型机。这些网络和计算机通过电话线、高速专用线、微波、卫星和光缆连接在一起,在全球范围内构成了一个四通八达的"网间网"。Internet 起源于美国,并由美国扩展到世界其他地方。在这个网络中,其核心的几个最大的主干网络组成了 Internet 的骨架,它们主要属于美国的 Internet 服务供应商,通过主干网络之间的相互连接,建立起一个非常快速的通信网络,承担了网络上大部分的通信任务。每个主干网络间都有许多交汇的节点,这些节点将下一级较小的网络和主机连接到主干网络上,这些较小的网络再为其服务区域的公司或个人提供连接服务。

从应用角度来看,Internet 是一个世界规模的巨大的信息和服务资源网络,它能够为每一个 Internet 用户提供有价值的信息和其他相关的服务。也就是说,通过使用 Internet 世界范围的人们既可以互通消息、交流思想,又可以从中获得各方面的知识、经验和信息。

### 9.1.1　Internet 的管理机构

Internet 不受某一个政府或个人控制,它本身却以自愿的方式组成了一个帮助和引导 Internet 发展的最高组织,称为"Internet"协会(Internet Society,ISOC)。该协会成立于 1992 年,是非营利性的组织,其成员是由与 Internet 相连的各组织和个人组成的。Internet 协会本身并不经营 Internet,但它支持 Internet 体系结构委员会(Internet Architecture Board,IAB)开展工作,并通过 IAB 实施。

IAB 负责定义 Internet 的总体结构(框架和所有与其连接的网络)和技术上的管理,对 Internet 存在的技术问题及未来将会遇到的问题进行研究。IAB 下设 Internet 研究任务组 (IRTF)、Internet 工程任务组(IETF)和 Internet 网络号码分配机构(IANA)。

Internet 研究工作组的主要任务是促进网络和新技术的开发与研究;Internet 工程任务组的主要任务是解决 Internet 出现的问题,帮助和协调 Internet 的改革和技术操作,为 Internet 各组织之间的信息沟通提供条件;Internet 网络号码分配机构的主要任务是对诸如注册 IP 地址和协议端口地址等 Internet 地址方案进行控制。

Internet 的运行管理可分为网络信息中心(NIC)和网络操作中心(NOC)。网络信息中心负责 IP 地址分配、域名注册、技术咨询、技术资料的维护与提供等。网络操作中心负责监控网络的运行情况以及网络通信量的收集与统计等。

几乎所有关于 Internet 的文字资料,都可以在 RFC(Request For Comments)中找到,它的意思是"请求评论"。RFC 是 Internet 的工作文件,其主要内容除了包括对 TCP/IP 标准和相关文档的一系列注释和说明外,还包括政策研究报告、工作总结和网络使用指南等。

### 9.1.2　Internet 的资源与应用

Internet 是一个信息资源的大海洋,为了更加充分地利用 Internet 这个得天独厚的信息资源,人们发明和开发了各种各样的软件工具,从而使 Internet 为人们提供的信息服务越来越完善。

1. Internet 上的信息资源

Internet 作为一个整体,它为使用者提供了越来越完善的信息服务。信息是 Internet 上最重要的资源,也是使用 Internet 的人们希望得到的东西。不少人在 Internet 上查找自己所需要的信息资源时,往往只注意到通过计算机系统获取信息,却忽略了从 Internet 上的"人"资源那里获取信息。事实上,在 Internet 上,可以找到能够提供各种信息的人,其中包括教育家、科学家、工程技术专家、医生、律师以及具有各种专长和爱好的人们。Internet 对所有的网上用户提供在完全平等条件下进行交流和讨论的渠道,几乎在所有可能想到的题目下都能够找到进行讨论和交流的专题小组。对于 Internet 的一般用户来说,他们即使不属于任何特定的专题小组成员,也同样可以就任何问题寻求有关专家或其他用户的帮助,从他们那里获得咨询信息。另外每个用户也都能成为信息的提供者。

在 Internet 上,大量的信息资源存储在各个具体网络的计算机系统上,所有计算机系统存储的信息组成信息资源的海洋。信息的内容几乎无所不包,有科学技术领域的各种专业信息,也有与大众日常工作和生活息息相关的信息;有知识性和教育性的信息;也有娱乐性和消遣性的信息;有历史题材的信息,也有现实生活的信息等。信息的载体几乎涉及所有媒体,例如,文档、表格、图形、影像、声音以及它们之间的合成。信息的容量小到几行字,大到一份报纸、一本书甚至一个图书馆。信息分布在世界各地的计算机系统上,并以各种可能的形式存在,例如,文件、数据库、公告牌、目录文档和超文本文档等。用户如果希望获得这些信息资源,一般需要知道信息资源所在的计算机系统的地址。所以对于经常使用 Internet 的用户来说,一个重要的任务就是要积累信息资源的地址,也就是说,需要知道存储信息的资源服务器(成数据库)的地址、访问资源的方式(包括应用工具、进入方式、路径和选择项等)。

应当指出,在 Internet 上有数千万人从事信息活动,Internet 本身又在快速地扩展,所以网上的信息资源几乎每天都在增加和更新,重要的是要掌握信息资源的查找方法。早期 Internet 上的信息资源主要来自美国,反映其他国家和地区的信息资源相对较少。近年来,随着 Internet 在世界各地的迅速发展,特别是国内各大骨干网的建成和互联,为中文信息大规模上网提供了良好的网络环境。

2. Internet 提供的主要服务

Internet 是一个庞大的互联系统,它通过全球的信息资源和入网的 170 多个国家的数百万个网点,向人们提供了包罗万象、瞬息万变的信息。由于 Internet 本身的开放性、广泛性和自发性,可以说,Internet 信息资源是无限的。

人们可以在 Internet 上迅速而方便地与远方的朋友交换信息,可以把远在千里之外的一台计算机上的资料快速复制到自己的计算机上,可以在网上直接访问有关领域的专家,针对感兴趣的问题与他们进行讨论。人们还可以在网上漫游、访问和搜索各种类型的信息库、图书馆甚至实验室。很多人在网上建立自己的主页(Homepage),定期发布自己的信息。所有这些都应当归功于 Internet 所提供的各种各样的服务。

Internet 的应用给人们提供了一次交流方式上的新革命。人们为了访问和获取网上的各种信息资源,更加充分地利用 Internet 的信息交流环境,发明和创造了各种各样的软件工具,大大地方便了人们在 Internet 上访问和搜索网上信息资源以及进行彼此间的交流。从数据传输方式的角度来说,Internet 提供的主要服务包括网络通信、远程登录、文件传送以及网上信息服务等。

(1)网络信息服务

网络信息服务主要指信息查询服务和建立信息资源服务。Internet 上集中了全球的信息资源,是存储和发布信息的地方,也是人们查询信息的场所。信息资源是 Internet 最重要的资源。信息分布在世界各地的计算机上,主要内容有教育科研、新闻出版、金融证券、医疗卫生、计算机技术、娱乐、贸易、旅游、商业和社会服务等。

Web 是在 Internet 上运行的信息系统,Web 是 WWW(World Wide Web)的简称,译为万维网,又称全球信息网。Web 将世界各地信息资源以超文本或超媒体的形式组织成一个巨大的信息网络,它是一个全球性的分布式信息系统,用户只要使用 Web 浏览器的软件,用鼠标点取有关的文字或图形,就可以随心所欲她在 WWW 中漫游,获取感兴趣的信息。因而,WWW 服务是目前使用最普及、最受欢迎的一种信息服务形式。

(2)电子邮件服务

电子邮件(E-mail)又称电子信箱,它是网上的邮政系统,是一种以计算机网络为载体的信息传输方式。电子邮件与普通邮政邮件的投递方式很类似。在普通邮政邮件系统中,每个人有一个地址和信箱,如果要发信,把信写好后,在信封上写明发信人和收信人的地址,再将信件投入邮筒,邮政部门就会把信送给收信人。

在电子邮件系统中,如果是 Internet 用户或者是与 Internet 相连的网络上的电子邮件用户,在互联网系统中就有一个属于该用户的电子信箱和电子信箱的地址,这些信箱的地址在 Internet 上是唯一的。Internet 上的用户按信箱地址向对方发送的电子信件,都会送到对方的电子信箱中。每个电子邮件都有一个标明寄件人的地址和收件人的信箱地址的信封,寄件人可以随时随地发送邮件,如果对方正在使用计算机,那么他可以马上阅读邮件。如果对方没有打开计算机,邮件就存放在收件人的电子信箱中,收件人开机后,就可以打开信箱,把邮件取回本机,阅读信件。使用电子邮件,同一个信件可以发给一个、多个或预先定义的一组用户。接到信件后可以进行阅读、打印、转发、回答或删除。与传统的邮政系统相比,电子邮件具有速度快、信息量大、价格便宜、信息易于再使用等优点。如果需要,还可以对邮件进行加密。

(3)文件传输服务

文件传输是指在 Internet 上把文件准确无误地从一个地方传输到另一个地方。利用 Internet 进行交流时,经常需要传输大量的数据和各种信息,所以文件传输是 Internet 的主要用途之一。在 Internet 上,许多 FTP 服务器对用户都是开放的,有些软件公司在新软件发布时,常常将一些试用软件放在特定的 FTP 服务器上,用户只要把自己的计算机连入 Internet,就可以免费下载这些软件。

(4)远程登录服务

远程登录是将用户本地的计算机通过网络连接到远程计算机上,从而可以使用户像坐在远程计算机面前一样使用远程计算机的资源,并运行远程计算机的程序。一般来说,用户正在使用的计算机为本地计算机,其系统为本地系统,而把非本地计算机看作是远程计算机,其系统为远程系统。远程与本地的概念是相对的,不根据距离的远近来划分。远程计算机可能和本地计算机在同一个房间、同一校园,也可能远在数千千米以外。通过远程登录可以使用户充分利用各方资源。

(5)电子公告牌服务

计算机化的公告系统允许用户上传和下载文件以及讨论和发布通告等。电子公告牌使网络用户很容易获取和发布各种信息,例如问题征答和发布求助信息等。

(6)网络新闻服务

在 Internet 上还可以建立各种专题讨论组,趣味相投的人们通过电子邮件讨论共同关心的问题。当加入一个组后,可以收到组中任何人发出的信件,也可以把信件发给组中的其他成员。利用 Internet,还可以收发传真、打电话,甚至国际电话,在高速宽带的网络环境下甚至可以收看视频广播节目以及召开远程视频会议等。

# 9.2　域名系统

IP 地址是一个具有 32 比特长的二进制数,对于一般用户来说,要记住 IP 地址比较困难。为了向一般用户提供一种直观明了的主机识别符(主机名),TCP/IP 协议专门设计了一种字符型的主机命名机制,给每台主机一个由字符串组成的名字,这种主机名相对于 IP 地址来说是一种更为高级的地址形式——域名。

Internet 的域名系统一方面可以给每台主机一个容易记忆的名字,另外一方面,还可以建立主机名与 IP 地址之间的映射关系。域名系统还能够完成咨询主机各种信息的工作。几乎所有的应用层软件都要使用域名系统,例如,远程登录协议(Telnet)、文件传输协议(FTP)和简单邮件传输协议(SMTP)等。

### 9.2.1 层次型命名机制管理

给网络上的主机命名,最简单的方法就是每一台主机的名字由一个字符串组成,地址解析通过网络信息中心(NIC)中的主机名与 IP 地址映射表来解决,然后由 NIC 负责主机名字的分配、确认和回收等工作,这种称为"无层次命名机制"的方法,它从表面上看起来是比较简单的。但实际上,它无法应用于 Internet 这类规模很大的网络,根本原因在于这种命名机制没有结构性。

随着 Internet 上主机数量的不断增加,主机重名的可能性越来越大,网络信息中心的负担越来越重,而且地址映射表的维护也将越来越困难。因此,Internet 采取了一种层次型结构的命名机制。对 Internet 上主机的命名,一般必须考虑三个方面的问题:第一,主机名字在全局的唯一性,即能在整个 Internet 上通用;第二,要便于管理;第三,要便于映射。由于用户级的名字不能为使用 IP 地址的协议所接受,而 IP 地址也不容易为一般用户理解,因此,两者之间存在着映射需求,映射的效率是一个关键问题。对以上三方面问题的特定解决方法便构成了一种特定的命名机制——层次型命名机制。所谓"层次型"是指在名字中加入了层次型结构,使它与层次型名字空间(Hierarchy Name Space)管理机制的层次相对应。名字空间被分成若干个部分并授权相应的机构进行管理。该管理机构又有权对其所管辖的名字空间进一步划分,并再授权相应的机构进行管理。如此下去,名字空间的组织管理便形成一种树状的层次结构。各层管理机构以及最后的主机在树状结构中被表示为节点,并用相应的标识符来表示。

域名系统是一个分布式的主机信息数据库,它管理着整个 Internet 的主机名与 IP 地址。域名系统是采用分层管理的,因此,这个分布式主机信息数据库也是分层结构的,它类似于计算机中文件系统的结构。整个数据库是一棵倒立的树形结构,如图 9 – 1 所示。顶都是根,根名为空标记" ",但在文本格式中写成".",树中的每一个节点代表整个数据库的一部分,也就是域名系统的域,域可以进一步划分为子域。每一个域都有一个域名,用来定义它在数据库中的位置。在域名系统中,域名全称是从子域名向上直到根的所有标识组成的串,标记之间由"."分隔开。

在层次型命名机制管理中,最高一级名字空间的划分是基于"网点名"(Site Name)的。一个网点作为整个 Internet 的一部分,由若干网络组成,这些网络在地理位置或组织关系上联系非常紧密,因此,Internet 将它们抽象成一个"点"来处理。例如商业组织(COM)、教育机构(EDU)和某一个国家代码 < Country Code > 等。在各个网点内又可以分出若干个"管理组"(Administrative group),因此,第二级名字空间的划分是基于"组名"(Group Name)的,在组名下面才是各主机的"本地名"。一般情况下,一个完整而通用的层次型主机名由如下 3 部分组成,如图 9 – 2(a)所示。

有时主机的本地名部分可能是一个具体的机构或网络,称为"子域"。在子域前面可标有主机名,因而,层次型主机名可表示为:主机名.本地名.组名.网点名,如图 9 – 2(b)所示。例如,一台主机名为 www. moe. edu. cn,则它表示的是中华人民共和国教育部主机名字。

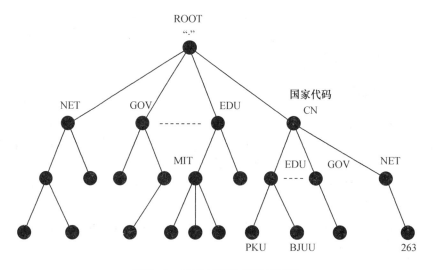

图 9 - 1　域名系统数据库示意图

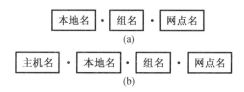

图 9 - 2　层次型主机名的结构

## 9.2.2　Internet 域名系统的规定

Internet 所实现的层次型名字管理机制被称为"域名系统",即 DNS(Domain Name System)。为了保证域名系统具有通用性,Internet 制定了一组正式的通用标准代码作为第一级域名,一级域名分两类,一类是组织型域名,如表 9 - 1 所示,另一类是地理型域名,如表 9 - 2 所示。

表 9 - 1　Internet 第一级域名的代码及意义

| 域名代码 | 意义 | 域名代码 | 意义 |
| --- | --- | --- | --- |
| COM | 商业组织 | FIRM | 商业公司 |
| EDU | 教育机构 | STORE | 商品销售企业 |
| GOV | 政府部门 | WEB | 与 WWW 相关的单位 |
| MIL | 军事部门 | ARTS | 文化和娱乐单位 |
| NET | 网络支持中心 | REC | 消遣和娱乐单位 |
| ORG | 其他组织 | INFO | 提供信息服务的单位 |
| ARPA | 临时 ARPA(未用) | NOM | 个人 |
| INT | 国际组织 | < Country Code > | 国家代码 |

表 9 – 2  国家或地区代码

| 地区代码 | 国家或地区 | 地区代码 | 国家或地区 |
|---|---|---|---|
| AU | 澳大利亚 | JP | 日本 |
| BR | 巴西 | KR | 韩国 |
| CA | 加拿大 | MO | 中国澳门 |
| CN | 中国 | RU | 俄罗斯 |
| FR | 法国 | SG | 新加坡 |
| DE | 德国 | TW | 中国台湾 |
| HK | 中国香港 | UK | 英国 |

### 9.2.3  域名解析

用人们熟悉的自然语言去标识一台主机的域名,自然要比用数字型的 IP 地址更容易记忆。但是主机域名不能直接用于 TCP/IP 的路由选择之中。当用户使用主机域名进行通信时,必须首先将其映射成 IP 地址。因为 Internet 通信软件在发送和接收数据时都必须使用 IP 地址,这种将主机域名映射为 IP 地址的过程叫作域名解析。域名解析包括正向解析(从域名到 IP 地址)以及反向解析(从 IP 地址到域名)。Internet 的域名系统能够透明地完成此项工作。

Internet 域名到 IP 地址的映射是由一组既独立又协作的域名服务器来完成的。域名服务器实际上是一种域名服务软件。它运行在指定的机器上,完成域名与 IP 地址之间的映射。

### 9.2.4  域名系统的组成

域名系统由解析器和域名服务器组成。

(1)解析器

在域名系统中,解析器为客户方,它与应用程序连接,负责查询域名服务器、解释从域名服务器返回的应答以及把信息传送给应用程序等。

(2)域名服务器

域名服务器用于保存域名信息,一部分域名信息组成一个区,域名服务器负责存储和管理一个或若干个区。为了提高系统的可靠性,每个区的域名信息至少由两台域名服务器来保存。

### 9.2.5  域名系统的工作过程

一台域名服务器不可能存储 Internet 中听有的计算机名字和地址。一般来说,服务器上只存储一个公司或组织的计算机名字和地址。例如,当中国的一个计算机用户需要与美国麻省理工学院的一台名为 WWW 的计算机通信时,该用户首先必须指出那台计算机的名字。假定该计算机的域名地址为"www. mit. edu"。中国这台计算机的应用程序在与计算机 WWW 通信之前,首先需要知道 WWW 的 IP 地址。为了获得 IP 地址,该应用程序就需要使用 Internet 的域名服务器。具体的域名解析步骤如下,解析过程如图 9 – 3 所示。

（1）首先，假定解析器向中国的本地域名服务器发出请求，查寻"WWW. mit. edu"的口地址。

（2）中国的本地域名服务器先查询自己的数据库，若发现没有相关的记录，则向根"."域名服务器发出查寻"www. mit. edu"的 IP 地址请求；根域名服务器给中国本地域名服务器返回一个指针信息，并指向 edu 域名服务器。

（3）中国的本地域名服务器向 edu 域名服务器发出查找"mit. Edu"的 IP 地址请求，edu 域名服务器给中国的本地域名服务器返回一个指针信息，并指向"mit. edu"域名服务器。

（4）经过同样的解析过程，"mit. Edu"域名服务器再将"www. mit. edu"的 IP 地址返回给中国的本地域名服务器。

（5）中国本地域名服务器将"www. mit. edu"的 IP 地址发送给解析器。

（6）解析器使用 IP 地址与 www. mit. edu 进行通信。

整个过程看起来相当烦琐，但由于采用了高速缓存机制，所以查询过程非常快。由上述例子可以看出，本地域名服务器为了得到一个地址，往往需要查找多个域名服务器。因此，在查寻地址的同时，本地域名服务器也就得到许多其他域名服务器的信息，如 IP 地址、负责的区域等。本地域名服务器将这些信息连同最近查到的主机地址全部存放到高速缓存中，以便将来参考。

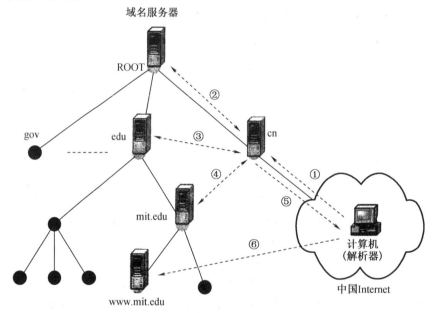

图 9-3　域名解析的过程

# 9.3　主机配置协议

当一个网络的规模非常庞大时，对于网络中的每一台客户机进行配置和管理的工作是非常困难的，如采用手工的方式去配置 TCP/IP 协议信息，它包括设置不同的 IP 地址、子网掩码、路由器地址和域名服务器地址等，工作量非常大，而且通过手工配置的方法还可能出现各种各样的问题,例如,分配了相同的 IP 地址、造成 IP 地址冲突等。另外,对于没有硬盘的主机(无盘工作站)还存在如何配置的问题。因此,处理这些问题的方法涉及 TCP/IP 协议集中的两个应用层协议,即引导程序协议(BOOTP)和动态主机配置协议(DHCP)。

### 9.3.1　引导程序协议

引导程序协议(BOOTstrap Protocol,BOOTP)可以为一个无盘工作站自动获取配置信息。当一个无盘工作站要获取相关配置信息时,通过协议软件广播一个 BOOTP 请求报文。收到请求报文的 BOOTP 服务器查找发出请求的计算机的各项配置信息,将配置信息放人一个 BOOTP 回答报文中,并将应答报文返回给提出请求的无盘工作站。这样,一台计算机就获得了所需的配置信息,包括 IP 地址、子网掩码、路由器地址和域名服务器地址。

由于计算机发送 BOOTP 请求报文时自己还没有 IP 地址,因此,它使用全"1"广播地址(255.255.255.255)作为目的地址,而用全"0"地址(0.0.0.0)作为源地址。这时,BOOTP 服务器可使用广播方式将回答报文返回给该计算机,或者使用收到广播数据帧上的硬件地址进行单播(Unicast)。

### 9.3.2　动态主机配置协议

虽然 BOOTP 可以为一个无盘工作站进行配置,但还没有彻底解决配置问题。当一个 BOOTP 服务器收到一个请求时,就在其信息库中查找该计算机。但使用 BOOTP 的计算机不能从一个新的网络上启动,除非管理员手工修改数据库中的信息。

动态主机配置协议(Dynamic Host Configuration Protocol,DHCP)比 BOOTP 更进了一步,它提供了一种机制允许一台计算机加入新的网络和获取 IP 地址而不用手工参与。实际上,DHCP 并不是一个新的协议而是扩展了的 BOOTP,它们所使用的报文格式都很相似。

DHCP 对运行客户软件和服务器软件的计算机都适用。当运行客户软件的计算机移至一个新的网络时,就可使用 DHCP 获取其配置信息而不需要手工干预。DHCP 给运行服务器软件而位置固定的计算机指派一个永久地址,当这台计算机重新启动对其地址不变。

DHCP 采用客户机/服务器的工作方式。当二台计算机启动时就广播一个 DHCP 请求报文,DHCP 服务器收到请求报文后返回一个 DHCP 应答报文。DHCP 服务器先在其数据库中查找该计算机的配置信息。若找到,则返回找到的信息,若找不到,则从服务器按需分配的地址库中取一个地址分配给该计算机。

# 9.4　简单网络管理协议 SNMP

### 9.4.1　SNMP 的概念

简单网络管理协议(Simple Network Manaemem Protocol,SNMP)是在使用 TCP/IP 协议互联的网络中重要的组成构件,同时也是目前应用最为广泛的计算机网络管理协议。对网络及其设备的管理有本地终端方式、远程 Telnet 命令方式和基于 SNMP 的网管方式。

1.本地终端方式

通过被管理设备的 RS – 232 接口与用于管理的计算机相连接,进行相应的监控、配置、计费以及性能和安全等管理的方式。这种方式一般适用于管理单台的重要网络设备,如路由器等。

2. 远程仿真终端登录 Telnet 命令方式

通过计算机网络对已知地址和管理口令的设备进行远程登录,并进行各种命令操作和管理。这种方式也只适用于对网络中的单台设备进行管理。与本地终端方式管理的区别是,远程 Telnet 命令方式可以异地操作,不必亲临现场。本地终端方式和远程 Telnet 命令方式都只能针对某台具体设备,且无法提供网络运行情况的自动监视与跟踪功能,缺少根据用户需要而开发的用于管理的图形界面。因此,计算机网络的管理大都采用了基于 SNMP 的网管万式。

3. 基于 SNMP 的网管方式

也称 SNMP 网络管理模型,由网络管理站(Manager)、网络管理代理(Agent)、管理信息库(Management Information Base, MIB)以及 SNMP 协议组成,如图 9 - 4 所示。

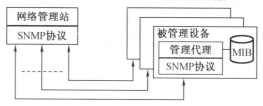

**图 9 - 4　SNMP 网络管理模型**

网络管理代理实际上是运行在被管理设备中的 SNMP 软件,一方面向网络管理站汇报被管设备的运行状态,另一方面要接受网络管理站发来的操作指令,并完成相应的操作。被管网络设备的种类可以包括交换机、路由器、网桥、网关、服务器和工作站等。

在网络中至少有一个网络管理站,并作为网络的控制中心。它运行一些特殊的网络管理软件,以定时或动态地通过管理代理向各被管设备发送请求信息,搜集各被管设备的运行状态,完成用户所需要的各种网管功能,并以非常友好的图形界面提供给用户。图 9 - 5 所示为一个实际网络系统中使用网络管理站和管理代理进行网络管理的示意图。

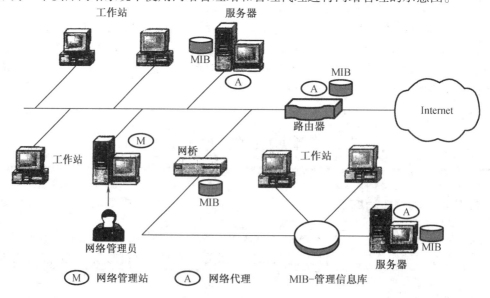

**图 9 - 5　用网络管理站和管理代理管理网络**

MIB 是每个被管设备中网管代理所维持的状态信息的集合,例如,报文分组计数、出错计数、用户访问计数和路由器中的 IP 路由选择表等。

SNMP 协议则用于网络管理站与被管设备的网管代理之间交互管理信息。网络管理站通过 SNMP 协议向被管设备的网管代理发出各种请求报文,而网管代理则在接收这些请求后完成相应的操作。SNMP 在 TCP/IP 之上运行,它可被看作 TCP/IP 之上的一个应用系统。

网络管理站通过 SNMP 与被管设备进行交互。管理站按照 SNMP 协议向被管设备发出各种请求,例如,读取被管设备内部对象的状态,必要时还可修改一些对象的状态;被管设备执行完指定的操作之后,向管理站返回相应的回答。绝大部分网络管理操作都是以这种请求/响应的模式进行的。

### 9.4.2　网络管理的功能

网络管理的功能主要包括故障管理、配置管理、性能管理、安全管理和计费管理。

1. 故障管理(Fault Management)

对网络中被管对象故障的检测、定位和排除。故障并非一般的差错,而是指网络已无法正常运行或出现过多的差错。网络中的每个设备都必须有一个预先设定好的故障门限,以便确定是否出了故障。

2. 配置管理(Configuration Management)

用来定义、识别、初始化以及监控网络中的被管对象,改变被管对象的操作特性,报告被管对象状态的变化。

3. 性能管理(Performance Management)

以网络性能为准则,保证在使用最少网络资源和具有最小时延的前提下,网络能提供可靠、连续的通信能力。

4. 安全管理(Security Management)

网络中的主要安全问题有网络数据的私有性、网络访问授权和访问控制。网络安全管理的任务是保护网络上的信息不被泄露和修改、限制没有授权的用户和具有破坏作用的用户对网络的访问和控制合法用户只能访问自己访问权限内资源,保证网络不被非法使用。

5. 计费管理(Account Management)

记录用户使用网络资源的情况,目的是控制和监测网络操作的费用和代价。可以估算出用户使用网络资源可能需要的费用和代价,以及已使用的资源。计费管理是对网络资源和通信资源的使用进行计费,对用户的访问活动建立详细记录。计费系统还具有安全管理功能。

# 9.5　WWW 服务

### 9.5.1　WWW 的发展

WWW(World Wide Web)的简称是 Web,也称为"万维网",是一个在 Internet 上运行的全球性的分布式信息系统。WWW 是目前 Internet 上最方便和最受用户欢迎的信息服务系统,它的影响力已远远超出了专业技术范畴,并且已经进入到广告、新闻、销售、电子商务与信息服务等各个行业。WWW 通过 Internet 向用户提供基于超媒体的数据信息服务。它把文本、图像、声音和视频等信息有机地结合起来,供用户使用。

在 WWW 出现之前,最常用的 Internet 信息检索方式是菜单方式(如 Gopher 系统)。菜单驱动的应用程序可以看成是一种树型结构。使用菜单方式操作时,用户总是从主菜单(根)开始搜索,一步一步通过子菜单(枝),最后延伸到被检索的信息内容(叶)。这种检索方式的缺点是用户在“叶”上找不到预期的信息时必须返回到根,然后重新搜索,因此,搜索的效率较低。

WWW 的信息结构是一种纵横交错的网状系统。它诞生于瑞士日内瓦的“欧洲粒子物理实验室”(CERN),CERN 的加速器和科研人员分布在许多国家,研究工作需要的时间也比较长,所以需要一种方法传输研究资料,以便于研究人员相互联系和沟通。CERN 的一位物理学家在 1989 年 3 月提出了链接文档的设想,实现了第一个基于文本的 Web 原型,并将它作为高能物理学界科学家们之间交流的工具。WWW 问世之初并没有引起太多的重视,直到第一个设计新颖、使用方便的 WWW 浏览器 Mosaic 问世以后,它才开始被广泛地使用。目前,已经有很多 Web Server 分布在世界各地,大到一个国际组织或政府结构的 Web Server,小到一个用户个人的 Web Server 并且它的数量正在以惊人的速度增长。

### 9.5.2 WWW 的相关概念

1. 超文本与超链接

对于文字信息的组织,通常是采用有序的排列方法,例如一本书,读者一般是从书的第一页到最后一页顺序地查阅他所需要了解的知识。随着计算机技术的发展,人们不断推出新的信息组织方式,以方便人们对各种信息的访问,超文本就是其中之一。所谓“超文本”就是指它的信息组织形式不是简单地按顺序排列,而是用由指针链接的复杂的网状交叉索引方式,对不同来源的信息加以链接,可以链接的有文本、图像、动画、声音或影像等,这种链接系则称为“超链接”。

2. 什么是主页

主页(Homepage)通常是用户使用 WWW 浏览器访问 Internet 上的任何 WWW 服务器所看到的第一个页面。主页通常是用来对运行 WWW 服务器的单位进行全面介绍;同时它也是人们通过 Internet 了解一个学校、公司和政府部门等的重要手段。WWW 在商业上的重要作用就体现在这里,人们可以使用 WWW 介绍一个公司的概况、展示公司新产品的图片、介绍新产品的特性,或利用它来公开发行免费的软件等。

3. 超文本传输协议

由于 WWW 支持各种数据文件,当用户使用各种不同的程序来访问这些数据时,就会变得非常复杂。此外,对于用户的访问,还要求具有高效性和安全性。因此,在 WWW 系统中,需要有一系列的协议和标准来完成复杂的任务,这些协议和标准就称为 Web 协议集,其中一个重要的协议就是超文本传输协议(HTTP)。

HTTP 负责用户与服务器之间的超文本数据传输。HTTP 是 TCP/IP 协议集中的应用层协议,建立在 TCP 之上,它面向对象的特点和丰富的操作功能,能满足分布式系统和多种类型信息处理的要求。HTTP 会话过程包括四个步骤。

(1)使用浏览器的客户机与服务器建立连接。

(2)客户机向服务器提交请求,在请求中指明所要求的特定文件。

（3）如果请求被接受，那么服务器便发回一个应答。在应答中至少应当包括状态编号和该文件内容。

（4）客户机与服务器断开连接。

4. 统一资源定位器

统一资源定位器（URL）是一种标准化的命名方法，它提供一种 WWW 页面地址的寻找方式。对于用户来说，URL 是一种统一格式的 Internet 信息资源地址表达方法，它将 Internet 提供的各种服务统一编址。我们也可以把 URL 理解为网络信息资源定义的名称，它是计算机系统文件名概念在网络环境下的扩充。用这种方式标识信息资源时，不仅要指明信息文件所在的目录和文件名本身，而且要指明它在网络上的哪台主机上，以及可以通过何种方式访问它，在必要时甚至还要说明它具有的比普通文件对象更为复杂的属性。例如，它可能深藏于某个数据库系统内部、只有使用数据库查询语句才能获取信息等。URL 由三部分构成，"信息服务方式：//信息资源的地址/资源路径"。

（1）信息服务方式

目前，在 WWW 系统中 URL 中最普遍的服务连接方式有如下几种。

**HTTP** 使用 HTTP 提供超级文本信息服务的 WWW 信息资源空间。

**FTP** 使用 FTP 提供文件传送服务的 FTP 资源空间。

**FILE** 使用本地 HTTP 提供超级文本信息服务的 WWW 信息资源空间。

**Telnet** 使用 Telnet 协议提供远程登录信息服务的 Telnet 信息资源空间。

（2）信息资源地址

信息资源地址是指提供信息服务的主机在 Internet 上的域名。例如，"www. moe. edu. cn"是中国教育部 WWW 服务器的主机域名。

在一些特殊情况下，信息资源地址由域名和信息服务所用的端口号[：port]组成，具体格式是"主机域名：端口号"。"端口号"是指 Internet 用于说明使用特定服务的软件标识，用数字表示。当使用不同的信息服务方式时，对应的端口号也不相同。缺省情况下，HTTP 的端口号为 80，Telnet 的端口号是 23，FTP 的端口号为 21。在一般的情况下，由于常用的信息服务程序采用的是标准的端口号，例如，"http://www. moe. edu. cn"和"http://www. moe. edu. cn:80"是完全相同的。但是，当某些信息服务使用非标准的端口时，就要求用户必须在 URL 中进行端口号的说明。

（3）资源路径

资源路径指的是资源在主机中存放的具体位置。根据查询要求不同，在给出 URL 时这一部分可有可无：如果在查询中要求包括资源路径，那么，在 URL 中就要具体指出要访问的资源名。称，例如，"http://home. Microsoft. com/intel/cn"表示使用 HTTP 访问信息资源，且信息储存在域名为"home. Microsoft. com"的主机上，该资源在主机中的路径为 intel/cn，文件名使用了缺省文件名"index. htm"或"default. htm"。它提供服务时使用缺省端口号，缺省值是 80。

"ftp://www. mdjmu. cn:22/download/winrar. exe"表示使用 FLP 传输文件资源。主机域名为"www. mdjmu. cn"，FTP 端口号是 22。资源在主机中存放的路径和文件名为"/download/winrar. exe"。

### 9.5.3　WWW 的工作方式

WWW 以 HTML 与 HTTP 为基础，能够提供面向 Internet 服务的、一致的用户界面的信息浏览系统。WWW 的工作是采用浏览器/服务器体系结构。它主要由两部分组成,Web 服务器和客户端的 Web 浏览器。服务器负责对各种信息按超文本的方式进行组织,并形成一个存储在服务器上的文件,这些文件既可放置在同一服务器上,也可放置在不同地理位置的服务器上,对于这些文件或内容的链接由 URL 来确定。Web 浏览器安装在用户的计算机上,用户通过浏览器向 WWW 服务器提出请求,服务器负责向用户发送该文件,当客户机接收到文件后,解释该文件并显示在客户机上。

### 9.5.4　浏览器

WWW 的客户端程序被称为 WWW 浏览器,它是用来浏览 Internet 的 WWW 主页的软件。WWW 浏览器是采用 HTTP 与 WWW 服务器相连的,而 WWW 主页是按照 HTML 制作的。WWW 浏览器用户要想浏览 WWW 服务器上的主页内容,就必须先按照 HTTP 从服务器上取回主页,然后按照与制作主页时相同的 HTML 阅读主页。因此,借助于标准的 HTTP 与 HTML,任何一个 WWW 浏览器都可以浏览任何一个 WWW 服务器中存放的 WWW 主页,这样就给用户提供了很大的灵活性。目前,使用最广泛的浏览器软件主要是 Internet Explorer。

WWW 浏览器不仅为用户打开了寻找 Internet 上内容丰富、形式多样的主页信息资源的便捷途径,也提供了 Internet 新闻组、电子邮件与 FTP 等通信手段,而且现在的 WWW 浏览器的功能非常强大,它几乎可以访问 Internet 上的所有信息。例如,用户可以以主页的形式直接访问电子邮件服务器,浏览自己的电子邮件,也可以通过表单的形式以一种十分接近于电子邮件界面的方式来查询与处理电子邮件。主页制作人员在 WWW 主页中嵌入 SQL 语句后,用户可以通过 WWW 浏览器直接检索数据库中的数据。用户通过动态主页输入的信息也可以自动传送到数据库中进行处理,这样,用户可以实时地看到数据库中数据的动态变化,而无须求助于数据库专业人员通过复杂的 SQL 查询来得到所需数据,大大提高了效率,同时也减小了差错率。

随着 WWW 浏览器技术的发展,WWW 浏览器开始支持一些新的特性。例如,通过支持 VRML(虚拟现实的 HTML 格式),用户可以通过 WWW 浏览器看到许多动态的主页,如旋转的三维物体等,并且可以随意控制物体的运动,从而大大地提高了用户的兴趣。WWW 浏览器支持 Java 语言,它可以通过一种小的应用程序 Applet 来扩充 WWW 浏览器的功能,用户无须安装更新的 WWW 浏览器就可以通过 Applet 来执行一些以前不能支持的任务。更重要的是,现在流行的 WWW 浏览器基本上都支持多媒体特性,声音、动画以及视频都可以通过 WWW 浏览器来播放,使得 WWW 世界变得更加丰富多彩。

# 9.6　电子邮件服务

### 9.6.1　电子邮件的特点

电子邮件简称为 E – mail,它是目前 Internet 最主要的应用之一。电子邮件与传统的通信方式相比,具有以下明显的优点。

(1)电子邮件比传统邮件传递速度快、范围广、可靠性高、成本低。

（2）电子邮件可以实现一对多的邮件传送，这样可以使得一位用户向多个用户同时发送通知的过程变得容易。

（3）电子邮件可以将文字、图像、语音、视频等多种类型的信息集成在一个邮件中传送。

### 9.6.2　电子邮件的传送过程

电子邮件系统采用"存储转发"（Store and Forward）工作方式，一封电子邮件从发送端计算机发出，在网络传输的过程中，经过多台计算机的中转，最后到达目的计算机，传送到收信人的电子邮箱。电子邮件的这种传递过程有点像传统邮政系统中常规信件的传递过程。

当用户给远方的朋友写好一封信投入邮政信箱以后，信件将由当地邮局接收下来，通过分拣和邮车运输，中途可能需要经过一个又一个邮局转发，最后到达收信人所在的邮局，再由邮递员交到收信人手里或者投入他的信箱中。

在 TCP/IP 电子邮件系统中，还提供了一种"延迟传递"（Delayed Delivery）的机制，它也是电子邮件系统突出的优点之一。有了这种机制，当邮件在 Internet 主机（邮件服务器）之间进行转发时，若远端目的主机暂时不能被访问时，发送端的主机就会把邮件存储在缓冲储存区中，然后不断地进行试探发送，直到目的主机可以访问为止。

### 9.6.3　电子邮件的相关协议

在 TCP/IP 协议集中，提供了两个电子邮件协议 SMTP 和 POP（Post Office Protocol）。SMTP 包括两个标准子集，一个标准定义电子邮件信息的格式，另一个就是传输邮件的标准。在 Internet 中，电子邮件的传送是依靠 SMTP 进行的，也就是说，SMTP 的主要任务是负责服务器之间的邮件传送。它的最大特点就是简单，因为它只规定了电子邮件如何在 Internet 中通过发送方和接收方的 TCP 连接传送；对于其他操作如与用户的交互、邮件的存储和邮件系统发送邮件的时间间隔等问题均不涉及。

在电子邮件系统中，SMTP 是按照客户机/服务器方式工作的。发信人的主机为客户方，收信人的邮件服务器为服务器方，双方机器上的 SMTP 相互配合，将电子邮件从发信方的主机传送到收信方的信箱中。在传送邮件的过程中，需要使用 TCP 进行连接（默认端口号为25）。SMTP 规定了发送方和接收方双方进行交互的动作，如图 9-6 所示。发送主机先将邮件发送到本地 SMTP 服务器上，该服务器与接收方的邮件服务器建立可靠的 TCP 连接，建立了从发送方主机到接收方邮件服务器之间的直接通道，因而保证了邮件传送的可靠性。

图 9-6　SMTP 简单交互模型

POP 目前主要使用的是 POP 第三版，即 POP3。POP3 的主要任务是实现当用户计算机与邮件服务器连通时，将邮件服务器的电子邮箱中的邮件直接传送到用户本地计算机上，如图 9-7 所示。这个功能类似于邮政局暂时保存邮件，用户可以随时取走邮件。

### 9.6.4　电子邮件的地址

电子邮件与传统邮件一样也需要一个地址。在 Internet 上，每一个使用电子邮件的用户都必须在各自的邮件服务器上建立一个邮箱,拥有一个全球唯一的电子邮件地址,也就是邮箱地址。每台邮件服务器就是根据这个地址将邮件传送到每个用户的邮箱中。Internet 电子邮件地址由用户名和邮件服务器的主机名(包括域名)组成,中间用@隔开,其格式为:Username@ Hostname. Domain - naxne。其中 Uscrname 表示用户名,代表用户在邮箱中使用的账号;Hostname 表示用户邮箱所在的邮件服务器的主机名;Domain - name 表示邮件服务器所在的域名。

例如,某台邮件服务器的主机名为 sohu,该服务器所在的域名为 sohu. com,在该服务器上有一个邮件用户,用户名为 mdjmu,那么该用户的电子邮件地址为"mdjmu@ sohu. com"。

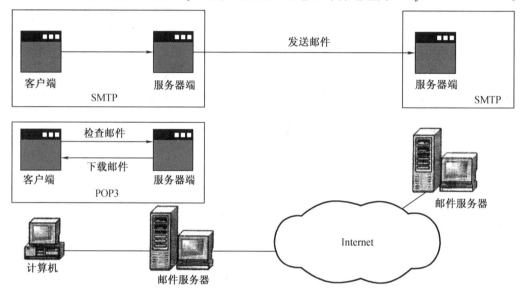

图 9 - 7   POP 与 SMTP

# 9.7   文件传输服务

## 9.7.1   文件传输的概念

在 Internet 中,文件传输服务提供了任意两台计算机之间相互传输文件的机制,它是广大用户获得丰富的 Internet 资源的重要方法之一。在 Unix 操作系统中,最基本的应用层服务之一就是文件传输服务,它是由 FTP 支持的。FTP 负责将文件从一台计算机传输到另一台计算机上,并且保证其传输的可靠性。因此,人们将这一类服务称为 FTP 服务。通常,人们也把 FTP 看作是用户执行文件传输协议所使用的应用程序。

Internet 由于采用了 TCP/IP 作为它的基本协议,所以两台与 Internet 连接的计算机无论地理位置上相距多远,只要都支持 FTP,它们之间就可以随时随地相互传送文件。这样做不仅可以节省实时联机的通信费用,而且可以方便地阅读与处理传输来的文件。更为重要的是,Internet 上许多公司、大学的主机上都存储有数量众多的公开发行的各种程序与文件,这是 Internet 上巨大和宝贵的信息资源。利用 FTP 服务,用户就可以方便地访问这些信息资源。

同时,采用 FTP 传输文件时,不需要对文件进行复杂的转换,因此具有较高的效率。Internet 与 FTP 的结合等于使每个联网的计算机都拥有了一个容量巨大的备份文件库,这是单个计算机所无法比拟的。

### 9.7.2　FTP

FTP 是 TCP/IP 应用层的协议。FTP 是以客户机服务器模式进行工作的。客户端提出请求和接受服务,服务器端接受请求和执行服务。在利用 FTP 进行文件传输时,印在本地计算机上启动 FTP 客户程序,并利用它与远地计算机系统建立连接,因此,本地 FTP 程序就成为一个客户,而远地 FTP 程序成为服务器,它们之间要经过 TCP/IP 进行通信。每次用户请求传送文件时,服务器便负责找到用户请求的文件,利用 TCP 将文件通过 Internet 传送给客户。而客户程序收到文件后,将文件写到用户本地计算机系统的硬盘上。一旦文件传送完成之后,客户程序和服务器程序便终止传送数据的 TCP 连接。与其他的客户端服务器模式不同,FTP 的客户机与服务器之间需要建立双重连接,一个是控制连接,一个是数据连接,如图 9-8 所示。将控制和数据传输分开可以使 FTP 工作的效率更高。控制连接主要用于传输 FTP 控制命令以及服务器的回送信息。数据连接主要用于数据传输,完成文件内容的传输。

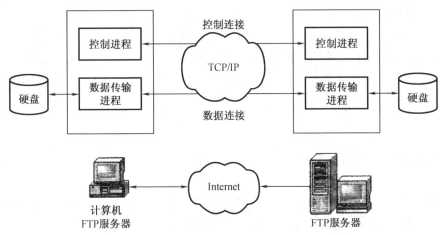

图 9-8　FTP 的工作模式

利用控制命令,客户可以向服务器提出请求,例如传输一组文件。客户每提出一个请求,服务器就与客户建立一个数据连接,并进行实际的文件数据传输。一旦数据传输完毕,数据连接便相继撤销,但是控制连接仍然存在,客户可以继续发出传输文件的请求,直到客户使用关闭命令撤销控制连接,再使用退出连接命令,此时客户机与服务器之间的连接才算完全终止。

### 9.7.3　FTP 的主要功能

当用户计算机与远端计算机建立了 FTP 连接后,就可以进行文件传输了,FTP 的主要功能如下。

(1)把本地计算机上的一个或多个文件传送到远程计算机上(上载),或从远程计算机上获取一个或多个文件(下载)。传送文件实质上是将文件进行复制,然后上载到远程计算机上,或者是下载到本地计算机上,对源文件不会有影响。

(2)能够传输多种类型、结构和格式的文件,例如,用户可以选择传输文本文件(ASCII)或二进制文件(Binary)。此外,还可以选择文件的格式控制以及文件传输的模式等。用户可根据通信双方所用的系统及要传输的文件确定在文件传输时选择哪一种文件类型和结构。

(3)提供对本地计算机和远程计算机的目录操作功能。可在本地计算机或远程计算机上建立或删除目录、改变当前工作目录以及打印目录和文件的列表等。

(4)对文件进行改名、删除和显示文件内容等操作。可以完成 FTP 功能的客户端软件种类很多,有字符界面的,也有图形界面的,通常用户可以使用的 FTP 客户端软件如下:

①WINDOWS2000/2003/XP/VISTA 操作系统中的 FTP 实用程序;

②各种 WWW 浏览器程序也可以实现 FTP 文件传输功能;

③用其他客户端的 FTP 软件,如 Cuteftp, WS - ftp 等。

### 9.7.4　匿名 FTP 服务

使用 FTP 进行文件传输时,要求通信双方必须都支持 TCP/IP。当一台本地计算机要与远程 FTP 服务器建立连接时,出于安全性的考虑,远程 FTP 服务器会要求客户端的用户出示一个合法的用户账号和口令,进行身份验证,只有合法的用户才能使用该服务器所提供的资源,否则拒绝访问。

实际上,Internet 上有很多的公共 FTP 服务器,也称为匿名 FTP 服务器,它们提供了匿名 FTP 服务。匿名 FTP 服务的实质是,提供服务的机构在它的 FTP 服务器上建立一个公共账户,并赋予该账户访问公共目录的权限。若用户要登录到匿名 FTP 服务器上时,无须事先申请用户账户,可以使用系统默认名字作为用户名,并用自己的电子邮件地址作为用户密码,匿名 FTP 服务器便可以允许这些用户登录,并提供文件传输服务。

匿名 FTP 服务有以下优点。

(1)用户可以不需要账户就可以方便地获得 Internet 上许多公司和大学主机中的大量有价值的文件。

(2)FTP 服务器的系统管理员可以掌握用户的情况,以便在必要时同用户进行联系。

(3)为了保证 FTP 服务器的安全,匿名 FTP 对默认公共账户做了许多的目录限制。

目前,世界上有很多文件服务系统为用户提供公用软件、技术通报和论文研究报告,这就使 Internet 成为目前世界上最大的软件与信息流通渠道。Internet 是一个资源宝库,保存有很多的共享软件、免费程序、学术文献、影像资料、图片以及文字与动画,它们都可以被用户使用 FTP 下载下来。

# 9.8　远程登录服务

### 9.8.1　远程登录的概念与意义

在分布式计算环境中,我们常常需要调用远程计算机的资源同本地计算机协同工作,这样就可以用多台计算机来共同完成一个较大的任务。这种协同操作的工作方式就要求用户能够登录到远程计算机中去启动某个进程,并使进程之间能够相互通信。为了达到这个目的,人们开发了远程终端协议,即 Telnet 协议。Telnet 协议是 TCP/IP 的一部分,它精确地定义了远程登录客户机与远程登录服务器之间的交互过程。

远程登录是最早提供的基本服务功能之一。Internet 中的用户远程登录是指用户使用 Telnet 命令,使自己的计算机暂时成为远程计算机的一个仿真终端的过程。一旦用户成功地实现了远程登录,用户使用的计算机就可以像一台与对方计算机直接连接的本地终端一样进行工作。

远程登录允许任意类型的计算机之间进行通信。远程登录之所以能提供这种功能,主要是因为所有的运行操作都是在远程计算机上完成的,用户的计算机仅仅是作为一台仿真终端向远程计算机传送击键信息和显示结果。

Internet 远程登录服务的主要作用如下。

(1)允许用户与在远程计算机上运行的程序进行交互。

(2)当用户登录到远程计算机时,可以执行远程计算机上的任何应用程序,并且能屏蔽不同型号计算机之间的差异。

(3)用户可以利用个人计算机去完成许多只有大型计算机才能完成的任务。

### 9.8.2　Telnet 协议与工作原理

TCP/IP 协议集中有两个远程登录协议:Telnet 协议和 rlogin 协议。系统的差异性是指不同厂家生产的计算机在硬件或软件方面的不同。系统的差异性给计算机系统的互操作性带来了很大的困难。Telnet 协议的主要优点之一是能够解决多种不同的计算机系统之间的互操作问题。

不同计算机系统的差异性首先表现在不同系统对终端键盘输入命令的解释上。例如,有的系统的行结束标志为 return 或 enter,有的系统使用 ASCII 字符的 CR,有的系统则用 ASCII 字符的 LF。键盘定义的差异性给远程登录带来了很多的问题。为了解决系统的差异性,Telnet 协议引入了网络虚拟终端(Network Virtual Ternunal, NVT)的概念,它提供了一种专门的键盘定义,用来屏蔽不同计算机系统对键盘输入的差异性。

Telnet 采用了客户机/服务器模式。在远程登录过程中,远程主机采用远程系统的格式与远程 Telnet 服务器进程通信。通过 TCP 连接,Telnet 客户机程序与 Telnet 服务器程序之间采用了网络虚拟终端(NVT)标准来进行通信。NVT 格式将不同的用户本地终端格式统一起来,使得各个不同的用户终端格式只与标准的 NVT 格式打交道,而与各种不同的本地终端格式无关。Telnet 客户机程序与 Telnet 服务器程序一起完成用户终端格式、远程主机系统格式与标准 NVT 格式的转换。

### 9.8.3　Telnet 的使用

使用 Telnet 的条件是用户本身的计算机或向用户提供 Internet 访问的计算机是否支持 Internet 命令。用户进行远程登录时有两个条件:

(1)用户在远程计算机上应该具有自己的用户账户,包括用户名与用户密码;

(2)远程计算机提供公开的用户账户,供没有账户的用户使用。

用户在使用 Telnet 命令进行远程登录时,首先应在 Telnet 命令中给出对方计算机的主机名或 IP 地址,然后根据对方系统的询问正确输入自己的用户名与用户密码。有时还要根据对方的要求回答自己所使用的仿真终端的类型。

Internet 有很多信息服务机构提供开放式的远程登录服务,登录到这样的计算机时,不需要事先设置用户账户,使用公开的用户就可以进入系统。这样,用户就可以使用 Telnet 命令,使自己的计算机暂时成为远程计算机的一个仿真终端。一旦用户成功地实现了远程登录,用户就可以像远程主机的本地终端一样进行工作,并可使用远程主机对外开放的全部资源,如硬件、程序、操作系统、应用软件及信息资源。

Telnet 也经常用于公共服务或商业目的。用户可以使用 Telnet 远程检索大型数据库、公众图书馆的信息资源库或其他信息。

# 9.9 网络新闻与 BBS

Internet 不仅为用户提供了丰富的信息资源,而且可以使分布在世界各地千千万万的网络用户进行通信,进而与他们针对某种话题展开热烈的讨论。在这里讨论的话题涉及各个方面,从生活琐事到学术问题,从微观到宏观。用户可以发表自己的意见,也可以了解别人的观点和看法。

## 9.9.1 网络新闻

1. 网络新闻的概念

网络新闻(Usenet)是为数众多的综合性新闻或专题讨论组的总称,它也可以叫作新闻组论坛,而每个讨论组又被称为新闻组。每个新闻组都围绕某个专题展开讨论,如哲学、数学、计算机、文学、艺术、游戏与科学幻想等,所有能想到的主题都会有相应的讨论组。20 世纪 70 年代初,Usenet 开始出现在美国的一些大学里,并且不断发展壮大,现已发展成为一个拥有数千个新闻组(News Group)并与 Internet 相交织的计算机全球网络,参与的人数多达数百万。虽说 Usenet 与 Internet 存在着千丝万缕的联系,而 Internet 上的主机本身就是一台 Usenet 主机,但从根本上说 Internet 仅是 Usenet 的一个通信载体而已。Usenet 的可访问面要比 Internet 的覆盖面大。就 Usenet 来说,它本身并不是一个网络系统,只是建立在其他具体网络系统之上的逻辑组织,也是 Internet 以及其他网络系统的一种文化体现。Usenet 是自发产生的,并像一个有机体一样不断地变化着。新的新闻组不断产生,业务太多的新闻组又分裂成更小的专业性新闻组,同时某些新闻组也可能会解散。所有这些都完全依赖于计算机的拥有者与使用者的合作。

Usenet 不同于 Internet 的交互式操作方式。在 Usenet 主机上存储着用户发送的各种信息,它们会周期性地转发给其他的 Usenet 主机,最终传遍世界各地。新闻组的成员都是面对一台主机进行讨论的,它是一个大家同时可见的布告栏。

虽然 Usenet 的基本通信手段是电子邮件,但它不是采用点对点通信方式,而是采用多对多的方式进行通信。用户可以使用新闻阅读程序来访问 Usenet 主机、阅读网络新闻、发表自己的意见、提出自己的问题以及决定是加入还是退出一个新闻组。

Usenet 时的基本组织单位是具有特定讨论主题的新闻组,目前 Internet 上已经有数千个新闻组。

2. 新闻组

新闻组是 Internet 用户向新闻服务器所投递新闻邮件的集合。新闻服务器由公司、群组或个人负责维护,并可管理成千上万个新闻组。用户可以查找有关任何主题的新闻组,并访问该新闻组,而且可以投递或阅读新闻邮件。新闻组不提供其成员的列表,任何人都可以免费加入。

新闻组的名字由若干组成部分构成,各组成部分用圆点分开。例如,comp. sys. pc. games 就是一个新闻组名。名字的不同组成部分应当与该新闻组所讨论的话题相关,并且最左边的部分表示最一般的信息(如 comp 表示与计算机有关的话题),而最右边的部分则是最具体的信息(如 games 表示该新闻组讨论游戏)。因此,该新闻组讨论的话题是 PC 上的游戏。

在名字的各个组成部分中,最为一般的为"顶级"名,或称"门类"名,常见的门类名如下。

**Comp**　计算机科学及其相关话题,包括计算机科学、软件资源、硬件系统资源以及大家感兴趣的话题。

**News**　该小组与新闻网络和新闻软件有关。

**Rec**　该小组讨论个人癖好、娱乐活动和艺术。

**Sci**　有关科学研究和应用;包括科学、工程技术和社会科学等方面的内容。

**Soc**　该小组讨论社会问题。

**Talk**　用于随便交谈的话题,常常具有争议性。

**Misc**　除以上类型之外的所有内容,或同时属于几个类型的话题。

## 9.9.2　电子公告牌

电子公告牌系统(Bulletin Board System, BBS)是 Internet 上的一种电子信息服务系统,它提供一块公共电子白板。每个用户都可以在上面书写、发布信息或提出看法。电子公告牌可以限于几台计算机、一个组织,或在一个小的地理范围,也可以是世界上所有 Internet 节点,它可以方便、迅速地使各地用户了解公告信息,是一种有力的信息交流工具。大部分的 BBS 是由教育机构、研究机构或商业机构创建并管理的。像日常生活中的黑板报一样,电子公告牌可以按不同的主题和分主题分成很多个布告栏,而这种布告栏通常都是依据大多数 BBS 便用者的需求与喜好而设立的。使用者可以阅读他人关于某个主题的最新看法,它有可能是在几秒钟之前别人刚发布的;使用者也可以将自己的看法毫无保留地贴到布告栏中去,几秒钟后可能会看到别人对自己的观点发表的看法。如果需要私下进行交流的话,使用者可以将想说的话直接发到某个人的电子邮箱中去。如果使用者想加入到电子公告栏的某几个人的聊天中去,则可以启动聊天程序加入闲谈者的行列,虽然谈话者之间素不相识,却同样可以进行亲密地交谈。

在 BBS 中,人们之间的交流打破了空间与时间的限制。当使用者与别人进行交往时,无须考虑自己的年龄、学历、知识、社会地位、财富外貌与健康状况等,当然也无法得知对方的真实社会地位。而这些方面的资料在人们的其他交往形式中是无法回避的。所以参与 BBS 的人可以处于平等的位置与其他人就任何问题进行讨论。

各个 BBS 站的功能虽然有所不同,但它们的主要功能都包括软件交流、信息发布以及网上游戏等。用户通过信件交流来与网友进行通信联络与问题讨论;通过软件交流来获取所需要的共享软件;通过网上游戏来获得乐趣;通过信息发布栏来寻找自己关心的一些供需方面的信息。

# 9.10　Internet 的用户接入技术

虽然 Internet 是世界上最大的互联网,但它本身却不是一种具体的物理网络技术。把它称为网络是网络专家们为了让大家好理解而给它加上的一种"虚拟"概念。Internet 实际上是把全世界各个地方已有的网络,包括局域网、数据通信网、公共电话交换网和分组交换网等各种广域网络互联起来,从而成为一个跨越国界范围的庞大的互联网。接入 Internet 可以通过 PSTN,ISDN、DDN、微波或卫星接入等方式。但对于最终用户的计算机来说,主要有三种方式接入到这些网络中,即通过联机终端方式、SLIP 或 PPP 方式以及网络方式。

## 9.10.1　通过联机终端方式接入

在通过联机终端的接入方式中,Internet 服务提供商(ISP)的主计算机与 Internet 直接连接,而且作为 Internet 的一台主机,它可以连接若干台终端。用户的本地计算机通过通信软件的终端仿真功能连接到 ISP 的主机上并成为该主机的一台终端,经由主机系统访问 Internet,接入方式如图 9－9 所示。

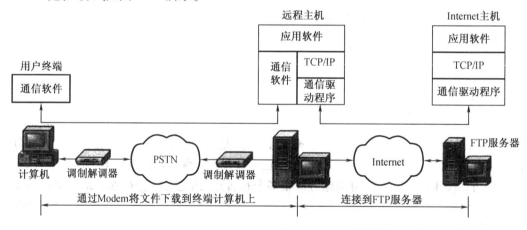

图 9－9　以联机终端方式接入 Internet

当需要以这种方式上网时,用户则需要用通信软件的拨号功能通过 Modem 拨通 ISP 一端的 Modem,然后根据提示输入用户账号和口令。通过账号和口令检查,用户的计算机就成为远程主机的一台终端。逻辑上,用户可以认为自己是用远程主机来查找和使用 Internet 上的资源和服务。

由于终端接入方式是间接地将用户与 Internet 连接在一起,而真正与 Internet 连接的是 ISP 的主机系统,即用户的本地计算机与 Internet 之间没有 IP 连通性,所以这种方式只能提供有限的 Internet 服务,通常只有 E－mail、Telnet 和 Ftp 等,而不能享用具有多媒体功能的图形界面的 WWW 服务。目前,由于网络技术的快速发展,个人用户接入 Internet 已经很少采用这种方式。

### 9.10.2　通过 SLIP/PPP 方式接入

1. SLIP 和 PPP

SLIP(Serial Line Internet Protocol)表示串行线 IP。SLIP 是一个比较简单的互联网络协议,用于在拨号电话线等串行链路上进行 TCP/IP 通信,SLIP 是一种物理层协议,它不提供差错校验,对差错的检测要依赖硬件(如 Modem)来完成,它只支持 TCP/IP 的传输,而且多数 SLIP 连接只支持静态 IP 地址的连接。

PPP(Point – to – Point Protocol)表示点对点协议,它是由 SLIP 扩充发展而来的。PPT 提供物理层和数据链路层的功能,提供对数据的差错检测功能,而且支持多种协议,包括 TCP/IP,IPX/SPX 和 NetBEUI 等。PPP 还支持对拨入计算机的动态配置,例如,通过 PPP 远程服务器可以为本地客户机提供一个动态 IP 地址。

2. 通过 SLIP 和 PPP 的连接

SLIP/PPP 协议可使普通电话线呈现出专线的连接特性,这样,用户就可以在本地计算机上运行 TCP/IP 软件,使本地的计算机如同 Internet 主机一样,具有专线连接的所有功能。也就是说,以 SLIP/PPP 方式接入的用户本地计算机是作为 Internet 的一台主机来使用的。以主机身份入网的计算机可以享有 Internet 上的全部服务,如图 9 – 10 所示。

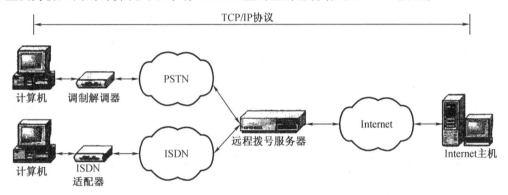

图 9 – 10　以 SLIP/PPP 方式接入 Internet

当以 SLIP/PPP 方式接入网络时,还需要使用拨号软件,通过 Modem 与 ISP 的远程拨号服务器连接。远程拨号服务器监听到用户的请求后,提示输入个人账号和口令,然后检查输入的账号、口令是否合法。通过检查后,若用户选用动态 IP 地址,服务器还会从未分配的 IP 地址中挑选一个分配给用户的本地计算机,然后服务器就会启动本系统的 SLIP/PPP 驱动程序,设置网络接口。用户的本地系统中也会自动启动相应的 SLIP/PPP 驱动程序并设置相应的网络接口。这时就可以开始访问 Internet 了。

通过 SLIP/PPP 方式接入时,用户端除了应具备一条电话线、通信软件和用户账号外,对于接入到不同的网络还需要其他的设备,如连接到 PSTN 时需要 Modem,传输速率可以是 33.6 Kbit/s 或 56 Kbit/s;连接到 ISDN 时需要 ISDN 适配器。

### 9.10.3　以网络方式接入

前面两种接入方式主要是针对家庭用户或小公司用户而言的。对于大的公司、机构或科研院校等单位都有自己的局域网和非常多的网络用户,这些网络可以通过各种方式连接到 Internet,如 DDN，ISDN 和 FR 等,但对于用户的计算机而言,都属于以网络方式接入 Internet,图 9-11 所示为两个不同单位的物理网络分别通过 DDN 和 ISDN 接入到 Internet。但由于各个局域网采用的连接方式不同,连接的带宽(速率)也不相同,从 10 Mbit/s 到 100Mbit/或 1 000 Mbit/s,而后者一般被称为宽带接入。

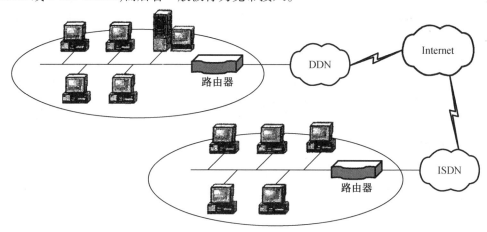

图 9-11　以网络方式接入

# 9.11　企业内联网

### 9.11.1　企业网技术的发展

Internet 对信息技术的发展、信息市场的开拓以及信息社会的形成起着十分重要的作用。近年来,遍布在 Internet 上的 WWW 的建立和发展大大充实了 Internet 的信息资源。基于图形的客户浏览器的开发更加推动了 Internet 的发展。

随着 Internet 用户数的迅速增长,TCP/IP 作为协议标准已被各个计算机厂商、网络制造厂商和广大用户普遍接受。另一方面,在 20 世纪 90 年代,企业网络已经成为连接企、事业单位内部各部门并与外界交流信息的重要基础设施。基于局域网和广域网技术发展起来的企业网络技术也得到了迅速的发展,尤其是企业网络开放系统集成技术受到人们的普遍重视。在市场经济和信息社会中,企业网络的优化对企业综合竞争能力的增强有着十分重要的作用。

激烈的市场竞争是所有的企业都面临的一个共同问题。为了适应这种形势的需要,增强企业对市场变化的适用能力,提高管理效益,必须将计算机技术引入到企业管理之中。企业应用计算机技术经历着单机应用、企业网应用和企业内部网应用三个阶段。

企业的管理部门一般是由生产、设计、销售、财务和人事等乡个部门组成的。早期的企业计算机应用主要是针对每个部门内部的事务管理,例如财务管理、人事管理、生产计划管理和销售管理等。这一阶段计算机应用的特点是以单机应用为主。

随着企业管理水平的提高与计算机应用的不断深入,单机应用逐渐不能满足企业管理的要求,人们希望用局域网将分布在企业不同部门的计算机连接起来,以构成一个支持企业管理信息系统的局域网环境。由于局域网覆盖范围的限制,这一阶段的局域网应用主要是解决一幢办公大楼、一个工厂内部的多台计算机之间的互联问题。

随着企业经营规模的不断扩大,一个企业可能在世界各地都要设立分支机构。同时,企业生产所需要的原料要来自世界各地,企业的客户也分布在世界各地企业要实现对分布在全球范围内的生产、原料、劳动力与市场信息的全面管理,就必须通过各种公用通信网将多个局域网互联起来构成企业网(Enterprise Network)。这个阶段企业网的特点如下。

(1)建设企业网的主要目的仍然着眼于企业内部的事务管理,它是利用网络互联技术将分布在各地的分公司、工厂、研究机构以及销售部门多个相对独立的部门管理信息系统连接起来,以构成大型的、覆盖整个企业的管理信息系统。

(2)企业网一般是采用各种公用数据通信网或远程通信技术将分布在不同地理位置的多个局域网连接起来,构成一个大型互联网系统,互联网主要用于企业内部管理信息的交换。

(3)企业网应用软件的开发一般是采用客户端服务器计算模式,开发者要为不同的客户需求开发各种专用的客户端应用程序。一般的系统外部用户如果没有这种专用的客户端应用程序是无法进入系统的。很多大型企业的各个下属机构可能分布在不同的地方,并且各个下属机构都已经建立了一些典型的企业网结构、各自的局域网且开发了各自的管理信息系统。

组成覆盖整个企业的大型企业网有两种可能的方法:

(1)利用公用数据通信网将多个局域网互联起来;

(2)利用公用电话交换网将多个局域网互联起来。

在上述两种方法中,利用公用电话交换网和调制解调器的简单远程通信技术来实现多个局域网互联的方法,一般只适用于信息量小的通信环境,对于具有一定规模的企业网,这种方法是不适用的。

利用公用数据通信网实现局域网互联的方法是组建企业网的基本方法。公用数据通信网的类型主要有帧中继网、DDN 网、ISDN 网和 ATM 网。很多单位都采用 DDN 的方式实现互联,即通过 DDN 互联局域网构成大型企业网,如图 9 – 12 所示。由于企业网能够满足当时企业管理的需要,因此,企业网在 20 世纪 90 年代得到了迅速发展。

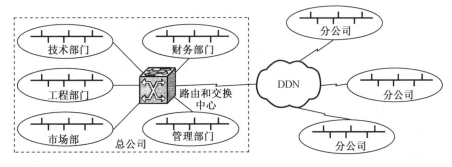

**图 9 – 12　大型企业网示意图**

传统的企业网一般还只是独立的实体,不管是什么样的企业,企业网规模有多大,仍然只是为某一个群体服务的。Internet 的出现改变了企业网的组网方法;Internet 的应用正在改变着人们的工作方式与企业的运行模式,Internet 在金融、商务、信息发布和通信等方面的应用使得传统的企业网面临着新的挑战。原有的企业网内部用户希望能方便地访问Internet,企业网中的很多产品信息也需要通过 Internet 向分布在世界各地的用户发布。Internet 在国际上的重大影响使得所有的企业网都希望接入 Internet。企业的领导层已经认识到 Internet 应用将会给企业带来巨大的经济效益。这种社会需求也导致了新型的企业内部网(Intranet)的出现。

### 9.11.2 Intranet 的概念

Intranet 是利用 Internet 技术建立的企业内部信息网络。Intranet 包含以下的内容。

(1)Intranet 是一种企业内部的计算机信息网络,而 Internet 是一种向全世界用户开放的公共信息网络,这是二者在功能上的主要区别之一。

(2)Intranet 是一种利用 Internet 技术、开放的计算机信息网络。它所使用的 Internet 技术主要有 WWW、电子邮件、FTP 与 Telnet 等,这是 Internet 与 Intranet 二者的共同之处。

(3)Intranet 采用了统一的 WWW 浏览器技术去开发用户端软件。对于 Intranet 用户来说,他所面对着的用户界面与普通 Internet 用户界面是相同的,因此,企业网内部用户可以很方便地访问 Internet 和使用各种 Internet 服务。同时,Internet 用户也能够方便地访问Intranet。

(4)Intranet 内部的信息分为两类:企业内部的保密信息和向社会公众公开的企业产品广告信息。企业内部的保密信息不允许任何外部用户访问,而企业产品广告信息则希望社会上的广大用户尽可能多地访问,防火墙就是用来解决 Intranet 与 Internet 互联安全性的重要手段之一。

### 9.11.3 Intranet 的主要技术特点

Intranet 的核心技术之一是 WWW。WWW 是一种以图形用户界面和超文本链接方式来组织信息页面的先进技术,它的 3 个关键组成部分是 URL,HTTP 与 HTML。将 Internet 技术引入 Intranet,使得企业内部信息网络的组建方法发生了重大的变化,同时,也使 Intranet 具有以下几个明显的特点。

(1)Intranet 为用户提供了友好的统一的浏览器界面

在传统的企业网中,用户一般只能使用专门为他们设计的用户端应用软件。这类应用软件的用户界面通常是以菜单方式工作的。由于 Intranet 使用了 WWW 用户可以使用浏览器方式方便地访问企业内部网的 Web Server 或者是 Internet 上的 Web Server,这将给企业内部网的用户带来很大的方便。用户可以通过 WWW 的主页方便地访问 Intranet 与 Internet 上的各种资源。

(2)Intranet 可以简化用户培训过程

由于 Intranet 采用了友好和统一的用户界面,因此,用户在访问不同的信息系统时可以不需要进行专门的培训。这样,既可以减少用户培训的时间,又可以减少用户培训的费用。

(3)Intranet 可以改善用户的通信环境

由于 Intranet 中采用了 WWW,E - mail,FTP 与 Telnet 等标准的 Internet 服务,因此Intranet 用户可以方便地与 Intranet 用户或 Internet 用户通信,实现信件发送、通知发送、资料查询、软件与硬件共享等功能。

（4）Intranet 可以为企业最终实现无纸办公创造条件

Intranet 用户不但能发送 E－mail,而且可以利用 WWW 发布和阅读文档。文档的作者可以随时修改文档内容和文档之间的链接,且不需要打印就可以在各地用户之间传送与修改文档、查询文件。企业管理者可以通过 Intranet 实现网络会议和网上联合办公。企业产品的开发者还可以用协同操作方式,并通过 Intranet 实现网上联合设计。这些功能都为最终实现企业的办公自动化与无纸办公创造了有利条件。

### 9.11.4　Intranet 网络的组成

1. Intranet 网络的组成

与传统的网络系统一样,完整的 Intranet 网络系统组成的平台应包括网络平台、网络服务平台、网络应用平台、开发平台、数据库平台、网络管理平台、网络安全平台、网络用户平台、环境平台和通信平台。Intranet 网络系统平台的结构如图 9－13 所示。对 Intranet 网络的建立、开发者来讲,其任务就是选择和开发符合自己要求的平台,并使所开发的系统获得最好的性能价格比。

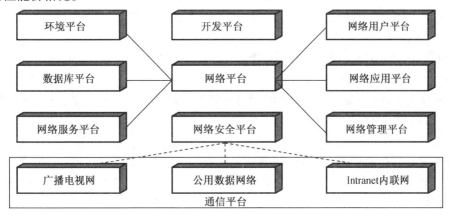

**图 9－13　Intranet 网络系统平台**

（1）网络平台

网络平台是整个 Intranet 网络系统的核心和中枢,所有平台都运行其上,主要有网络传输设备、接入设备、网络互联设备、交换设备、布线系统、网络操作系统、服务器和网络测试设备等。

（2）网络服务平台

网络服务平台为网络用户提供各种信息服务。目前,信息服务种类有信息点播、信息广播、Internet 服务、远程计算及其他服务类型,其中 Internet 服务是 Intranet 网络建设中的重点,它包括 Web 服务、E－mail 服务、FTP、News、Telnet、消息查询和信息检索等。

（3）网络应用平台

Intranet 网络系统上的应用平台主要有管理信息系统(MIS)、办公自动化系统、多媒体监测系统和远程教育等。

（4）开发平台

开发平台由一些应用开发工具组成,利用这些开发工具,用户可以根据需要开发各种应用平台。开发工具可分为通用开发工具、Web 开发工具、Java 开发工具以及数据库开发工具等。

（5）数据库平台

数据库平台主要对用户数据信息资源的组织管理和维护。数据库平台主要有 Oracle，Sybase，SQL Server 等。

（6）网络管理平台

网络管理平台用于实现对网络资源的监控和管理。

（7）网络安全平台

网络安全平台对于企业内部网络系统非常重要。目前，常用的安全措施主要有分组过滤、防火墙、代理技术、加密认证技术、网络监测和病毒检测。

（8）网络用户平台

网络用户平台是最终用户的工作平台、一般网络用户平台包括办公软件、浏览器软件等。

（9）环境平台

环境平台的功能主要有维持网络正常运行的合适的温度、湿度环境，并保证地线、电源等可靠性。

（10）通信平台

通信平台为网络通信提供所需的环境。

2. Intranet 网络的硬件结构

Intranet 是 Internet 技术、Web 技术、局域网技术和广域网技术的集成，它在硬件结构上继承了局域网和广域网的特点。

网络硬件设备是构成 Internet 的基本组成单元。有的实现网络上基本的信息传输功能有的实现网上信息的安全转发功能，通过它们的有机整合才可以构成一个完整的网络。Internet 网络的硬件包括集线设备、路由和交换设备、服务器、接入设备、网络互联设备和防火墙设备等。

Internet 是一种公用信息网，它允许任何人从任何一个站点访问它的资源。而 Intranet 作为一种企业内部网，其内部信息必须加以严格保护，它必须通过防火墙与 Internet 连接起来。而防火墙是指一个由软件系统和硬件系统组合而成的专用"屏障"，它的功能是防止非法入侵、非法使用系统资源以及执行安全管制措施等。有关防火墙的知识，在第 10 章有详细的介绍。

3. Intranet 网络的软件结构

Intranet 的技术基础是 Internet 技术，其软件结构与 Web 技术结构模式密切相关。Web 结构的基础模式为 B/S（Browser/Server）的模式。通过 Web 技术，Intranet 一方面可以实现信息的发布和接收，另一方面也可以通过公共网关接口（CGI）实现与其他外部应用软件的连接。

（1）Web 服务器

Web 服务器用于存储和管理网页，并提供 Web 服务。目前市场上流行的 Web 服务器软件很多，比较著名的有 Microsoft 公司的 IIS。Web 服务器使用超文本标记语言 HTML 来描述网络上的资源，并以 HTML 数据文件的形式存放在 Web 服务器中。HTML 语言利用 URL 表示超链接，并在文本内指向其他网络资源 URL。URL 能够指向网络文件、HITP、FTP、Telnet 以及 News 等网络资源。

（2）代理服务器

在实际应用中,与 Web 服务器相关的另一类服务器是代理服务器（Proxy Server）。代理服务器的作用主要有两个:是作为防火墙,它不但实现 Intranet 与 Internet 的互联,而且可以防止外部用户非法访问 Internet 的保密资源;二是作为 Web 服务的本地缓冲区,将 Intranet 用户在 Internet 中访问过的网页或文件的副本存放在代理服务器中,用户下一次访问时可以直接从代理服务器中取出,这样可以大大提高用户访问速度,节省费用。Web Server 与 Proxy Server 软件属于服务器端软件。

（3）电子邮件服务器软件

电子邮件服务器软件可分为服务器端与客户端两部分,服务器端的电子邮件系统有 Microsoft 或 IBM 公司的邮件系统。应当指出的是,当企业中的邮件系统使用单一邮件系统软件时,一般来说会工作得很好,但如果同时使用多种邮件软件系统时,就必须配置网关互联各种邮件服务。大部分 Web 浏览器软件都包含有电子邮件的客户端功能。用户可以通过网页去查询和处理电子邮件,也可以由电子邮件中插入 Web 网页链接来调用相关网页。除了浏览器可以作为客户端软件外,还有一些专用的电子邮件客户端应用程序,如 Microsoft 公司的 Outlook ,IBM 公司的 Notes,Foxmail 等。

在 Intranet 中,Web 服务器与 E - mail 服务器都要与外部的 Internet 连接。Web 服务器一般是通过防火墙与 Internet 连接;E - mail 服务器可通过防火墙与 Internet 连接,也可以直接与 Internet 连接。

（4）客户端软件

客户端软件主要有 Web 浏览器软件、网页制作软件与网页转换软件等。Web 浏览器是 Intranet 上提供给用户的应用界面管理软件:网络浏览器的用户界面基于 HTTP。通过浏览器,用户可以通过 URL 来指定被访问资源的 WWW 地址。市场上较为流行的浏览器产品是 Microsoft 公司的 Internet Explorer。

（5）数据库管理系统

数据库服务器（Datbase Senver）也是 Internet 的重要组成部分。数据库管理系统完成对企业内部信息资源的维护和管理。对 Intranet 网络来讲,企业的信息资源是企业的关键数据,具有极高的商业价值。对企业的生产和经营活动至关重要。所以,Intranet 上企业内部数据库管理的好坏与数据信息的安全性、可靠性程度等因素将直接影响到整个 Intranet 的成败。

（6）公共网关接口

公共网关接口（Common Gateway Interface, CGI）是对外进行信息服务的标准接口,提供动态变化的信息,如各种搜索软件。CGI 一般用 C 或 C + +语言编写,是一种使 HTTP 服务器与外部应用程序共享信息的方法。当服务器接收到某一浏览器用户的请求要求启动一个网关程序（通常称为 CGI 脚本）时,它把有关该请求的信息综合到环境变量中,然后,CGI 脚本程序将检查这些环境变量,找出哪些为响应请求所必要的信息。此外。CGI 还为脚本程序定义了一些标准的方法,以确定如何为服务器提供必要的信息。CGI 脚本负责处理从服务器请求一个动态响应必需的所有任务。CGI 的主要用途是使用户能够编写与浏览器相交互的程序。借助 CGI 可以动态地创建新的 Web 页面、处理 HTML 表单输入以及在 Web 和其他服务之间架设沟通的渠道。

CGI 管理软件可实现 Web 服务器与外部程序的连接,这些外部程序可以是后台数据库应用管理软件等。CGI 用来弥补 Web 服务器本身的不足,完成 Web 服务器所不能达到的目标。

(7)网络操作系统

网络操作系统为所有运行在 Intranet 上的应用提供支持和网络通信服务,选用的网络操作系统应能满足计算机网络系统的功能、性能要求,做到易维护、易扩充和高可靠性,具备容错功能,具有广泛的第三方厂商的产品支持,安全且费用低。目前 Intranet 中常用的网络操作系统是 Windows2003,Unix 和 Linux。

# 第10章　计算机网络安全

随着网络应用的发展,网络在各种信息系统中的作用变得越来越重要,人们也越来越关心网络安全和网络管理的问题。对于任何一种信息系统,安全性的作用在于防止未经过授权的用户使用甚至破坏系统中的信息或干扰系统的正常工作。

**本章提要**

· 计算机网络安全的概念;
· 计算机网络对安全性的要求;
· 访问控制技术和设备安全;
· 网络防火墙技术;
· 常见的网络攻击与防御措施;
· 网络防病毒技术;
· 网络加密与入侵检测技术。

## 10.1　计算机网络安全概述

随着全球信息化的飞速发展,整个世界正在迅速地融为一体,大量建设的各种信息化系统已经成为国家和政府的关键基础设施。众多的企业、组织、政府部门与机构都在组建和发展自己的网络,并连接到 Internet 上,以充分共享、利用网络的信息和资源。整个国家和社会对网络的依赖程度也越来越高,网络已经成为社会和经济发展的强大推动力,其地位越来越重要。在资源共享广泛用于政治、军事、经济以及科学等各个领域的同时,也产生了各种各样的问题,其中安全问题尤为突出。网络安全不仅涉及个人利益、企业生存、金融风险等问题,还直接关系到社会稳定和国家安全等诸多方面,因此它是信息化进程中具有重大战略意义的问题。了解网络面临的各种威胁,防范和消除这些威胁,实现真正的网络安全已经成了网络发展中最重要的事情之一。

覆盖全球的 Internet,以其自身协议的开放性方便了各种计算机网络的入网互联,极大地拓宽了共享资源。但是由于早期网络协议对安全问题的忽视,以及在使用和管理上的无序状态,网络安全受到严重威胁,安全事故屡有发生。从目前来看网络安全的状况仍令人担忧,从技术到管理都处于落后、被动的局面。

计算机犯罪目前已引起了社会的普遍关注,其中计算机网络是犯罪分子攻击的重点。计算机犯罪是一种高技术犯罪手段,由于其犯罪的隐蔽性,因而对网络的危害极大。根据有关统计资料显示,计算机犯罪案件每年以 100% 的速度急剧上升,Internet 被攻击的事件则以每年 10 倍的速度增长,平均每 20 秒就会发生一起入侵 Internet 事件。计算机病毒从

1986 年首次出现以来,它的数量以几何级数增长,目前已经发现了 2 万多种病毒,它对网络造成了很大的威胁。美国国防部和银行等要害部门的计算机系统都曾经多次遭到非法入侵者的攻击,1996 年初,美国国防部宣布其计算机系统在前一年遭到 25 万次进攻。更令人不安的是,大多数的进攻未被察觉,美国金融界为此每年要损失近百亿美元。

随着 Internet 的广泛应用,采用客户机/服务器(C/S)模式的各类网络纷纷建成,这使网络用户可以方便地访问和共享网络资源。但同时对企业的重要信息,如贸易秘密、产品开发计划、市场策略、财务资料等的安全无疑埋下了致命的威胁。必须认识到,对于大到整个 Internet 小到 Intranet 及各校园网,都存在着来自网络内部与外部的威胁。对 Internet 所构成的威胁可分为两类,故意危害和无意危害。

故意危害 Internet 安全的主要有三种人,故意破坏者又称黑客(Hackers)、不遵守规则者(Vandals)和刺探秘密者(Crackers)。故意破坏者企图通过各种手段去破坏网络资源与信息,例如,涂抹别人的主页、修改系统配置、造成系统瘫痪。不遵守规则者企图访问不允许访问的系统,这种人可能仅仅是到网上看看,找些资料,也可能想盗用别人的计算机资源(如 CPLT 时间)。刺探秘密者的企图是通过非法手段侵入他人系统,以窃取重要秘密和个人资料。除了泄露信息对企业网构成威胁之外,还有一种危险是有害信息的侵入。有人在网上传播一些不健康的图片、文字或散布不负责任的消息。另一种不遵守网络使用规则的用户可能通过玩一些电子游戏将病毒带入系统,轻则造成信息错误,严重时将会造成网络瘫痪。

总的来说,网络面临的威胁主要来自以下几个方面。

(1)黑客的攻击

黑客对于我们来说,已经不再是一个高深莫测的人物了,黑客技术逐渐被越来越多的人掌握和发展。目前,世界上有 20 多万个黑客网站,这些站点都介绍一些攻击方法和攻击软件的使用以及系统的一些漏洞。因此,系统、站点遭受攻击的可能性就变大了。尤其是现在还缺乏针对网络犯罪卓有成效的反击和跟踪手段,使得黑客攻击的隐蔽性好,"杀伤力"强,这都是网络安全的主要威胁。

(2)管理的欠缺

网络系统的严格管理是企业、机构及用户免受攻击的重要措施。事实上,很多企业、机构及用户的网站或系统都疏于这方面的管理。据 IT 界企业团体 ITAA 的调查显示,美国 90% 的 IT 企业对黑客攻击准备不足。目前,美国 75% ~ 85% 的网站都抵挡不住黑客的攻击,约有 75% 的企业网上信息失窃,其中 25% 的企业损失在 25 万美元以上。

(3)网络的缺陷

Internet 的共享性和开放性使网上信息安全存在先天不足,因为其赖以生存的 TCP/IP 协议族缺乏相应的安全机制,而且 Internet 最初的设计考虑是该网不会因局部故障而影响信息的传输,基本没有考虑安全问题,因此它在安全可靠、服务质量、带宽和方便性等方面存在着不适应性。

(4)软件的漏洞或"后门"

随着软件系统规模的不断增大,系统中的安全漏洞或"后门"也不可避免地存在,比如我们常用的操作系统,无论是 Windows 还是 Unix 几乎都存在或多或少的安全漏洞,众多的服务器、浏览器、桌面软件等都被发现过存在安全隐患。大家熟悉的"尼母达""中国黑客"等病毒都是利用微软系统的漏洞从而给企业造成巨大损失,可以说任何一个软件系统都可能会因为程序员的一个疏忽、设计中的一个缺陷等原因而存在漏洞,这也是网络安全的主要威胁之一。

(5)企业网络内部

网络内部用户的误操作、资源滥用和恶意行为令再完善的防火墙也无法抵御。防火墙无法防止来自网络内部的攻击,也无法对网络内部的滥用做出反应。

# 10.2　计算机网络安全的要求及保护策略

一个计算机网络通常涉及很多因素,包括人、各种设施和设备、计算机系统软件与应用软件、计算机系统内存储的数据等,而网络的运行需要依赖于所有这些因素的正常工作。因此,计算机网络安全的本质就是要保证这些因素避免各种偶然的和人为的破坏与攻击,并且要求这些资源在被攻击的状况下能够尽快恢复正常的工作,以保证系统的安全可靠性。

一般说来,计算机网络系统的安全性越高,它需要的成本也就越高,因此,系统管理员应该根据实际情况进行权衡,并灵活地采取相应的措施使被保护信息的价值与为保护它所付出的成本能够达到一个合理的水平。

## 10.2.1　网络安全的基本要求

### 1.可靠性

可靠性是网络信息系统能够在规定条件下和规定时间内完成规定功能的特性。可靠性是系统安全的最基本要求之一,是所有网络信息系统的建设和运行目标。网络信息系统的可靠性测度主要有三种,抗毁性、生存性和有效性。

抗毁性是指系统在人为破坏下的可靠性。比如,部分线路或节点失效后,系统是否仍然能够提供一定程度的服务。增强抗毁性可以有效地避免因各种灾害(战争、地震等)造成的大面积瘫痪事件。

生存性是在随机破坏下系统的可靠性。生存性主要反映随机性破坏和网络拓扑结构对系统可靠性的影响。这里,随机性破坏是指系统部件因为自然老化等造成的自然失效。

有效性是一种基于业务性能的可靠性。有效性主要反映在网络信息系统的部件失效情况下,满足业务性能要求的程度。比如,网络部件失效虽然没有引起连接性故障,但是却造成质量指标下降、平均延时增加、线路阻塞等现象。

可靠性主要表现在硬件可靠性、软件可靠性、人员可靠性、环境可靠性等方面。硬件可靠性最为直观和常见。软件可靠性是指在规定的时间内,程序成功运行的概率。人员可靠性是指人员成功地完成工作或任务的概率。人员可靠性在整个系统可靠性中扮演重要角色,因为系统失效的大部分原因是人为差错造成的。人的行为要受到生理和心理的影响,受到其技术熟练程度、责任心和品德等素质方面的影响。因此,人员的教育、培养、训练和管理以及合理的人机界面是提高可靠性的重要方面。环境可靠性是指在规定的环境内,保证网络成功运行的概率。这里的环境主要是指自然环境和电磁环境。

### 2.可用性

可用性是网络信息可被授权实体访问并按需求使用的特性,即网络信息服务在需要时,允许授权用户或实体使用的特性,或者是网络部分受损或需要降级使用时,仍能为授权用户提供有效服务的特性。可用性是网络信息系统面向用户的安全性能。网络信息系统最基本的功能是向用户提供服务,而用户的需求是随机的、多方面的,有时还有时间要求。可用性一般用系统正常使用时间和整个工作时间之比来度量。

可用性还应该满足以下要求:身份识别与确认、访问控制(对用户的权限进行控制,只能访问相应权限的资源,防止或限制经隐蔽通道的非法访问,包括自主访问控制和强制访问控制)、业务流控制(利用均分负荷方法,防止业务流量过度集中而引起网络阻塞)、路由选择控制(选择那些稳定可靠的子网,中继线或链路等)、审计跟踪(把网络信息系统中发生的所有安全事件情况存储在安全审计跟踪之中,以便分析原因,分清责任,及时采取相应的措施)。审计跟踪的信息主要包括事件类型、被管客体等级、事件时间、事件信息、事件回答以及事件统计等方面的信息。

3. 保密性

保密性是网络信息不被泄露给非授权的用户、实体或过程,或供其利用的特性,即防止信息泄漏给非授权个人或实体,信息只为授权用户使用的特性。保密性是在可靠性和可用性基础之上,保障网络信息安全的重要手段。

常用的保密技术包括防侦收(使对手侦收不到有用的信息)、防辐射(防止有用信息以各种途径辐射出去)、信息加密(在密钥的控制下,用加密算法对信息进行加密处理,即使对手得到了加密后的信息也会因为没有密钥而无法读懂有效信息)、物理保密(利用各种物理方法,如限制、隔离、掩蔽、控制等措施,保护信息不被泄露)。

4. 完整性

完整性是网络信息未经授权不能进行改变的特性,即网络信息在存储或传输过程中保持不被偶然或蓄意地删除、修改、伪造、乱序、重放、插入等破坏和丢失的特性。完整性是一种面向信息的安全性,它要求保持信息的原样,即信息的正确生成、正确存储和传输。

完整性与保密性不同,保密性要求信息不被泄露给未授权的人,而完整性则要求信息不致受到各种原因的破坏。影响网络信息完整性的主要因素有设备故障、误码(传输、处理和存储过程中产生的误码,定时的稳定度和精度降低造成的误码,各种干扰源造成的误码)、人为攻击、计算机病毒等。

保障网络信息完整性主要有以下方法。

**协议** 通过各种安全协议可以有效地检测出被复制的信息、被删除的字段、失效的字段和被修改的字段。

**纠错编码方法** 由此完成检错和纠错功能。最简单和常用的纠错编码方法是奇偶校验法。

**密码校验和方法** 它是抗篡改和传输失败的重要手段。

**数字签名** 保障信息的真实性。

**公证** 请求网络管理或中介机构证明信息的真实性。

5. 不可抵赖性

不可抵赖性也称作不可否认性,在网络信息系统的信息交互过程中,确信参与者的真实同一性,即所有参与者都不可能否认或抵赖曾经完成的操作和承诺。利用信息源证据可以防止发信方不真实地否认已发送信息,利用递交接收证据可以防止收信方事后否认已经接收的信息。

6. 可控性

可控性是对网络信息的传播及内容具有控制能力的特性。

概括地说,网络信息安全与保密的核心是通过计算机、网络、密码技术和安全技术,保护在公用网络信息系统中传输、交换和存储的消息的保密性、完整性、真实性、可靠性、可用性、不可抵赖性等。

### 10.2.2　计算机网络的主要保护策略

保护计算机网络系统的策略可以分为以下几个部分。

(1)创建安全的网络环境

监控用户,设置用户权限,采用访问控制、身份识别/授权、监视路由器、使用防火墙程序以及其他的一些方法。

(2)数据加密

由于网络黑客可能入侵系统,偷窃数据或窃听网络中的数据,而通过数据的加密可以使被窃的数据不会被简单地打开,从而减少一定的损失。

(3) Modem 的安全

如果外部的非法用户非法获取或破解了密码,并通过 Modem 连接到内部网络上,系统就变得易受攻击,因此,需要采用一些技术加强 Modem 的安全性。

(4)灾难和意外计划

应该事先制定好对付灾难的意外计划、备份方案和其他方法,如果有灾难或安全问题威胁时,就能及时和有效地应对。

(5)系统计划和管理

在网络系统的管理中,应当适当地计划和管理网络,以备发生任何不测。

(6)使用防火墙技术

防火墙技术可以防止通信威胁,防止黑客利用安全漏洞进入系统进行破坏。

# 10.3　计算机网络访问控制与设备安全

### 10.3.1　访问控制技术

访问控制服务的作用是保证只有被授权的用户才能访问网络和利用资源。访问控制的基本原理是检查用户标识、口令,根据授予的权限限制其对资源的利用范围和程度。例如是否有权利用主机 CPU 运行程序,是否有权对数据库进行查询和修改等。访问控制是防止入侵的重要防线之一。

对一个系统进行访问控制的常用方法是对没有合法用户名及口令的任何人进行限制,禁止访问系统。例如,如果某个来访者的用户名和口令是正确的,则系统允许他进入系统进行访问;如果不正确,则不允许他进入系统。

一般来说,访问控制的实质就是控制对计算机系统或网络访问的方法。如果没有访问控制,任何人只要愿意都可以进入到整个计算机系统,并做其想做的任何事情。大多数的 PC 对访问控制策略都做得很差。

1. 基于口令的访问控制技术

口令是实现访问控制的一种最简单和有效的方法。没有一个正确的口令,入侵者就很难闯入计算机系统。口令是只有系统管理员和用户自己才知道的简单字符串。

只要保证口令机密,非授权用户就无法使用该账户。尽管如此,由于口令只是一个字符串,一旦被别人获取,口令就不能提供任何安全了。因此,尽可能选择较安全的口令是非常必要的,系统管理员和系统用户都有保护口令的职责。管理员为每个账户建立一个用户名和口令,而用户必须建立"有效"的口令并对其进行保护。管理员可以告诉用户什么样的口令是最有效的。另外,依靠系统中的安全系统,系统管理员能对用户的口令进行强制性修改,设置口令的最短长度,甚至可以防止用户使用太容易被猜测的口令或一直使用同一个口令。

(1)选用口令应遵循的原则

最有效的口令应该使用户很容易记住,但"黑客"很难猜测或破解的字符串。例如,对于 8 个随机字符,可以有大约 $3 \times 10^{12}$ 多种组合,就算借助于计算机进行一个一个地尝试也要几年的时间。因此,容易猜测的口令使口令猜测攻击变得非常容易。一个有效的口令应遵循下列规则。

①选择长口令:由于口令越长,要猜出它或尝试所有的可能组合就越难。大多数系统接受 5 到 8 个字符串长度的口令,还有许多系统允许更长的口令,长口令有助于增强系统的安全性。

②最好的口令是包括字母和数字字符的组合。将字母和数字组合在一起可以提高口令的安全性。

③不要使用有明确意义的英语单词。用户可以将自己所熟悉的一些单词的首字母组合在一起,或者使用汉语拼音的首字母。对于该用户来说,应该很容易记住这个口令,但对其他人来说却很难想到。

④在用户访问的各种系统上不要使用相同的口令。如果其中的一个系统安全出了问题,就等于所有系统都不安全了。

⑤不要简单地使用个人名字,特别是用户的实际姓名、家庭成员的姓名等。

⑥不要选择不容易记住的口令。若口令太复杂或太容易混淆,就会促使用户将它写下来以帮助记忆,从而引起安全问题。

(2)增强口令安全性措施

在有些系统中,可以使用一些面向系统的控制,以减小由于非法入侵造成的对系统的改变。这些特性被称为登录/口令控制,对增强用户口令的安全性很有效,其具有以下特性。

①口令更换。用户可以在任何时候更换口令。口令的不断变化可以防止有人用偷来的口令继续对系统进行访问。

②系统要求口令更换。系统要求用户定期改变口令,例如一个月换一次。这可以防止用户一直使用同一个口令。如果该口令被非法得到就会引起安全问题,在有些系统中,口令使用过一段特定长度的时间(口令时长)后,用户下次进入系统时就必须将其更改。另外,在有些系统中,设有口令历史记录特性能将以前的口令记录下来,并且不允许重新使用原来的口令而必须输入一个新的,这也增强了安全性。

③最短长度。口令越长就越难猜测,而且使用随机字符组合的方式猜测口令所需的时

间也随着字符个数的增加而增长。系统管理员能指定口令的最短长度。

④系统生成口令。可以使用计算机自动为用户生成的口令，这种方法的主要缺点是自动生成的口令难于记住。

（3）其他方法

除了这些方法之外，还有其他一些方法可以用来对使用口令进行安全保护的系统的访问进行严格控制。

①登录时间限制。用户只能在某段特定的时间（如工作时间内）才能登录到系统中。任何人想在这段时间之外访问系统都会被拒绝。

②限制登录次数。为了防止非法用户对某个账户进行多次输入口令尝试，系统可以限制登录尝试的次数。例如，如果有人连续三次登录都没有成功，终端与系统的连接就断开。这可以防止有人不断地尝试不同的口令和登录名。

③最后一次登录。该方法报告出用户最后一次登录系统的时间和日期，以及最后一次登录后发生过多少次未成功的登录尝试。这可以提供线索，查看是否有人非法访问过用户的账户。

（4）应当注意的事项

为了防止它们被不该看到的人看到，用户应该注意以下事项。

①一般来说，不要将口令给别人。

②不要将口令写在其他人可以接触的地方。

③不要用系统指定的口令，如"root""demo""test"等。

④在第一次进入账户时修改口令，不要沿用许多系统给所有新用户的缺省口令，如"1234""password"等。

⑤经常改变口令。可以防止有人获取口令并企图使用它而出现问题。在有些系统中，所有的用户都被要求定期改变口令。

2. 选择性访问控制技术

访问控制可以有效地将非授权的人拒之于系统之外。当一个普通用户进入系统后，应该限制其操作权限，不能毫无限制地访问系统上所有的程序、文件和信息等，否则，就好像让某人进入一个公司，而且所有的门都敞开，他可以在每间房间里随意走动一样。

因此，对于进入系统的用户，需要限制该用户在计算机系统中所能访问的内容和访问的权限，也就是说，规定用户可以做什么或不能做什么，比如能否运行某个特别的程序，能否阅读某个文件，能否修改存放在计算机上的信息或删除其他人创建的文件等。

作为安全性的考虑，很多操作系统都内置了选择性访问控制功能。通过操作系统，可以规定个人或组的权限以及对某个文件和程序的访问权。此外，用户对自己创建的文件具有所有的操作权限，而且还可以规定其他用户访问这些文件的权限。

选择性访问控制的思想在于明确地规定了对文件和数据的操作权限。许多系统上通常采用三种不同种类的访问。

（1）读，允许读一个文件。

（2）写，允许创建和修改一个文件。

（3）执行、运行程序。如果拥有执行权，就可以运行该程序。

使用这三种访问权，就可以确定谁可以读文件、修改文件和执行程序。用户可能会决定只有某个人才可以创建或修改自己的文件，但其他人都可以读它，即具有只读的权利。

例如,在大多数 Unix 操作系统中,有三级用户权限:超级用户 root、用户集合组以及系统的普通用户。超级用户 root 账户在系统上具有所有的权限,而且其中的很多权限和功能是不提供给其他用户的。由于 root 账户几乎拥有所有操作系统的安全控制手段,因此保护该账户及其口令是非常重要的。从系统安全角度讲,超级用户被认为是 Unix 操作系统上最大的安全隐患,因为它赋予了超级用户对系统无限的访问权。

组的概念是将用户组合在一起成为一个组。建立一个组,可以很方便地为组中的所有用户设置权限、特权和访问限制。例如,对于特定的应用程序开发系统,可以限制只有经过培训使用它的人才可以访问。对于某些敏感的文件,可以规定只有被选择的组用户才有权读这些信息。在 Unix 操作系统中一个用户可以属于一个或多个组。

最后,普通用户在 Unix 操作系统中也有自己的账户。尽管所有的用户都有用户名和口令,但每个用户在系统中能做些什么取决于该用户在 Unix 文件系统中拥有的权限。

### 10.3.2　硬件设备的安全

1. 调制解调器的安全

很多公司的计算机设备都提供了调制解调器访问方式。拨一个电话号码,就可以与远程计算机的调制解调器建立一个直接的连接,并进行通信。因此,很多网络黑客都是通过调制解调器进入到系统内部的。这也是为什么当允许用户使用调制解调器访问设备时,调制解调器的安全就是一个重要的问题。

调制解调器安全的主要目的是防止对网络拨号设备的非授权访问,并限制只有授权用户才可以访问系统。有许多可用的技术可以增强调制解调器的安全性,并使非法用户很难获得对系统的访问。

任何人要通过调制解调器访问系统时,必须先与网络上的调制解调器建立一个连接。从逻辑上来说,第一道防线是使非授权用户无法得到电话号码。因此,不要公开电话号码或将它列在系统上,等等。为了给系统增加安全性,可以加上一个口令,从而有效地杜绝没有有效的"调制解调器"口令的人。调制解调器口令与系统登录口令应该分开,并且各自独立。

有些带有"回拨"功能的调制解调器在接到拨号访问后,并不是马上建立一个连接,而是要求对方回答登录信息,如果信息正确的话,调制解调器就会断开连接,然后使用保存在系统中的该授权用户的电话号码,并进行自动回拨。

有些特殊的调制解调器会对发出和收到的信息进行加密,即使信息在传输的过程中被截获,也不会以信息原始的格式泄密。

还有一种方法,就是限制尝试连接到系统上的次数。比如,如果来访者想登录到系统上,但尝试 3 次都失败了,此时,系统就会断开连接,使其只能再次拨号进行访问。

2. 通信介质的安全

就网络安全而言,连接网络的各种通信介质也是一个薄弱环节。不论是局域网、城域网,还是广域网,都要使用各种有线或无线的通信介质实现物理连接,而不同的介质又有各自的弱点,因此,通信介质的选择对网络安全程度也有很大的影响。

前面已介绍过网络的主要通信媒介,包括双绞线、同轴电缆、光纤,以及微波和卫星通信等。所有这些介质,对毁坏、破坏和窃听的敏感程度都各不相同。对于有线的通信介质,双绞线很容易受到外界干扰信号的影响,同轴电缆在某种程度上受干扰的影响比较小,而光纤不会受到电磁和其他形式的干扰。当然,对于所有的物理线路,攻击者可以将这些线路切断或摧毁,或通过这些介质对其中的数据进行窃听。

对于无线的通信链路,微波、无线电波以及红外线传输也有自己的问题。由于其造价昂贵,这些通信方式常用于广域网和国家的主干网上。尽管这些技术不使用物理线路,但它们不但受天气和大气层影响较大,而且对外部干扰也十分敏感,还容易被窃听以及受带宽的限制等。如果传输的信息是高度机密的,那么采用无线链路虽然没有像物理线路所受到的那些限制,但也会出现许多安全问题。

网络各部分之间的通信介质连接是非常重要的,因为信息有可能从这些地方泄露,就算网络的所有其他部分都非常安全也是枉然。

3. 计算机与网络设备的物理安全

计算机安全的另一方面是计算机与网络设备的安全,也包括通信连接以及计算机和存储介质的安全。让各种计算机及其相关设备保持安全也是计算机网络安全所面对的另一个挑战。

如果攻击者可以轻易地进入机房并毁坏计算机系统的 CPU、磁盘驱动器和其他的外围设备,那么使用口令和其他方法对系统进行保护也失去了意义。攻击者可能会窃取磁带和磁盘删除文件或者彻底毁坏计算机设备等。因此,需要有备份和意外备份系统,以防止出现这种情况而造成损失。

保证设备物理安全的关键就是只让经过授权的人员接触、操作和使用设备。防止对计算机设备非法接触的方法包括使用系统安全锁,有钥匙和口令的用户才允许访问计算机终端;进入房间时要求有访问卡,使用钥匙、令牌或"智能卡"等设备来限制接触。

# 10.4　网络防火墙技术

## 10.4.1　防火墙的基本概念

防火墙的本义原是指古代人们房屋之间修建的那道墙,这道墙可以防止火灾发生的时候蔓延到别的房屋。而这里所说的防火墙当然不是指物理上的防火墙,而是指隔离在本地网络与外界网络之问的一道防御系统,是这一类防范措施的总称。应该说,在互联网上防火墙是一种非常有效的网络安全模型,通过它可以隔离风险区域(即 Internet 或有一定风险的网络)与安全区域(局域网)的连接,同时不会妨碍人们对风险区域的访问。防火墙可以监控进出网络的通信量,从而完成看似不能完成的任务,仅让安全、核准了的信息进入,同时又抵制对企业构成威胁的数据。随着安全性问题上的失误和缺陷越来越普遍,对网络的入侵不仅来自高超的攻击手段,也有可能来自配置上的低级错误或不合适的口令选择。因此,防火墙的作用是防止不希望的、未授权的通信进出被保护的网络,迫使单位强化自己的网络安全政策。

防火墙使用硬件平台和软件平台来决定是否放行从外部网络进入到内部网络,或者从内部网络进入到外部网络,其中包括的信息有电子邮件消息、文件传输、登录到系统以及类似的操作等。防火墙的示意图如图 10 - 1 所示。

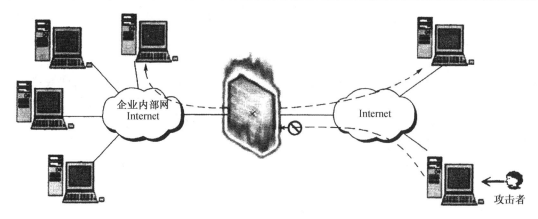

图 10 - 1　防火墙示意图

### 10.4.2　防火墙的基本功能和局限性

1. 防火墙应具备的基本功能

（1）集中的网络安全

防火墙允许网络管理员定义一个中心（阻塞点）来防止非法用户（如黑客、网络破坏者等）进入内部网络，禁止存在不安全因素的访问进出网络，并抗击来自各种线路的攻击。防火墙技术能够简化网络的安全管理、提高网络的安全性。

（2）安全警报

通过防火墙可以方便地监视网络的安全性，并产生报警信号：网络管理员必须审查并记录所有通过防火墙的重要信息。

（3）重新部署网络地址转换（NAT）

Internet 的迅速发展使得有效的未被申请的 IP 地址越来越少，这意味着想进入 Internet 的机构可能申请不到足够的 IP 地址来满足内部网络用户的需要。为了接入 Internet，可以通过网络地址转换 NAT（Network Address Translator）来完成内部私有地址到外部注册地址的映射。防火墙是部署 NAT 的理想位置。

（4）监视 Internet 的使用

防火墙也是审查和记录内部人员对 Internet 使用的一个最佳位置，可以在此对内部访问 Internet 的情况进行记录。

（5）向外发布信息

防火墙除了起到安全屏障作用外，也是部署 WWW 服务器和 IP 服务器的理想位置，允许 Internet 访问上述服务器，而禁止对内部受保护的其他系统进行访问。

2. 防火墙的局限性

防火墙的局限性主要在于，它无法防范来自防火墙以外的其他途径所进行的攻击。如果你住在一所木屋中，却安装了一扇六英尺厚的钢门，会被认为是很愚蠢的做法。然而，有许多机构购买了价格昂贵的防火墙，但却忽视了通往其网络中的其他几扇后门。目前的防火墙存在着许多不能防范的安全威胁。例如，Internet 防火墙还不能防范不经过防火墙产生的攻击，如果允许内部网络上的用户通过 Modem 不受限制地向外拨号，就可以形成与 Internet 的直接的 SLIP 或 PPP 连接，由于这个连接绕开了防火墙，直接连接到外部网络，就有可能成为一个潜在的后门攻击渠道,如图 10 – 2 所示。因此,必须使用户知道,绝对不能允许这类连接成为整体安全结构的一部分。

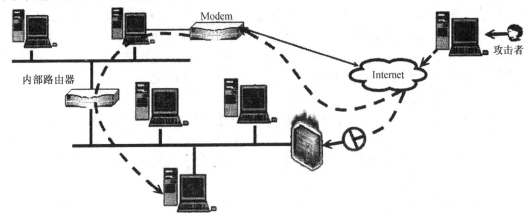

图 10 – 2　防火墙内部的拨号连接

防火墙不能防范由于内部用户疏忽所造成的威胁,此外,它也不能防止内部网络用户将重要的数据复制到软盘或光盘上,并将这些数据带到外边。对于上述问题,只能通过对内部用户进行安全教育,了解各种攻击类型及防护的必要性。

另外,防火墙很难防止受到病毒感染的软件或文件在网络上传输。因为现在存在的各类病毒、操作系统以及加密和压缩文件的种类非常多,不能期望防火墙逐个扫描每份文件查找病毒。因此,内部网中的每台计算机设备都应该安装反病毒软件,以防止病毒从软盘或其他渠道流入。

最后说明一点,防火墙很难防止数据驱动式攻击。当有些表面看来无害的数据被邮寄或复制到 Internet 主机上并被执行发起攻击时,就会发生数据驱动攻击。例如,一种数据驱动的攻击可以造成一台主机与安全有关的文件被修改,从而使入侵者下一次更容易入侵该系统。

### 10.4.3　防火墙的主要类型

典型的防火墙系统通常由一个或多个构件组成,实现防火墙的四大类技术包括包过滤型防火墙(也称网络级防火墙)、应用级网关、电路级网关和代理服务防火墙。它们各有所长,具体使用哪一种或是否混合使用,要根据具体情况而定。

1. 包过滤防火墙(Packer Filtering Firewall)

一个路由器便是一个传统的包过滤防火墙,路由器可以对 IP 地址,TCP 或 UDP 分组信息进行检查与过滤,以确定是否与设备的过滤规则匹配,继而决定此数据包按照路由表中的信息被转发或被丢弃。

对于大多数路由器而言,它们都能通过检查这些信息来决定是否将所收到的教据包转发,但却不能判断出一个数据包来自何方,去向何处。而有些先进的网络级防火墙可以判断这一点,它可以提供内部信息以说明所通过的连接状态和一些数据流的内容,把判断的信息同路由器内部的规则表进行比较,在规则表中定义了各种规则来表明是否同意或拒绝包的通过。包过滤防火墙检查每一条规则直至发现包中的信息与某规则相符。如果没有一条规则能符合,防火墙就会使用默认规则,一般情况下,默认规则就是要求防火墙丢弃该数据包。另外,通过定义基于 TCP 或 UDP 数据包的端口号,防火墙能够判断是否允许建立特定的连接,如 Telnet,FTP 连接等。

包过滤防火墙对用户来说是全透明的,其最大的优点是只需在一个关键位置设置一个包过滤路由器就可以保护整个网络。如果在内部网络与外界之间已经有了一个独立的路由器,那么可以简单地加一个包过滤软件进去,一步就可实现对全网的保护,而不必在用户机上再安装其他特定的软件。使用起来非常简洁、方便,且速度快、费用低。

但是包过滤防火墙也有其自身的缺点和局限性。

(1)包过滤规则配置比较复杂,而且几乎没有什么工具能够对过滤规则的正确性进行测试。

(2)由于包过滤防火墙只检查地址和端口,对网络更高协议层的信息无理解能力,因而对网络的保护十分有限。

(3)包过滤没法检测具有数据驱动攻击这一类潜在危险的数据包。

(4)随着过滤次数的增加,路由器的吞吐量会明显下降,从而影响整个网络的性能。

2. 应用级网关( Application Level Gateway)

应用级网关主要控制对应用程序的访问,它能够检查进出的数据包,通过网关复制、传递数据来防止在受信任的服务器与不受信任的主机间直接建立联系。应用级网关不仅能够理解应用层上的协议,而且它还提供一种监督控制机制,使得网络内、外部的访问请求在监督机制下得到保护。同时,应用级网关还能对数据包进行分析、统计并作详细的记录。

应用级网关和包过滤防火墙有一个共同的特点,那就是它们仅仅依靠特定的逻辑判断来决定是否允许数据包通过。一旦满足逻辑,则防火墙内外的计算机系统建立直接联系,防火墙外部的用户便有可能直接了解防火墙内部的网络结构和运行状态,这有利于实施非法访问和攻击。

为了消除这一安全漏洞,应用级网关可以通过重写所有主要的应用程序来提供访问控制。新的应用程序驻留在所有人都要使用的集中式主机中,这个集中式主机称为堡垒主机( Bastion Host)。由于堡垒主机是 Internet 上其他站点所能到达的唯一站点,即它 Internet 上的主机能连接到的唯一的内部网络上的系统,任何外部的系统试图访问内部的系统或服务器都必须连接到这台主机上,因此堡垒主机被认为是最重要的安全点,必须具有全面的安全措施。

应用级网关的优点是它具有较强的访问控制功能,是目前最安全的防火墙技术之一。缺点是每一种协议都需要相应的代理软件,实现起来比较困难,使用时工作量大,效率不如网络级防火墙高,而且对用户缺乏"透明度",在实际使用过程中,用户在受信任的网络上通过防火墙访问 Internet 时,经常会发现存在较大的延迟并且有时必须进行多次登录才能访问 Internet 或 Intranet。

3. 电路级网关( Circuit Level Gateway)

电路级网关是一种特殊的防火墙,通常工作在 OSI 参考模型中的会话层上。电路级网关只依赖于 TCP 连接,而并不关心任何应用协议,也不进行任何包处理或过滤。它只根据规则建立从一个网络到另一个网络的连接,并只在内部连接和外部连接之间来回拷贝字节,不做任何审查、过滤或协议管理。但是电路级网关可以隐藏受保护网络的有关信息。

实际上,电路级网关并非作为一个独立的产品存在,它一般要和其他一些应用级网关结合在一起使用,如 Trust Information Systems 公司的 Gauntlet Internet Firewall, DEC 公司的

Alta Vista Firewall 等产品。另外，电路级网关还可在代理服务器上运行一个叫作"地址转移"的进程，来将所有内部的 IP 地址映射到一个"安全"的 IP 地址，这个地址是防火墙专用的。

电路级网关最大的优点是主机可以被设置成混合网关。这样，整个防火墙系统对于要访问 Internet 的内部用户来说使用起来是很方便的，同时它还能提供完善的保护内部网络免于外部攻击的防火墙功能。

4. 代理服务防火墙（Proxy Sever Firewall）

代理服务防火墙又称链路级网关（Circuit Level Gateways）或 TCP 通道（TCP Tunnels），它工作在 OSI 参考模型的最高层——应用层，有时我们也将它归为应用级网关一类。代理服务器（Proxy Sever）通常运行在 Intranet 和 Internet 之间，是内部网与外部网的隔离点，起着监视和隔绝应用层通信流的作用。当代理服务器收到用户对其站点的访问请求后，便会立即检查该请求是否符合规则。若规则允许用户访问该站点的话，代理服务器便会以客户身份登录目的站点，取回所需的信息再发回给客户。由此可以看出，代理服务器像一堵墙一样挡在内部用户和外界之间，从外部只能看到该代理服务器而无法获知任何内部资料，如用户的 IP 地址等。

代理服务防火墙是针对数据包过滤和应用网关技术存在的仅仅依靠特定的逻辑判断这一缺点而引入的防火墙技术。它将所有跨越防火墙的网络通信链路分为两段，用代理服务上的两个"链接"来代替。外部计算机的网络链路只能到达代理服务器，从而起到了隔离防火墙内外计算机系统的作用，将被保护网络内部的结构屏蔽起来。

此外，代理服务防火墙还能对过往的数据包进行分析、注册登记、形成报告。同时，当发现被攻击迹象时会及时向网络管理员发出警报，并保留攻击痕迹。代理服务防火墙的缺点是需要为每个网络用户专门设计，并由于需要硬件实现，因而工作量较大，安装使用复杂，成本较高。

5. 复合型防火墙（Compound Firewall）

由于对更高安全性的要求，常常把基于包过滤的防火墙与基于代理服务的防火墙结合起来，形成复合型防火墙产品。这种结合通常是以下两种方案。

（1）屏蔽主机防火墙体系结构

在该结构中，包过滤路由器与 Internet 相连，同时一个堡垒机安装在内部网络，通过在包过滤路由器上设置过滤规则，使堡垒机成为 Internet 上其他节点所能到达的唯一节点，如图 10 - 3 所示。这样就确保了内部网络免遭外部未授权用户的攻击。

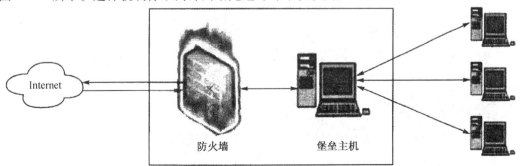

Internet　　　防火墙　　　堡垒主机

**图 10 - 3　屏蔽主机结构示意图**

（2）屏蔽子网防火墙体系结构

堡垒机放在一个子网内，形成非军事区（DMZ），两个包过滤路由器放置在这一子网的两端，使这一子网与外部 Internet 及内部网络分离，如图 10 – 4 所示。在屏蔽子网防火墙体系结构中，堡垒主机和包过滤器共同构成了整个防火墙的安全基础。

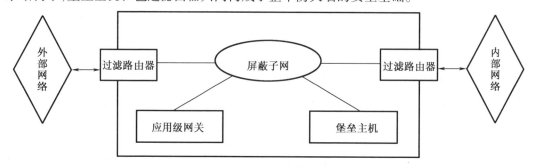

**图 10 – 4　屏蔽子网结构示意图**

### 10.4.4　防火墙产品简介

目前，防火墙产品主要有三大类：一是硬件型防火墙，二是软件型防火墙，三是软硬件兼容性的。下面我们介绍几种流行的防火墙产品。

1. 3Com Office Connect 防火墙

Office，Connect 防火墙可支持多达 100 个局域网用户，它采用全静态数据包检验技术来防止非法的网络接入和防止来自 Internet 的"拒绝服务"攻击，并且还可以限制局域网用户对 Internet 的不恰当使用。其新增的网络管理模块使技术经验有限的用户也能保障他们商业信息的安全。

2. NetScreen 防火墙

NetScreen 硬件防火墙的主要功能如下。

（1）存取控制，用于指定 IP 地址、用户认证控制。

（2）拒绝攻击，用于检测 SYN 攻击、检测 Tear Drop 攻击、检测 Ping of Death 攻击、检测 IP Spoofing 攻击、默认数据包拒绝、过滤源路由 IP 和动态过滤访问，而且支持 Web，Radius 及 Secure ID 用户认证。

（3）地址转换 NAT（Network Address Translator）。

（4）隐藏内部地址，节约 IP 资源。

（5）网络隔离 DMZ（Demilitarized Zone）。

（6）物理上隔开内外网段，更安全，更独立。

（7）负载平衡（Load Balancing）。

（8）按规则合理分担流量至相应服务器，适用于 ISP。

（9）虚拟专网 VPN（Virtual Private Network）。

（10）符合 IPSec 标准，节省专线费用。VPN client 适应国际趋势。

（11）流量控制及实时监控（Traffic Control）。

（12）用户带宽最大量限制，用户带宽最小量保障，八级用户优先级设置，合理分配带宽资源。

#### 3. Cisco PIX 防火墙

Cisco 防火墙与众不同的特点是基于硬件,因而它最大的优点就是速度快。Cisco PIX 防火墙便是这类产品,它的包转换速度高达 170 MB/s,可同时处理 6 万多个连接。将防火墙技术集成到路由器中是 CISCO 网络安全产品的另一大特色。Cisco 在路由器市场的占有率高达 80%,在路由器的 IOS 中集成防火墙技术是其他厂家无可比拟的,这样做的好处是用户无须额外购置防火墙,可降低网络建设的总成本。

Cisco PIX 防火墙的主要功能如下。

(1)实时嵌入式操作系统。

(2)保护方案基于自适应安全算法(ASA),可以确保最高的安全性。

(3)用于验证和授权的"直通代理"技术。

(4)最多支持 250 000 个同时连接。

(5)URL 过滤。

(6)HP,Open View 集成。

(7)通过电子邮件或手机短信提供报警和告警通知。

(8)通过专用链路加密卡提供 VPN 支持。

(9)符合委托技术评估计划(TTAP),经过了美国安全事务处(NSA)的认证,同时通过中国公安部安全检测中心的认证(PIX520 除外)。

## 10.5　常见的网络攻击与防御措施

网络的安全问题主要来自黑客和病毒攻击,各类攻击给网络造成的损失已越来越大了,有的损失对一些企业已是致命的,侥幸心理已经被提高防御取代,下面就攻击和防御做简要介绍。

1. 常见的攻击类型

(1)入侵系统攻击

此类攻击如果成功,将使你的系统上的资源被对方一览无遗,对方可以直接控制你的机器。

(2)缓冲区溢出攻击

程序员在编程时会用到一些不进行有效位检查的函数,可能导致黑客利用自编写程序来进一步打开安全豁口然后将该代码缀在缓冲区有效载荷末尾,这样当发生缓冲区溢出时,从而破坏程序的堆栈,使程序转而执行其他的指令,如果这些指令是放在有 root 权限的内存中,那么一旦这些指令得到了运行,黑客就以 root 权限控制了系统,这样系统的控制权就会被夺取,此类攻击在 LINUX 系统常发生。在 Windows 系统下用户权限本身设定不严谨,因此应比在 LINUX 系统下更易实现。

(3)欺骗类攻击

网络协议本身的一些缺陷可以被利用,使黑客可以对网络进行攻击,主要方式有 IP 欺骗、ARP 欺骗、DNS 欺骗、Web 欺骗、电子邮件欺骗、源路由欺骗、地址欺骗等。

(4)拒绝服务攻击

通过网络,也可使正在使用的计算机出现无响应、死机的现象,这就是拒绝服务攻击,简称 DOS( Denial of Service)。

分布式拒绝服务攻击采用了一种比较特别的体系结构,从许多分布的主机同时攻击一个目标,从而导致目标瘫痪,简称 DDOS( Distributed Denial of Service)。

(5)对防火墙的攻击

防火墙也是由软件和硬件组成的,在设计和实现上都不可避免地存在着缺陷,对防火墙的攻击方法也是多种多样的,如探测攻击技术、认证的攻击技术等。

(6)利用病毒攻击

病毒是黑客实施网络攻击的有效手段之一,它具有传染性、隐蔽性、寄生性、繁殖性、潜伏性、针对性、衍生性、不可预见性和破坏性等特性,而且在网络中危害更加可怕,目前可通过网络进行传播的病毒已有数万种,可通过注入技术进行破坏和攻击。

(7)木马程序攻击

特洛伊木马是一种直接由一个黑客,或是通过一个不令人起疑的用户秘密安装到目标系统的程序。一旦安装成功并取得管理员权限,安装此程序的人就可以直接远程控制目标系统。

(8)网络侦听

网络侦听为主机工作模式,主机能接收到本网段在同一条物理通道上传输的所有信息。

只要使用网络监听工具,就可以轻易地截取所在网段的所有用户口令和账号等有用的信息资料。

现在的网络攻击手段可以说日新月异,随着计算机网络的发展,其开放性、共享性、互联程度扩大,网络的重要性和对社会的影响也越来越大。计算机和网络安全技术正变得越来越先进,操作系统对本身漏洞的更新补救越来越及时。现在企业更加注意企业内部网的安全,个人越来越注意自己计算机的安全。可以说,只要有计算机和网络的地方肯定是把网络安全放到第一位。

网络有其脆弱性,并会受到一些威胁。因而建立一个系统时进行风险分析就显得尤为重要了。风险分析的目的是通过合理的步骤,以防止所有对网络安全构成威胁的事件发生。

因此,严密的网络安全风险分析是可靠和有效的安全防护措施制定的必要前提。网络风险分析在系统可行性分析阶段就应进行了,因为在这阶段实现安全控制远比在网络系统运行后采取同样的控制要节约得多。即使认为当前的网络系统分析建立得十分完善,在建立安全防护时,风险分析还是会发现一些潜在的安全问题,它能从整体性、协同性方面构建一个信息安全的网络环境。

2. 主要的防御措施

(1)防火墙

防火墙是建立在被保护网络与不可信网络之间的一道安全屏障,用于保护企业内部网络和资源。它在内部和外部两个网络之间建立一个安全控制点,对进、出内部网络的服务和访问进行控制和审计。

(2)虚拟专用网

虚拟专用网(VPIN)的实现技术和方式有很多,但是所有的 VPN 产品都应该保证通过公用网络平台传输数据的专用性和安全性。如在非面向连接的公用 IP 网络上建立一个隧道,利用加密技术对经过隧道传输的数据进行加密,以保证数据的私有性和安全性。此外,还需要防止非法用户对网络资源或私有信息的访问。

（3）虚拟局域网

选择虚拟局域网（VLAN）技术可从链路层实施网络安全。VLAN 是指在交换局域网的基础上,采用网络管理软件构建的可跨越不同网段、不同网络的端到端的逻辑网络。一个 VLAN 组成一个逻辑子网,即一个逻辑广播域,它可以覆盖多个网络设备,允许处于不同地理位置的网络用户加入一个逻辑子网中。该技术能有效地控制网络流量、防止广播风暴,还可利用 MAC 层的数据包过滤技术,对安全性要求高的 VLAN 端口实施 MAC 帧过滤。而且,即使黑客攻破某一虚拟子网,也无法得到整个网络的信息,但 VLAN 技术的局限性在新的 VLAN 机制中得到了较好的解决,这一新的 VLAN 就是专用虚拟局域网（PVLAN）技术。

（4）漏洞检测

漏洞检测就是对重要计算机系统或网络系统进行检查,发现其中存在的薄弱环节和所具有的攻击性特征。通常采用两种策略,即被动式策略和主动式策略。被动式策略基于主机检测,对系统中不合适的设置、口令以及其他同安全规则相悖的对象进行检查;主动式策略基于网络检测,通过执行一些脚本文件对系统进行攻击,并记录它的反应,从而发现其中的漏洞。漏洞检测的结果实际上就是系统安全性的一个评估,它指出了哪些攻击是可能的,因此成为安全方案的一个重要组成部分。漏洞检测系统是防火墙的延伸,并能有效地结合其他网络安全产品的性能,保证计算机系统或网络系统的安全性和可靠性。

（5）入侵检测

入侵检测系统将网络上传输的数据实时捕获下来,检查是否有黑客入侵或可疑活动的发生,一旦发现有黑客入侵或可疑活动的发生,系统将做出实时报警响应。

（6）密码保护

加密措施是保护信息的最后防线,被公认为是保护信息传输唯一实用的方法。无论是对等还是不对等加密都是为了确保信息的真实和不被盗取应用,但随着计算机性能的飞速发展,破解部分公开算法的加密方法已变得越来越可能。因此,现在对加密算法的保密越来越重要,几个加密方法的协同应用会使信息保密性大大加强。

（7）安全策略

安全策略可以认为是一系列政策的集合,用来规范对组织资源的管理、保护以及分配,以达到最终安全的目的。安全策略的制定需要基于一些安全模型。

（8）网络管理员

网络管理员在防御网络攻击方面也是非常重要的,虽然在构建系统时一些防御措施已经通过各种测试,但上面无论哪一条防御措施都有其局限性,只有高素质的网络管理员和整个网络安全系统协同防御,才能起到最好的效果。

以上大致讲了几种网络安全的策略,网络安全基本要素是保密性、完整性和可用性服务,但网络的安全威胁与网络的安全防护措施是交互出现的。不适当的网络安全防护,不仅不能减少网络的安全风险,浪费大量的资金,而且可能招致更大的安全威胁。一个好的安全网络应该是由主机系统、应用和服务、路由、网络、网络管理及管理制度等诸多因素决定的,但所有的防御措施对信息安全管理者提出了挑战,他们必须分析采用哪种产品能够适应长期的网络安全策略的要求,而且必须清楚何种策略能够保证网络具有足够的健壮性、互操作性并且能够容易地对其升级。随着信息系统工程开发量越来越大,致使系统漏洞也成正比地增加,受到攻击的次数也在增多。相对滞后的补救次数和成本也在增加,黑客与反黑客的斗争已经成为一场没有结果的斗争。

# 10.6　网络防病毒技术

1988 年 11 月 2 日,美国康奈尔大学的计算机科学系研究生,23 岁的莫里斯(Morris)将其编写的蠕虫程序输入计算机网络,这个网络连接着大学、研究机构的 155 000 多台计算机,病毒在几小时内就导致了 Internet 的堵塞。这件事就像是计算机界的一次大地震,造成了巨大反响,震惊了全世界,引起了人们对计算机病毒的恐慌,也使更多的计算机专家重视和致力于计算机病毒的研究。

随着计算机和 Internet 的日益普及,计算机病毒已经成为当今信息社会的一大顽症,借助于计算机网络它可以传播到计算机世界的每一个角落,并大肆破坏计算机数据,更改操作程序,干扰正常显示,摧毁系统,甚至对硬件系统都能产生一定的破坏作用。由于计算机病毒的侵袭,使得计算机系统速度降低,运行失常,可靠性降低,有的系统被破坏可能无法工作。从第一个计算机病毒问世以来,在世界范围内由于一些致命计算机病毒的攻击,已经夺走了计算机用户大量的人力和财力,甚至对人们正常的工作,企业的正常生产,国家的安全都造成了巨大的影响。因此,网络防病毒技术已成为计算机网络安全研究的一个重要课题。

## 10.6.1　网络病毒的危害

对于网络系统的安全来说,网络病毒的危害丝毫不亚于 SARS 病毒对人类的影响。国家计算机病毒应急处理中心的最新统计表明,近几年来计算机病毒呈现出异常活跃的态势。

1997 年以前,全球计算机病毒数量还不足 1 万种,但 1999 年到 2000 年仅 1 年间,病毒数量就达到 3 万种,并从 2000 年以后数量激增。据瑞星公司统计,在 2008 年 1 月至 10 月,共截获新病毒样本 9 306 985 个,是 2007 年同期的 12.16 倍。其中木马病毒 5 903 695 个,后门病毒 1863 722 个,两者之和超过 776 万,占总体病毒的 83.4%。这些病毒都以窃取用户网银、网游账号等虚拟财产为主,带有明显的经济利益特征。

当前的网络入侵主要来自蠕虫病毒,这些隐藏在网络上的"杀手"正呈现出功能强,传播速度快,破坏性大等新特点。它们不仅可以感染可执行文件,通过电子邮件、局域网和聊天软件等多种途径进行传播,同时兼有黑客后门功能,能进行密码猜测,实施远程控制,并且终止反病毒软件和防火墙的运行。

网络病毒的感染一般是从用户工作站开始的,而网络服务器是病毒潜在的攻击目标,也是网络病毒隐藏的重要场所。网络服务器一旦染上了病毒将会带来严重后果,不仅将造成服务器自身的瘫痪,而且还会使病毒在工作站之间迅速传播,感染其他网络上的主机和服务器。对服务器杀毒也比较困难,它不像单机可以直接删除带毒文件甚至格式化硬盘,要彻底清除网络服务器上的病毒,至少要比单机多花几倍的时间。

网络病毒的危害是人们不可忽视的现实,据统计,目前 70070 的病毒发生在网络上,人们在研究引起网络病毒的多种因素中发现,将微型计算机 U 盘带到网络上运行后,使网络感染病毒的事件占病毒事件总数的 41% 左右；从网络电子广告牌上带来的病毒大约占 7%；从软件商的演示盘中带来的病毒约占 6%；从系统维护盘中带来的病毒约占 6%；从公司之间交换的 U 盘带来的病毒约占 2%。从统计数据中可以看出，引起网络病毒感染的主要原因在于网络用户自身。

因此，网络病毒问题的解决，只能从采用先进的防病毒技术与制定严格的用户使用网络的管理制度两方面入手。对于网络中的病毒，我们既要高度重视，采取严格的防范措施，将感染病毒的可能性降低到最低程度，又要采用适当的杀毒方案，将病毒的影响控制在较小的范围内。

### 10.6.2　网络防病毒软件的应用

目前，用于网络的防病毒软件很多，这些防病毒软件可以同时用来检查服务器和工作站的病毒。其中大多数网络防病毒软件是运行在文件服务器上的。由于局域网中的文件服务器往往不止一个，因此为了方便对服务器上病毒的检查，通常可以将多个文件服务器组织在一个域中，网络管理员只需在域中主服务器上设置扫描方式与扫描选项，就可以检查域中多个文件服务器或工作站是否带有病毒。

网络防病毒软件的基本功能是对文件服务器和工作站进行查毒扫描，发现病毒后立即报警并隔离带毒文件，由网络管理员负责清除病毒。

网络防病毒软件一般提供以下三种扫描方式。

（1）实时扫描

实时扫描是指当对一个文件进行“转入”（checked in）、“转出”（checked out）、存储和检索操作时，不间断地对其进行扫描，以检测其中是否存在病毒和其他恶意代码。

（2）预置扫描

该扫描方式可以预先选择日期和时间来扫描文件服务器。预置的扫描频率可以是每天一次、每周一次或每月一次，扫描时间最好选择在网络工作不太繁忙的时候。定期、自动地对服务器进行扫描能够有效地提高防毒管理的效率，使网络管理员能够更加灵活地采取防毒策略。

（3）人工扫描

人工扫描方式可以要求网络防病毒软件在任何时候扫描文件服务器上指定的驱动器盘符、目录和文件。扫描的时间长短取决于被扫描的文件和硬盘资源的容量大小。

### 10.6.3　网络工作站防病毒的方法

网络工作站防病毒可从以下几个方面入手：一是采取无盘工作站，二是使用带防病毒芯片的网卡，三是使用单机防病毒卡。

（1）采用无盘工作站

采用无盘工作站，能很容易控制用户端的病毒入侵问题，但用户在软件的使用上会受到一些限制。在一些特殊的应用场合，如仅做数据录入时，使用无盘工作站是防病毒最保险的方案。

（2）使用带防病毒芯片的网卡

防病毒芯片的网卡一般是在网卡的远程引导芯片位置插入一块带防病毒软件的 EPROM。工作站每次开机后，先引导防病毒软件驻入内存。防病毒软件将对工作站进行监视,一旦发现病毒,立即进行处理。

(3)使用单机防病毒卡

单机防病毒卡的核心实际上是一个软件,它事先固化在 ROM 中。单机防病毒卡通过动态驻留内存来监视计算机的运行情况,根据总结出来的病毒行为规则和经验来判断是否有病毒活动,并可以通过截获中断控制权来使内存中的病毒瘫痪,使其失去传染别的文件和破坏信息资料的能力。装有单机防病毒卡的工作站对病毒的扫描无须用户介入,使用起来比较方便。但是单机防病毒卡的主要问题是它与许多国产的软件不兼容,误报、漏报病毒现象时有发生,并且随着病毒类型的千变万化和编写病毒的技术手段越来越高,有时它根本就无法检查或清除某些病毒。因此现在使用单机防病毒卡的用户在逐渐减少。

# 10.7　网络加密与入侵检测技术

## 10.7.1　网络加密技术

密码学是网络安全的基础,本节主要介绍密码学的一些基本知识、常见加密方法的原理和使用方法,以及基于公钥机制的数字签名和数字证书的使用。

1. 密码学概述

密码学是研究如何实现秘密通信的科学,包括两个分支,即密码编码学和密码分析学。

密码编码学是对信息进行编码,以实现信息保密性的科学,而密码分析学是研究、分析、破译密码的科学。因特网在给人们提供极大方便的同时,也存在安全隐患,一些基于TCP71P 的服务是极不安全的,为了使网络变得安全并充分利用其商业价值,人们选择了数据加密和基于加密技术的身份认证。

密码学的基本功能是提供保密性,即非授权者无法知道消息的内容。此外,密码学还具有以下作用。

**鉴别**　消息的接收者应该能够确认消息的来源。

**完整性**　消息的接收者应该能够验证消息在传输过程中没有被改变。

**不可否认性**　发送方不能否认已经发送的消息。

2. 密码学的发展历史

密码学的发展大致可以分为三个阶段。

(1)第一阶段是从几千年前到1949 年。这一时期是科学密码学的前期,密码学专家常常是凭直觉和信念来进行密码设计,而对密码的分析也多基于密码分析者的直觉和经验。

(2)第二阶段是从 1949 年到 1975 年。1949 年,香农发表了《保密系统的信息理论》一文,标志着密码学阶段的开始,从此,密码学成为一门科学。

(3)第三阶段为 1976 年至今。1976 年,Diffie 和 Hellman 发表了《密码学新方向》一文,首次证明了在发送端和接收端不需要传输密钥的保密通信的可能性,从而开创了公钥密码学的新纪元。从此,密码学才开始充分发挥它的商用价值和社会价值,人们才能够接触到密码学。

3. 香农模型

密码学中有几个最基本并且最主要的术语,分别是明文、密文和密钥。为了介绍这 3 个术语,这里介绍密码系统的香农模型,如图 10－5 所示。

在该模型中,消息源要传输的消息 X 被称为明文,明文可以是文本文件、位图等,明文通过加密器加密后得到密文 Y,将明文进行编码变成密文的过程称为加密,记为 E,其逆过程称解密,记为 D。

对明文进行加密时采用的一组规则或变换称为加密算法,对密文进行解密时所采周的一组规则或变换称为解密算法。加密和解密通常都是在一组密钥的控制下进行的,分别称为加密密钥和解密密钥。

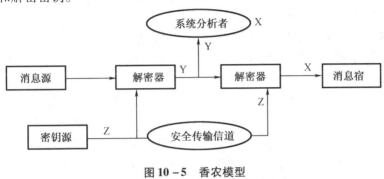

图 10－5　香农模型

要传输消息 X,首先加密得到密文 Y,即 $Y = E(X)$,接收者收到 Y 后,要对其进行解密,即 $D(Y)$,为了保证将明文恢复,要求 $D(E(X)) = X$。

一个密码系统(或称为密码体制)由加密算法以及所有可能的明文、密文和密钥组成,它们分别称为明文空间、密文空间和密钥空间。

4. 密码体制的分类

按密钥使用的数量不同,将密码体制分为对称密钥密码(又称为单钥密码)和公钥密码(又称为非对称密码)。对于对称密钥密码而言,按照明文处理方式的不同,又可以分为流密码和分组密码。

在对称密钥密码体制中,加密密钥和解密密钥相同或彼此之间很容易互相确定。公钥密码体制又称非对称密钥密码体制,在该体制中,加密密钥和解密密钥不同,而且通过计算很难从一个推出另一个。对称密钥密码体制中的流密码指的是将明文按字符逐位加密的密码体制,分组密码则是在对明文进行分组的基础上进行加密的密码体制。

在对称密钥密码体制中,密钥需要经过安全的通道由发方传给收方,因此,这种密码体制的安全性就是密钥的安全性。这种密码体制的优点是安全性高和加密速度快,缺点是随着网络规模的扩大,密钥的管理成为一个难点,无法解决信息确认问题并缺乏自动检测密钥泄密的能力。

在公钥密码体制中,加密密钥和解密密钥是不同的,此时不需要通过专门的安全通道来传送密钥。公钥密码体制的优点是简化了密钥管理的问题,可以拥有数字签名等新功能,缺点是算法一般比较复杂,加密、解密速度慢。

最有影响力的对称密钥密码体制是 1977 年美国国家标准局颁布的 DES 密码体制,它采用了名为 DES 的著名分组密码算法。最具代表性的公钥密码体制是 1977 年提出的 RSA 密码体制。

网络中的加密普遍采用对称密钥密码和公钥密码相结合的混合加密体制,即加解密是采用对称密钥密码,密钥传送则采用公钥密码。这样既解决了密钥管理的困难,又解决了加解密速度慢的问题。

5. 密码分析

密码分析者是在不知道密钥的情况下,从密文恢复出明文。成功的密码分析不仅能够恢复出消息明文和密钥,而且能够发现密码体制的弱点,从而控制通信。常用的密码分析方法有唯密文攻击、已知明文攻击、选择明文攻击和选择密文攻击。

**唯密文攻击** 密码分析者已知一些消息的密文,这些消息都用同一加密算法加密。密码分析者的任务是恢复尽可能多的明文,或者最好是能推算出加密消息的密钥来,以便采用相同的密钥解出其他被加密的消息。

**已知明文攻击** 密码分析者不仅可以得到一些消息的密文,而且也知道这些消息的明文。分析者的任务就是用加密消息推出用来加密的密钥或推导出一个算法,此算法可以对用同一密钥加密的任何新的消息进行加密。

**选择明文攻击** 密码分析者不仅可以得到一些消息的密文和相应的明文,而且他们也可以选择被加密的明文。这比已知明文攻击更有效,因为密码分析者能选择特定的明文块去加密,那些块可能产生更多关于密钥的消息,分析者的任务是推出用来加密的密钥或导出一个算法,此算法可以对用同一密钥加密的任何新的消息进行解密。

**选择密文攻击** 密码分析者能选择不同的被加密的密文,并可得到对应的解密的明文。密码分析者的任务是推出密钥。

此外,其他的密码分析方法还有自适应选择明文攻击和选择密钥攻击。前者是选择明文攻击的一种特殊情况,指的是密码分析者不仅能够选择被加密的明文,也能够依据以前加密的结果对这个选择进行修正。后者实际的应用很少,这种攻击并不表示密码分析者能够选择密钥,它只表示密码分析者具有不同密钥之间的关系的有关知识,能够选择密钥。

一个好的密码系统应该满足下列要求。

(1)系统即使理论上达不到不可破,实际上也要做到不可破。也就是说,从截获的密文或已知的明文—密文对,要确定密钥或任意明文在计算上是不可行的。

(2)系统的保密性是依赖于密钥的,而不是依赖于对加密体制或算法的保密。

(3)加密和解密算法适用于密钥空间中的所有元素。

(4)系统既易于实现又便于使用。

6. 网络加密的主要方式

密码学作为网络安全的核心,得到了广泛的应用。理论上,加密可以在 OSI 模型中的任意层上进行。但在实际的应用中,加密机制一般放在较低层,这样能以较小的开销获得较好的安全效果。加密方式通常分为链路加密、节点加密和端到端加密。

(1)链路加密

链路加密可用于任何类型的数据通信链路。因为链路加密需要对通过这条链路的所有数据进行加密,通常在物理层或数据链路层实施加密机制。链路加密方式如图 10 – 6 所示。

数据报 P(明文)经发送端的加密设备处理后(密钥为 K)变成 Cl(密文)在链路 1 上传输,到达中间节点 l 时,首先由解密设备将 C2 恢复为 P,再进行相关处理。在发送到链路 2 之前,也要由加密设备对处理后的消息进行加密(密钥为 K)。在中间节点 2 和接收端也是同样的处理过程。

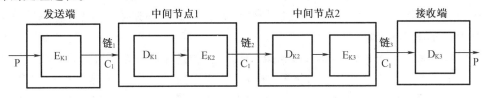

**图 10 - 6　链路加密方式**

链路加密的优点是对用户透明,能提供流量保密性,密钥管理简单,提供主机鉴别,加密和解密都是在线的。缺点是数据仅在传输线路上是加密的,在发送主机和中间节点上都是暴露的,容易受到攻击;网络中的每条物理链路都必须加密,当网络很大时,加密和维护的开销大;每段链路需要使用不同的密钥。因此,在使用链路加密时,必须保护主机和中间节点的安全。

(2)节点加密

为了解决在节点中数据是明文的缺点,在中间节点里安装用于加、解密的保护装置,即由这个装置来完成一个密钥向另一个密钥的变换,这就是节点加密。这样,除了在保护装置里,即使在节点内也不会出现明文,但是这种方式和链路加密方式一样,有一个共同的缺点:需要目前的公共网络提供者配合,修改其交换节点,增加安全单元或保护装置。

(3)端到端加密

端到端加密是指数据在发送端被加密后,通过网络传输,到达接收端后才被解密。端到端加密方式如图 10 - 7 所示。

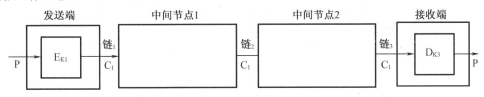

**图 10 - 7　端到端加密方式**

在端到端加密方式中,数据在发送端被加密后,一直保持加密状态在网络中传输。这样做有两个好处,一是避免了每段链路的加/解密开销,二是不用担心数据在中间节点被暴露。

在端到端加密方式中,加密机制可放置在不同的位置,如应用层、网络层或数据链路层。端到端加密方式通常采用软件来实现。端到端加密方式的优点是在发送端和中间节点上数据都是加密的,安全性好;提供了更灵活的保护手段,能针对用户和应用实现加密,用户可以有选择地应用加密,能提供用户鉴别。缺点是不能提供流量保密性,需要用户来选择加密方法和决定算法;每对用户需要一组密钥,密钥管理系统复杂,只有在需要时才进行加密,即加密是离线的。

## 10.7.2　入侵检测技术

入侵(Intrusion)不仅包括发起攻击的人取得超出范围的系统控制权,也包括收集漏洞信息,造成拒绝访问等对计算机造成危害的行为。

入侵检测(Intrusion Detection)便是对入侵行为的发觉。它通过对计算机网络或计算机系统中的若干关键点收集信息并对其进行分析,从中发现网络或系统中是否有违反安全策略的行为和被攻击的迹象。

入侵检测系统(Intnision Detection System,IDS)指的是任何有能力检测系统或网络状态改变的系统或系统的集合,它能发送警报或采取预先设置好的行动来帮助保护网络。IDS可以是一台简单的主机,例如 Unix/Linux 系统中的 TCPdump 程序可以用来获取网络状态;也可以是一个复杂的系统,使用多台主机来帮助捕获、处理并分析网络流量,例如 Linux 系统中的网络入侵检测系统 Snort IDS 等。

根据对收集到的信息进行识别和分析所采用的原理的不同,可以将入侵检测分为异常入侵检测和误用入侵检测。

1. 异常入侵检测技术

异常检测(Anomaly Detection)技术是运行在系统层或应用层的监控程序,通过将当前主体的活动情况和用户轮廓进行比较来监控用户的行为。所谓用户轮廓,通常是各种行为参数及其阈值的集合,一般用于描述正常行为的范围。当当前主体的活动与正常行为有重大偏离时即被认为是入侵行为。

如果系统错误地将异常活动定义为入侵则称为错报(False Positive),如果系统未能检测出真正的入侵行为则称为漏报(False Negative)。异常检测技术的模型如图 10 - 8 所示。

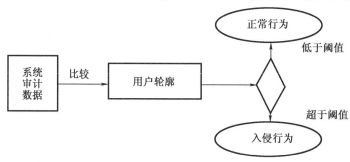

图 10 - 8　异常检测模型

对异常检测的理论研究包括统计异常检测、基于特征选择异常检测、基于贝叶斯网络异常检测、基于神经网络异常检测、基于机器学习异常检测、基于人工免疫异常检测等。

异常检测只能识别出那些与正常过程有较大偏差的行为,而无法知道具体的入侵情况。

由于对各种网络环境的适应性不强,缺乏精确的判定准则,且难以配置,异常检测经常会出现错报和漏报情况。

2. 误用入侵检测技术

误用检测(Misuse Detection)的前提是首先提取已知入侵行为的特征,建立入侵特征库,然后将当前用户或系统行为与入侵特征库中的记录进行匹配,如果相匹配就认为当前用户或系统行为是入侵,否则入侵检测系统认为是正常行为。很显然,如果正常行为与入侵特征相匹配,则入侵检测系统发生错报,而如果没有入侵特征与某种新的攻击行为相匹配,则IDS 系统发生漏报。误用检测模型如图 10 - 9 所示。

通过误用入侵检测技术可以看出,其缺点是漏报率会增加,因为当新的入侵行为出现或入侵特征发生细微变化,误用检测技术将无法检测出入侵行为。

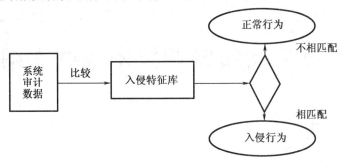

图 10 - 9　误用检测模型

# 计算机网络维护技术考试大纲

## I 课程性质与设置目的

### (一)课程性质与特点

本书全面系统地介绍计算机网络及 Internet 的重要基础理论,局域网的安装、软硬件系统优化及各种局域网的组建方法,我国现有的所有接入互联网的方法及局域网共享上网的方法与代理服务器的组建与管理,网络的安全与防范、网络的管理与维护及其工具软件协议,局域网的大量故障诊断分析与排除,互联网中浏览、电子邮件、下载、搜索、聊天等各类应用的故障诊断分析与排除方法,以及拨号连接与上网的错误码详释附录。

本书特点突出一个"新"字,取材新、知识点新、所讲软件新、讲解经验新,本书内容深入浅出,讲解清晰,举例明确,语言通俗易懂,具有很强的知识性、实用性和可操作性,特别注重实际操作与实例故障的解决方法。本书是作者多年实际工作经验的总结,是一本很实用的培养网络管理维护人员的教材。

本书可作为高等院校计算机网络专业和应用性较强的本专科计算机专业及各类计算机网络高级培训班的教材,也可作为现有的网络管理与维护人员和对网络管理与维护有兴趣的网络操作人员的自学参考书。

### (二)本课程的基本要求

通过本课程的学习,要求学生达到如下几点:

1. 掌握、使用和管理、维护好计算机网络和 Internet 的基本原理和管理维护方法。

2. 了解计算机网络及 Internet 的基本原理和管理维护方法。

3. 了解计算机网络与 Internet 的基础知识,对网络的发展,网络常用的拓扑结构、传输介质及网络的分类、网络的功能构成及传输协议与局域网的访问控制方式有大体的掌握。

4. 掌握局域网的基础架构和各种设备的应用,对局域网的硬件组成.局域网的操作系统、中小型局域网的规划与设计、中小型局域网的组建步骤、网吧局域网、办公室和公司局域网、校园局域网的组建有一定的了解,了解局域网架构的解决方案及计算机网络的基本工作原理。

5. 了解局域网的安装,各类服务器和邮件服务器的安装及配置。

6. 了解局域网系统的优化与升级。

7. 了解我国现有的 Internet 接入的方式。

8. 了解局域网共享上网与代理服务器相关知识。掌握快速组建小型共享网络和共享上网典型管理软件相关知识。

9.了解网络的安全与防范的技术目标与技术手段,软件保护措施,局域网本身的安全性能分析,计算机病毒及其防范与消除,黑客及其防范和防火墙的相关知识。

10.了解网络管理与维护及其软件相关知识。了解网络的维护内容,网络管理工具软件等相关知识。

11.了解局域网的故障诊断与排除方法。

### (三)本课程与相关课程的联系

计算机网络作为一门综合性的交叉科学,它综合运用了多个学科知识,形成了自身比较完整的体系。学习本课程之前,应很好地掌握计算机组成原理、计算机操作系统、高级语言程序设计等知识。对于计算机及应用专业,本课程的先修课程为模拟电路与数字电路、计算机组成原理,相关课程为操作系统概论。

# Ⅱ 课程内容与考核目标

## 第1章 计算机网络基础知识

### (一)学习目的与要求

本章介绍了计算机网络的定义、计算机网络的形成与发展、计算机网络的功能以及组成、计算机网络的分类与拓扑结构及国际标准化组织。

要求对计算机网络与 Internet 的基础知识有一定的了解,对网络常用的拓扑结构、传输介质及网络的分类、功能构成及传输协议以及局域网的访问控制方式现有的常用技术有一定的掌握。

### (二)课程内容、考核知识点及学习要求

1.1 计算机网络的定义(掌握)
1.2 计算机网络的产生和发展(了解)
1.3 计算机网络的组(熟悉)
1.4 计算机网络的功能(熟悉)
1.5 计算机网络的分类(掌握)
1.6 计算机网络的拓扑结构(掌握)
1.7 标准化组织(了解)

## 第2章 数据通信技术基础

### (一)学习目的与要求

本章介绍了数据通信的基础知识、数据的调制和编写基础技术知识、数据交换技术、数

据的传输、信道利用技术差错控制技术、传输介质的类型以及主要特性和应用。

要求对以上的基础知识有所了解,对网络系统性能高速,稳定运转的方法有所掌握。

### (二)课程内容、考核知识点及学习要求

2.1  数据通信的基础知识(掌握)

2.2  数据的调制和编码技术(掌握)

2.3  数据交换技术(了解)

2.4  数据传输技术(了解)

2.5  信道复用技术(熟悉)

2.6  差错控制技术(熟悉)

2.7  传输介质的类型、主要特性和应用(熟练)

# 第3章  网络体系结构

## (一)学习目的与要求

本章需要了解现代计算机网络已经渗透到工业、商业、政府、军事以及我们生活中的各个方面,如此庞大而又复杂的系统要有效而且可靠的运行,网络中的各个部分就必须遵守一整套合理而严谨的结构或管理规则。计算机网络就是按照高度结构化设计方法采用功能分层原理来实现的,这也是计算机网络体系结构研究的内容。

本章主要的知识点包括:网络体系结构及协议的概念;开放系统互联(OSI)参考模型及其七层功能;TCP/IP 的体系结构;OSI 参考模型与 TCP/IP 参考模型的比较。

### (二)课程内容、考核知识点及学习要求

3.1  网络体系结构概述(掌握)

3.2  OSI 参考模型(掌握)

3.3  TCP/IP 的体系结构(掌握)

3.4  TCP/IP 体系结构和 OSI 参考模型的比较(熟悉)

# 第4章  TCP/IP 协议集和 IP 地址

## (一)学习目的与要求

本章需要了解 TCP/IP 包含了大量的协议,是由一组通信协议所组成的协议集,TCP 和 IP 是其中最基本也是最重要的两个协议。

### (二)课程内容、考核知识点及学习要求

4.1  TCP/IP 协议集(掌握)

4.2  IP 编址技术(掌握)

4.3  子网技术(熟悉)

4.4  IPv6 技术(熟悉)

# 第 5 章　计算机局域网

## （一）学习目的与要求

本章需要了解局域网的基本概念,它是一种在有限的地理范围内将大量 PC 机及各种设备互联在一起以实现数据传输和资源共享的计算机网络。社会对信息资源的广泛需求及计算机技术的广泛普及,促进了局域网技术的迅猛发展。在当今的计算机网络技术中,局域网技术已经占据了十分重要的地位。

## （二）课程内容、考核知识点及学习要求

5.1　局域网概述（熟悉）
5.2　局域网的特点和基本组成（掌握）
5.3　局域网的体系结构与 IEEE 802 标准（了解）
5.4　局域网的主要技术（掌握）
5.5　传统以太网（熟悉）
5.6　高速局域网（熟悉）
5.7　交换式以太网（熟悉）
5.8　虚拟局域网（掌握）
5.9　无线局域网（掌握）

# 第 6 章　计算机广域网

## （一）学习目的与要求

本章讲解广泛的范围是指地理范围,可以超越一个城市、一个国家,甚至全球,因此对通信的要求高,复杂性也较高。涉及的主要内容包括:计算机广域网概述;窄带数据网;宽带数据网;无线数据网;企业联网方式。

## （二）课程内容、考核知识点及学习要求

6.1　广域网概述（熟悉）
6.2　窄带数据网（熟悉）
6.3　宽带数据网（熟悉）
6.4　无线数据网（掌握）
6.5　企业联网方式（掌握）

# 第 7 章　网络操作系统

## （一）学习目的与要求

本章主要了解伴随着计算机技术的快速发展,计算机软件包括系统软件也以惊人的速度在不断的发展和更新。就操作系统类软件而言,世界几大著名软件公司如微软、Novell 公

司等都把很大一部分的研发人员和巨额的资金投入到操作系统软件的开发上。为了满足当今网络快速发展之后用户对于专门用于管理网络资源的网络操作系统提出的更高的要求,各种网络操作系统也在不断地推陈出新。网络操作系统以其高性能、稳定性好、功能强大、便于管理等诸多特性,越来越多地受到欢迎。

### (二)课程内容、考核知识点及学习要求

7.1 网络操作系统概述(掌握)

7.2 典型的网络操作系统(熟悉)

7.3 网络系统结构概述(了解)

7.4 网络服务器的种类(掌握)

7.5 服务器技术(熟悉)

## 第8章 计算机网络互联

### (一)学习目的与要求

本章将从介绍网络互联的基本概念入手,详细讨论网络互联的类型与层次,并对各典型网络互联设备(中继器、网桥、路由器等)的功能、类型以及工作原理进行全面的探讨。

### (二)课程内容、考核知识点及学习要求

8.1 网络互联的基本概念(掌握)

8.2 网络互联的类型和层次(掌握)

8.3 网络互联的基本设备(掌握)

## 第9章 Internet 和 Intranet

### (一)学习目的与要求

本章全面介绍和分析我国现有的接入 Internet 的方式。Internet 作为全球最大的互联网络,其规模和用户数量都是其他任何网络所无法比拟的,Internet 上的丰富资源和服务功能更是具有极大的吸引力。本章将以 Internet 为主线,着重介绍与 Internet 相关的一些概念、技术、服务与应用。

### (二)课程内容、考核知识点及学习要求

9.1 Internet 概述

9.2 域名系统

9.3 主机配置协议

9.4 简单网络管理协议 SNMP

9.5 WWW 服务

9.6 电子邮件服务

9.7 文件传输服务

9.8 远程登录服务

9.9 网络新闻与 BBS

9.10 Internet 的用户接入技术

9.11 企业内联网

# 第 10 章 计算机网络安全

## (一)学习目的与要求

随着网络应用的发展,网络在各种信息系统中的作用变得越来越重要,人们也越来越关心网络安全和网络管理的问题。对于任何一种信息系统,安全性的作用在于防止未经过授权的用户使用甚至破坏系统中的信息或干扰系统的正常工作。

## (二)课程内容、考核知识点及学习要求

10.1 计算机网络安全概述(熟悉)

10.2 计算机网络安全的要求及保护策略(熟练)

10.3 计算机网络访问控制与设备安全(熟练)

10.4 网络防火墙技术(熟练)

10.5 常见的网络攻击与防御措施(掌握)

10.6 网络防病毒技术(掌握)

10.7 网络加密与入侵检测技术(掌握)

# Ⅲ 关于大纲的说明与考核实施要求

## (一)关于"课程内容与考核目标"中有关提法的说明

在大纲的考核要求中,提出了"识记""领会""简单应用"和"综合应用"等四个能力层次,它们之间是递进等级关系,后者必须建立在前者的基础上,它们的含义是:

识记:要求考生能够识别和记忆本课程中规定的有关知识点的主要内容(如定义、定理、定律、表达式、公式、原则、重要结论、方法、步骤及特征、特点等),并能根据考核的不同要求,做出正确的表述、选择和判断。

领会:要求考生能够领悟和理解本课程中规定的有关知识点的内涵与外延,熟悉其内容要点和它们之间的区别与联系,并能根据考核的不同要求,做出正确的解释、说明和论述。

简单应用:要求考生能够运用本课程中规定的少量知识点,分析和解决一般应用问题,如简单的计算、绘图和分析、论证等。

综合应用:要求考生能够运用本课程中规定的多个知识点,分析和解决较复杂的应用问题,如计算、绘图、简单设计、编程和分析、论证等。

## （二）关于自学教材

指定教材：由侯燕、张洁卉主编，哈尔滨工程大学出版社出版的《计算机网络维护技术》

## （三）自学方法的指导

本课程作为一门专业课程，内容多、难度大，自学者在自学过程中应注意以下几点：

1.在学习前，应仔细阅读课程大纲的第一部分，了解课程的性质、地位、任务，熟知课程的基本要求以及本课程与有关课程的联系，使以后的学习能紧紧围绕课程的基本要求。

2.在阅读某一章教材内容前，应先查阅考试大纲中关于该章的考核知识点、自学要求和考核要求，注意对各知识点的能力层次要求，以便在阅读教材时做到心中有数，有的放矢。

3.阅读教材时，要逐段细读，逐句推敲，集中精力，吃透每个知识点，对基本概念必须深刻理解，对基本理论必须彻底弄清，对基本方法和基本技术必须牢固掌握，在阅读中遇有个别细节问题不清楚，在不影响学习新内容的情况下，可暂时搁置。

4.在学完教材的每一节内容后，应认真做好教材中的有关习题和思考题，这是帮助考生理解、消化和巩固所学知识、培养分析问题、解决问题能力的重要环节.必须引起极大的注意。

## （四）对社会助学的要求

1.应熟知考试大纲对课程所提出的总的要求和各章的知识点。

2.应掌握各知识点要求达到的层次，并深刻理解对各知识点的考核要求。

3.辅导时应以指定的教材为基础，考试大纲为依据，不要随意增删内容，以免与考试大纲脱节。

4.辅导时应对学生进行学习方法的指导，提倡学生"认真阅读教材，刻苦钻研教材，主动提出问题，依靠自己学通"的学习方法。

5.辅导时要注重基础、突出重点，要帮助考生对课程内容建立一个整体的概念，对考生提出的问题，应以启发引导为主。

6.注意对考生能力的培养，特别是自学能力的培养，要引导考生逐步学会独立学习，在自学过程中善于提出问题、分析问题、做出判断和解决。要注意培养考生实验操作的能力

7.要考生了解试题难易与能力层次高低两者不完全是回事，在各个能力层次中都存在着不同难度的试题。

## （五）关于命题和考试的若干规定

1.本大纲各章所提到的考核要求中，各条细目都是考试的内容，试题覆盖到章，适当突出重点章节，加大重点内容的覆盖密度。

2.试卷中对不同能力层次要求的试题所占的比例大致是："识记"为15%："领会"为35%；"简单应用"为30%："综合应用"为20%。

3.试题难易程度要合理，可分为四档：易、较易、较难和难，这四档在各份试卷中所占的比例约为2：3：3：20。

4.试题主要题型有：填空题、选择题、简答题、计算题及应用题等五种类型（见附录）。

5.本课程考试方式为闭卷、笔试,考试时间为 150 分钟。试题分量应以中等水平的考生在规定时间内答完全部试题为度,评分采用百分制,60 分为及格。

# Ⅳ 考试题型举例

## 一、单项选择题(每小题 1 分,共 30 分)

在下列每小题的四个备选答案中选出一个正确的答案,并将其字母标号填入题干的括号内。

1. 非法接收者在截获密文后试图从中分析出明文的过程称为( )
A. 破译　　　　　B. 解密　　　　　C. 加密　　　　　D. 攻击

2. 以下有关软件加密和硬件加密的比较,不正确的是( )
A. 硬件加密对用户是透明的,而软件加密需要在操作系统或软件中写入加密程序
B. 硬件加密的兼容性比软件加密好
C. 硬件加密的安全性比软件加密好
D. 硬件加密的速度比软件加密快

3. 下面有关 3DES 的数学描述,正确的是( )
A. $C = E(E(E(P, K_1), K_1), K_1)$　　　　B. $C = E(D(E(P, K_1), K_2), K_1)$
C. $C = E(D(E(P, K_1), K_1), K_1)$　　　　D. $C = D(E(D(P, K_1), K_2), K_1)$

## 二、填空题(每空 1 分,共 20 分)

1. 根据密码算法对明文处理方式的标准不同,可以将密码系统分为 ＿＿＿＿ 和＿＿＿＿。

2. PKI 的技术基础包括 ＿＿＿＿ 公开密钥体制 ＿＿＿＿ 和 ＿＿＿＿ 加密机制 ＿＿＿＿ 两部分。

3. 零知识身份认证分为＿＿＿＿和＿＿＿＿两种类型。

4. DNS 同时调用了 TCP 和 UDP 的 53 端口,其中＿＿＿＿端口用于 DNS 客户端与 DNS 服务器端的通信,而＿＿＿＿端口用于 DNS 区域之间的数据复制。

## 三、判断题(每小题 1 分,共 10 分)

41. 链路加密方式适用于在广域网系统中应用。( )
42. "一次一密"属于序列密码中的一种。( )
43. 当通过浏览器以在线方式申请数字证书时,申请证书和下载证书的计算机必须是同一台计算机。( )

## 四、名词解释(每小题 4 分,共 20 分)

61. 对称加密与非对称加密:
62. 蜜罐:
63. PKI:

## 五、简答题(每小题 10 分,共 20 分)

66. 简述 ARP 欺骗的实现原理及主要防范方法

67. 如下图所示,简述包过滤防火墙的工作原理及应用特点。

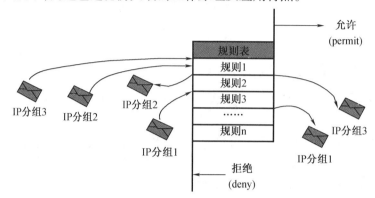

# 参 考 文 献

[1]　吴功宜.计算机网络[M].2 版.北京:清华大学出版社,2006.

[2]　胡道元.计算机网络[M].北京:清华大学出版社,2006.

[3]　雷震甲.计算机网络技术及应用[M].2 版.北京:清华大学出版社,2008.

[4]　高焕芝.新编计算机网络基础教程[M].北京:清华大学出版社,2008.

[5]　沈立强.计算机网络基本原理与 Internet 实践[M].北京:清华大学出版社,2008.

[6]　王建平.计算机网络技术与实验[M].北京:清华大学出版社,2007.

[7]　吴功宜.计算机网络高级教程[M].北京:清华大学出版社,2008.

[8]　刘有珠.计算机网络技术基础[M].2 版.北京:清华大学出版社,2008.

[9]　符彦惟.计算机网络安全实用技术[M].北京:清华大学出版社,2008.

[10]　刘四清.计算机网络技术基础教程[M].2 版.北京:清华大学出版社,2008.

[11]　谢希仁.计算机网络教程[M].2 版.北京:人民邮电出版社,2006.

[12]　龚娟.计算机网络基础[M].北京:人民邮电出版社,2008.

[13]　周舸.计算机网络技术基础[M].2 版.北京:人民邮电出版社,2008.

[14]　Matthews J.计算机网络实验教程[M].北京:人民邮电出版社,2006.

[15]　杜煜.计算机网络基础教程[M].2 版.北京:人民邮电出版社,2006.

[16]　王建珍.计算机网络应用基础实验指导[M].2 版.北京:人民邮电出版社,2007.

[17]　沈克永.计算机网络基础[M].北京:人民邮电出版社,2006.

[18]　周炎涛.计算机网络[M].北京:人民邮电出版社,2008.

[19]　闫实,徐一秋,王敏.计算机网络技术基础[M].哈尔滨:哈尔滨工程大学出版社,2009.